国家级一流本科专业建设成果教材

普通高等教育机械类
应用型人才培养系列教材

JIXIE SHEJI JICHU XIANGMU JIAOCHENG

机械设计基础
项目教程

赵元　赵月　主编
庄园园　郭瑾　于晓文　副主编
李康举　主审

化学工业出版社
·北京·

内容简介

《机械设计基础项目教程》以牛头刨床、单缸内燃机、汽车差速器和带式输送机相关项目为载体，内容涉及：平面机构结构分析、常用机构的设计和汽车差速器轮系的设计；带式输送机中通用零部件的选用及其设计原理、方法和机械设计的一般规律。本书将理论与实践有机结合，并融入思政教育，在培养学生机械设计思维、分析问题和解决问题能力、正确选用零件并运用标准规范能力的同时，激发创新欲望、开拓创新思路、培养创新意识、提升创新能力、构建团队合作。本书各项目首页设置了思维导图，便于读者直观地了解各项目的构成；各项目后配有习题，以使工程特色更加突出；部分项目配置了动画演示，读者可扫描二维码观看。本书强调工程应用，以强化基础能力建设、推进科技创新为指引。本书还配套有课件和习题答案，读者可扫码查看使用。

本书可作为应用型本科院校机械类专业机械设计基础课程的配套教材，亦可供有关技术人员参考。

图书在版编目（CIP）数据

机械设计基础项目教程 / 赵元，赵月主编. -- 北京 ：化学工业出版社，2025. 6. --（普通高等教育机械类应用型人才培养系列教材）. -- ISBN 978-7-122-47782-8

Ⅰ. TH122

中国国家版本馆 CIP 数据核字第 2025BU1040 号

责任编辑：张海丽　　文字编辑：王　硕
责任校对：张茜越　　装帧设计：韩　飞

出版发行：化学工业出版社
（北京市东城区青年湖南街 13 号　邮政编码 100011）
印　　装：大厂回族自治县聚鑫印刷有限责任公司
787mm×1092mm　1/16　印张 16¾　字数 413 千字
2025 年 6 月北京第 1 版第 1 次印刷

购书咨询：010-64518888　　售后服务：010-64518899
网　　址：http://www.cip.com.cn
凡购买本书，如有缺损质量问题，本社销售中心负责调换。

定　　价：49.00 元

前 言

为推动和促进智能制造相关学科的发展与融合，培养“跨专业、高融合、强创造”的高素质智能制造工程技术人才，本着加强基础、突出融合、加强能力和素质教育的宗旨，相关高校根据现在的学情及学分、学时特点，充分讨论了“机械设计基础”课程的特点和教学痛点，统筹规划，组织一线教师按照新工科教育教学改革要求编写了本书。

“机械设计基础”课程是机械类和近机类专业必修的一门专业基础课，介绍常用机构和通用零部件的工作原理、结构特点、基本设计理论和计算方法，研究常用机构和通用零部件设计过程中常遇到的共性问题，注重培养学生选用常用机构及通用零部件的能力，以及运用标准、规范、手册、图册等有关技术资料解决实际设计问题的能力。“机械设计基础”课程是学生学习其他专业课程的必备基础课程，有着承前启后的过渡作用。本书以教育部关于“十四五”普通高等教育本科国家级规划教材建设的实施意见为指导，在编写过程中坚持价值引领、心怀“国之大者”，坚持为党育人、为国育才，坚持理论联系实际，强化教材育人理念，为培养担当中华民族伟大复兴大任的时代新人提供坚实支持。坚持需求导向，紧密围绕新工科人才培养的新要求，促进专业融合、知识融合，以培养学生的创新精神和实践能力为重点，支撑服务国家和区域经济社会发展。坚持守正创新，创新教材话语体系，推动教学改革新成果、学科专业发展新成就进教材；创新教材呈现方式，加快以数字教材为引领的新形态教材建设。

本书共分为 3 大模块：绪论、常用机构和通用零部件。绪论介绍了本课程的研究内容、项目设置以及相关基本概念；常用机构模块结合牛头刨床、内燃机、汽车差速器介绍了常用机构的工作原理、基本特性、尺寸计算等内容；通用零部件模块结合带式输送机介绍传动件、连接件以及轴系组件的设计、选型以及强度计算。

本书“模块 1　绪论”部分由沈阳工学院赵元编写；模块 2 项目 5，模块 3 项目 3、项目 8，由沈阳工学院赵月编写；模块 2 项目 1，模块 3 项目 1、项目 4、项目 5，由沈阳工学院郭瑾编写；模块 2 项目 2~项目 4，模块 3 项目 2，由沈阳工学院庄园园编写；模块 3 项目 6、项目 7 由沈阳工学院于晓文编写。全书由赵元、赵月担任主编，庄园园、郭瑾、于晓文担任副主编；由沈阳工学院校长李康举教授主审。

本书为沈阳工学院机械设计制造及其自动化国家级一流本科专业的建设成果教材。本书编写过程中得到了沈阳工学院、东北大学以及相关兄弟院校、武汉华中数控股份有限公司等校企合作专家的大力支持和帮助。

由于编者水平有限，书中不足之处在所难免，敬请读者批评指正。

编　者

本书配套资源

目 录

模块 1

绪论

思维导图

本书配套资源

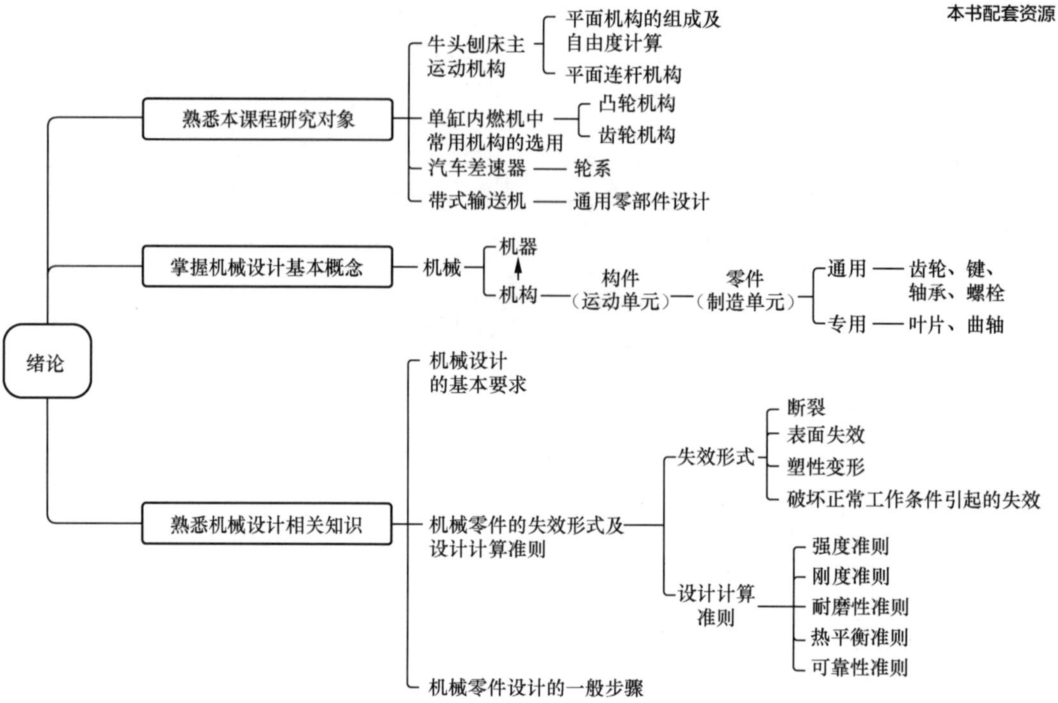

学习目标

1. 熟悉本课程的研究对象；
2. 掌握机械、机器、机构、构件及零件的概念；
3. 掌握机械零件的失效形式及设计计算准则。

任务目标

1. 能够表述本课程的研究对象，增强感性认识；
2. 能够表述机械零件的主要失效形式及设计计算准则。

任务 1　熟悉本课程研究对象

“机械设计基础”课程是机械类和近机类专业必修的一门专业基础课，介绍常用机构和通用零部件的工作原理、结构特点、基本设计理论和计算方法，研究常用机构和通用零部件设计过程中常遇到的共性问题，注重培养学生选用常用机构及通用零部件的能力，以及运用标准、规范、手册、图册等有关技术资料解决实际设计问题的能力。

“机械”一词由“机”与“械”两个汉字组成。“机”在古汉语中原指某种特定的装置，后来又泛指一般的机械。“械”在古代中国指器械、器物等实物。《韩非子》卷十五《难二》中有类似的论述：“审于地形、舟车、机械之利，用力少，致功大，则入多。”故此中国最迟在战国时期就已形成了与现代机械工程学之“机械”含义较接近的概念。

在人类漫长的发展历程中，通过日常生活与持续生产实践的探索，逐渐设计并广泛使用了各种机械设备，用来减轻人类的劳动强度、改善劳动条件、优化产品质量、提高工作效率，为社会进步提供强大助力，为人类创造更加丰富和高质量的社会财富，促进文明的飞跃式发展。

机械的发展经历了一个漫长的过程，从早期的简单杠杆、滑轮，到近代的汽车、轮船、机床和现代的机器人、航天器，不断更新换代，在生产力发展中一直扮演着重要角色。无论是传统行业还是新兴产业，从传统机械时代到工业 4.0 数字化、智能化时代，科技的发展进步都离不开机械技术的支持。机械是国民经济的基础，是衡量一个国家工业发展、经济实力和科技水平的重要标志。

机械设备的种类很多，用途不一，但都是由若干零件、部件和装置组成的一个特定系统。如图 1-1 所示牛头刨床、图 1-2 所示单缸四冲程内燃机，都是由若干零件组成的，具有确定的相对运动，并能实现特定功能的机械系统。

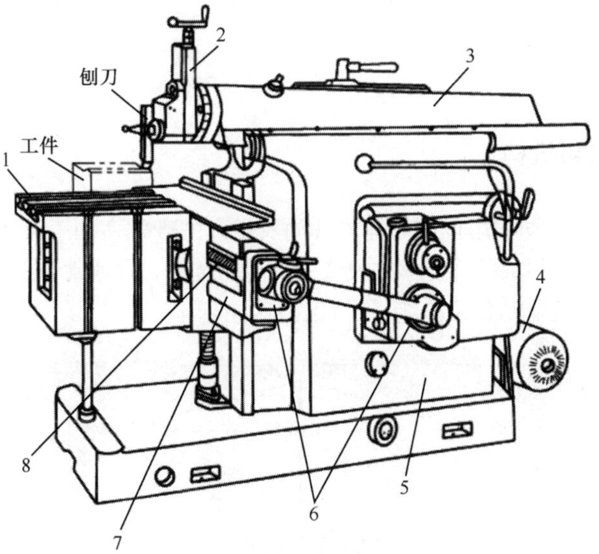

图 1-1　牛头刨床

1—工作台；2—刀架；3—滑枕；4—电动机；5—机身；6—工作台横向进给机构；7—横梁；8—丝杠

本书以牛头刨床、单缸内燃机、汽车差速器和带式输送机相关项目为载体，内容涉及：平面机构结构分析、常用机构的设计和汽车差速器轮系的设计；带式输送机中通用零部件的选用及其设计原理、方法和机械设计的一般规律。本书将理论与实践有机结合，并融入思政教育，在培养学生机械设计思维、分析问题能力、解决问题能力、正确选用零件能力、运用标准规范能力的同时，激发创新欲望、开拓创新思路、培养创新意识、提升创新能力、构建团队合作。

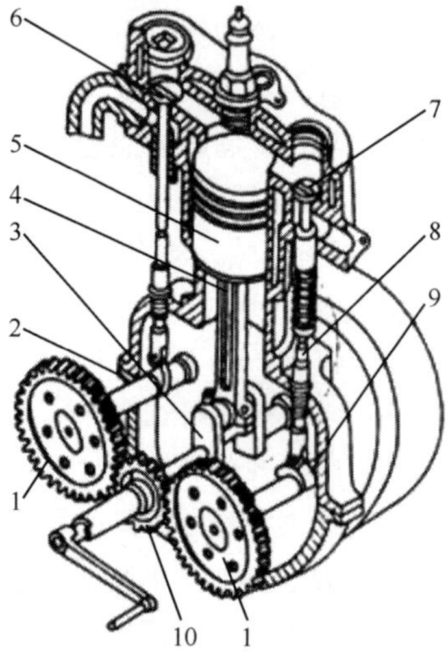

图 1-2 单缸四冲程内燃机

1—大齿轮；2—气缸体；3—曲轴；4—连杆；5—活塞；6—进气阀；7—排气阀；8—推杆；9—凸轮；10—小齿轮

任务 2　掌握机械设计基本概念

1. 机械、机器和机构

机械是人类在生产活动中用以减轻体力劳动及提升生产效率的工具，是机器与机构的总称。机器是由一个或多个机构组成的，能够完成特定功能的装置。它通常包括动力系统、传动系统、执行系统、控制系统以及辅助系统等部分，如图 1-3 所示。

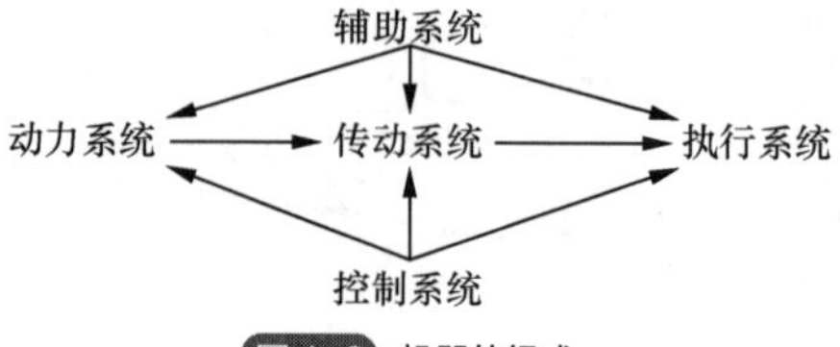

图 1-3 机器的组成

在实际生产生活中，根据用途的不同可以将它们分为：动力机器，比如用来实现能量转换的电动机、内燃机以及液压机等；加工物料的机器，比如金属切割机、压力机、颚式破碎机等；搬运物料的机器，比如起重机、飞机、汽车、拖拉机等；传递信息的机器，比如照相机、打印机、电脑等。虽然机器的种类繁多，结构形式和用途也各不相同，但它们都具有一些共同的特征：

① 机器是人为的实物（构件）组合体；

② 各个运动单元之间具有确定的相对运动；

③ 能够实现能量的转换或能量、信息和物料的传递作用。

机器是由机构组成的，一部机器可以包含一个或若干个机构。机构是由构件组成的，机构只是一个构件系统，而机器除了构件系统以外还包含电气、液压等其他装置，机构只用来传递运动和力。机构具有机器的前两个特征，从结构和运动的观点来看，机器和机构二者并无区别。

各种机器中普遍使用的机构称为常用机构，如平面连杆机构、凸轮机构和齿轮机构等。如图 1-2 所示单缸四冲程内燃机中，气缸体、活塞、连杆和曲轴组成了平面连杆机构，将活塞的直线往复移动转换为曲轴的转动；小齿轮和大齿轮组成了齿轮机构，将曲轴的运动和动力传递给凸轮所在的轴；凸轮、推杆以及气缸体组成了凸轮机构，将凸轮的转动转换为推杆的上下直线往复运动，实现进气和排气的功能。机构的共同特征是：

① 机构是人为的实物（构件）组合体；

② 各个运动单元之间具有确定的相对运动。

2．构件和零件

组成机构的具有独立运动功能的实物组合称为构件，构件是机构运动的最小单元。而构件是由零件组成的，零件是机械制造中不可拆的最小单元，是机器的基本组成要素，如图 1-4 所示。一个构件可能由一个零件组成，比如内燃机中平面连杆机构中的曲轴，既是一个构件又是一个零件；还可能由多个零件组成，比如内燃机中平面连杆机构中的连杆，是由连杆体、连杆盖、螺栓、螺母等几个零件刚性组合连接而成的。构件是机械中独立的运动单元，零件是机械中的制造单元。

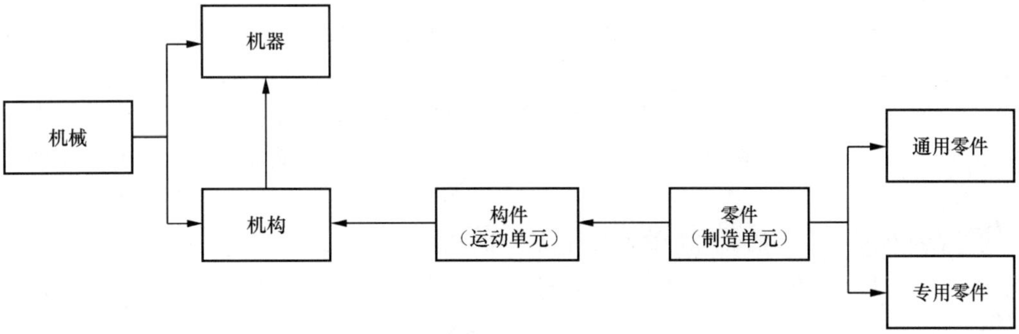

图 1-4 构件和零件

零件按作用可分为两类：一类是通用零件，是在各种机器中经常使用的零件，例如螺栓、螺母、垫片、齿轮、键、轴承等；另一类是专用零件，是仅在特定类型机器中使用的零件，例如活塞、曲轴、叶片、飞轮等。

任务3 熟悉机械设计相关知识

1. 机械设计的基本要求

机械设计涵盖了从概念构思到产品实现的全过程，通过设计创造具有预期功能的新机械或改进原有机械的性能。机械设计应满足的基本要求是：

① 使用要求 在进行机械设计时，首先要保证机器能实现预定的使用功能，并在规定的工作条件下、规定的工作期限内正常运行。

② 经济性要求 机械的经济性应该体现在设计、制造和使用的全过程，是一项综合性指标。要求设计及制造成本低、机器生产效率高、能源和材料消耗少、维护及管理费用低等。

③ 可靠性要求 可靠性是机械在规定的工况条件下和规定的使用期限内，完成预定功能的一种特性，取决于设计、制造、管理、使用等。设计阶段对机械可靠性有着决定性影响。

④ 操作方便、工作安全 操作系统要简便可靠，有利于减轻操作人员的劳动强度。要有各种保险装置以消除由于误操作而引起的危险，避免人身及设备事故的发生。

⑤ 造型美观、减少污染 要求所设计的机器不仅使用性能好、尺寸小、价格低廉，而且外形美观，富有时代特点，且尽可能地降低噪声，减轻对环境的污染。

⑥ 其他特殊要求 例如，所设计的机械既须容易拆卸，又要容易装配，以满足运输和使用要求。

2. 机械零件的失效形式及设计计算准则

(1) 机械零件的主要失效形式

机械零件由于某种原因不能正常工作时，称为失效。失效并不单纯指破坏，破坏只是失效的形式之一。机械零件的失效形式主要有整体断裂、表面失效、塑性变形和破坏正常工作条件引起的失效。

① 断裂 零件在受拉、压、弯、剪和扭等外载荷作用下，由于某一危险截面的应力超过零件的强度极限而发生的断裂，或者零件在变应力作用下，危险截面上发生的疲劳断裂，均属此类。

② 表面失效 零件的表面失效主要有以下几种情况：

- 过大的表面接触应力作用造成的零件表面失效，包括点蚀失效、磨损失效、胶合失效等。
- 面接触的零件，在外载荷作用下，接触表面因互相挤压作用而产生挤压应力，若挤压应力过大，塑性材料将产生表面塑性变形，脆性材料将产生表面破碎。
- 化学腐蚀物质的接触和作用造成的表面腐蚀失效。

③ 塑性变形　当零件上的应力超过零件的屈服极限时，零件将产生塑性变形，使零件的尺寸和形状改变、破坏各零件的相对位置和配合，使机器不能正常工作。

④ 破坏正常工作条件引起的失效　有些零件只有在一定的工作条件下才能正常工作，否则就会失效。如带传动因过载发生打滑，使传动不能正常工作，但带本身未发生疲劳失效。

（2）机械零件的设计计算准则

机械零件可能的失效形式很多，归纳起来主要有强度、刚度、耐磨性、振动稳定性以及温度等方面的失效。对于不同的失效形式，有对应的工作能力判定条件。零件所能安全工作的限度，即机械零件在一定条件下抵抗失效的能力，称为工作能力。对载荷而言的工作能力称为承载能力。为防止机械零件发生某种失效而应满足的条件（也可以理解为机械零件不发生失效的“安全条件”，是设计零件的理论依据）称为工作能力计算准则。

为了防止机械零件在工作中失效，设计时需要以零件的工作能力计算准则为依据进行必要的计算，常用的计算方法有两种：

① 设计计算　先分析零件的可能失效形式，根据该失效形式的计算准则计算确定零件的结构尺寸。

② 校核计算　先确定零件的结构尺寸，然后再验算零件是否满足计算准则。如不满足，则应修改零件的尺寸。

零件设计时的主要计算准则有：

① 强度准则　零件必须首先满足的基本计算准则。强度是指零件在载荷作用下，抵抗断裂、塑性变形及表面损伤的能力。计算时应保证零件在危险截面处的最大应力不超过零件的许用应力，即

$$\sigma \leqslant [\sigma] \qquad \tau \leqslant [\tau]$$

式中，σ 代表零件危险截面正应力；$[\sigma]$代表零件材料的许用正应力；τ 代表零件危险截面切应力；$[\tau]$代表零件材料的许用切应力。

② 刚度准则　零件在载荷作用下产生的弹性变形量应小于或等于机器正常工作性能许用的极限值。其表达式为

$$Y \leqslant [Y] \qquad \theta \leqslant [\theta] \qquad \phi \leqslant [\phi]$$

式中，Y 代表零件在载荷作用下产生的弹性变形量；$[Y]$代表机器正常工作性能所允许的极限弹性变形量；θ 代表零件在载荷作用下产生的实际弹性扭转变形量（扭转角）；$[\theta]$代表机器正常工作性能所允许的极限弹性扭转变形量；ϕ 代表零件在载荷作用下产生的实际弹性弯曲变形转角；$[\phi]$代表机器正常工作性能所允许的极限弹性弯曲变形转角。

③ 耐磨性准则　耐磨性是指零件抵抗磨损的能力。设计时应使零件的磨损量在预定限度内不超过许用值。

④ 热平衡准则　根据热平衡条件，工作温度 t 不应超过许用工作温度$[t]$，即

$$t \leqslant [t]$$

⑤ 可靠性准则　可靠性用可靠度来表示，即用在规定的寿命时间内能连续工作的件数 N_s 占总件数 N_t 的百分比表示为

$$R=(N_s/N_t)\times 100\%$$

3. 机械零件设计的一般步骤

（1）明确使用要求，选择零件类型及结构形式

根据机械设备的整体功能需求，确定所需零件的具体类型。选择合适的结构形式，以满足零件在机械设备中的安装、运动和功能需求。

（2）分析工作情况，确定作用在零件上的载荷

对零件的工作环境、运动状态及其与其他部件的相互作用进行深入分析。通过计算确定作用于零件上的各种载荷，包括静载荷、动载荷、冲击载荷等多种类型。

（3）基于工作要求，选择零件材料

根据零件的功能、工作环境和载荷特点，选择合适的材料。考虑材料的强度、硬度、耐磨性、耐腐蚀性、韧性以及制造成本等因素。

（4）分析失效形式，制定设计准则，确定基本尺寸

分析零件可能发生的失效形式，如断裂、变形、磨损等。根据失效形式制定相应的设计准则，确保零件在预期的使用条件下能够正常工作。根据设计准则确定零件的基本尺寸，包括形状、大小、公差等。

（5）设计零件结构及尺寸，进行强度校核

详细设计零件的结构和具体尺寸，确保满足功能需求和制造工艺性。对设计出的零件进行强度校核，验证其在实际工作载荷下的可靠性。

（6）绘制零件图，制定技术要求，编写设计说明书和技术文件

绘制零件图，标注尺寸、公差、表面粗糙度等技术要求。制定完整的技术文件，包括设计说明书、材料清单、装配图等，其中设计说明书应阐述设计思路、设计过程、技术特点以及注意事项等。

小结

课程研究对象	● 常用机构和通用零部件
课程性质	● 专业基础课
机械	● 机器和机构的总称
机器	● 机器是人为的实物（构件）组合体 ● 各个运动单元之间具有确定的相对运动 ● 能够实现能量的转换或能量、信息和物料的传递作用
机构	● 机构是人为的实物（构件）组合体 ● 各个运动单元之间具有确定的相对运动 ✧ 从结构和运动的观点来看，机器和机构二者并无区别
常用机构	● 平面连杆机构、凸轮机构、齿轮机构
构件	● 构件是最小的运动单元
零件	● 零件是最小的制造单元
失效形式	● 主要有整体断裂、表面失效、塑性变形和破坏正常工作条件引起的失效
计算准则	● 强度准则、刚度准则、耐磨性准则、热平衡准则、可靠性准则

思考题

1．机器与机构的区别与联系。
2．构件与零件的区别与联系。
3．机器具有的 3 个共同特征是什么？
4．机械零件的失效形式有哪些？
5．机械零件的设计准则有哪些？

习题

填空题：

1．机械设计基础是机械类各专业的一门主干的（　　）课。
2．所谓机械就是（　　）和（　　）的总称。
3．机器是由（　　）组成的执行机械运动的装置，用来完成有用的机械功或（　　）。
4．机构是多个（　　）的组合，能实现预期的机械运动。
5．机械零件可分为（　　）和（　　）两类。
6．各种机器中普遍使用的机构称为（　　）。
7．三大常用机构分别为（　　）机构、（　　）机构和（　　）机构。
8．内燃机中的连杆是一个（　　）（零件或构件）。
9．螺栓、齿轮等属于（　　）零件。
10．活塞、曲轴等属于（　　）零件。
11．从运动和结构的观点来看，机器和（　　）没有区别。
12．机器的基本组成要素是（　　）。

判断题（正确的打√，错误的打×）：

1．从运动的观点看，机器与机构没有区别。（　　）
2．一部机器可能是多个机构的组合体，也可能只包含一个简单的机构。（　　）
3．机械工业的生产水平是一个国家现代化建设水平的主要标志之一。（　　）
4．机器的主体是它的机械系统。（　　）

选择题：

1．（　　）是执行机械运动的装置，用来变换或传递能量、物料、信息。
A．机器　B．机构　C．构件　D．零件
2．机械中运动的单元是（　　）。
A．零件　B．构件　C．机件
3．机械中制造的单元是（　　）。
A．零件　B．构件　C．部件
4．机构与机器相比，不具备（　　）的特征。
A．人为实体的组合　B．各个运动实体之间具有确定的相对运动
C．做有用功或转换机械能　D．价格较高
5．（　　）是通用零件。
A．轴承　B．活塞　C．曲轴　D．叶片

模块2

常用机构

项目 1　分析牛头刨床主运动机构结构

本书配套资源

思维导图

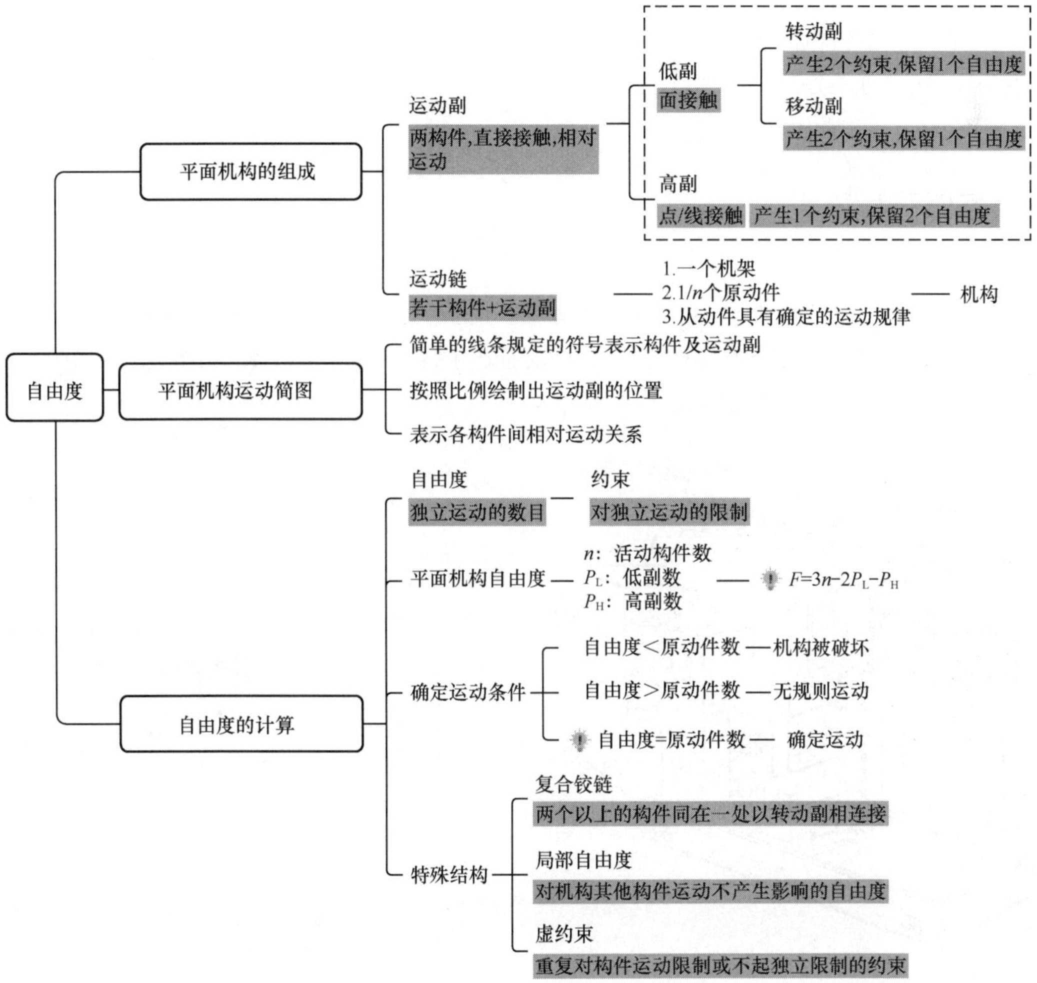

学习目标

1. 掌握平面机构的组成；
2. 掌握平面机构运动简图的绘制方法；
3. 掌握平面机构自由度的计算方法。

任务目标

1. 绘制平面机构的运动简图；
2. 计算特殊机构自由度；
3. 分析机构是否具有确定的运动。

案例引入

牛头刨床主要用于单件小批生产中刨削中小型工件上的平面、成形面和沟槽，如图 2-1 所示。牛头刨床又是由什么组成的？我们怎么描述牛头刨床的运动规律，分析其工作原理？如何判断其是否具有确定的运动？

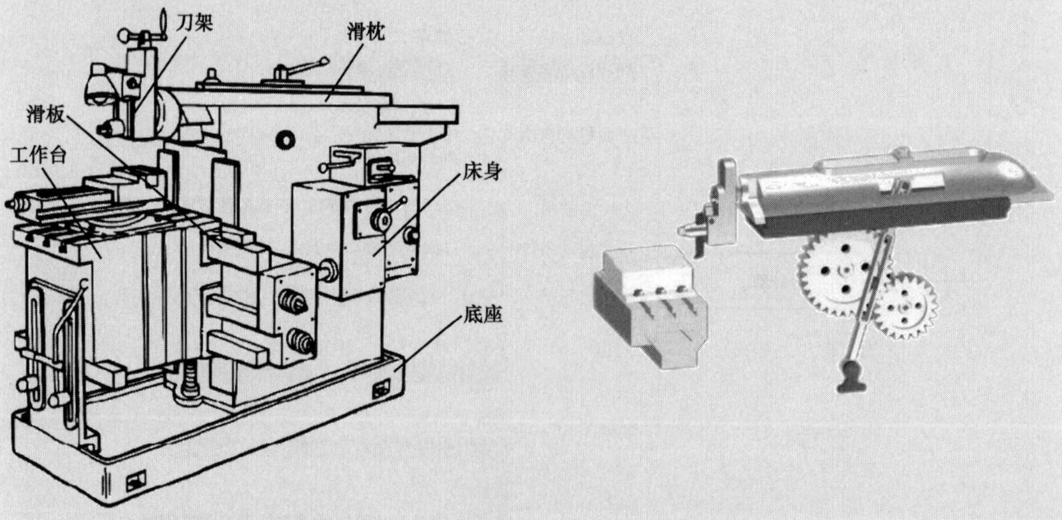

（a） （b）

图 2-1 牛头刨床

【项目提出】

通过对牛头刨床的结构进行分析，熟悉其组成及特点，具体任务就是要绘制机构运动简图、计算机构的自由度，并判断机构的运动是否确定。

任务 1 熟悉平面机构的组成

1. 运动副

在绪论部分，我们知道了：零件是最小的制造单元，零件通过刚性连接组成构件，构件是最小的运动单元，构件通过可动连接组成机构。我们对这种可动连接进行定义：两构件直接接触并能产生一定的相对运动的连接，称为运动副。

当两个构件通过运动副相连时，其接触形式有点、线、面这三种。按照接触形式的不同，通常把运动副分成低副和高副两种。

（1） 低副

两构件通过面接触组成的运动副称为低副。在平面机构的低副中运动形式有转动和移动两种，则低副可以分为转动副和移动副。

① 转动副　若组成运动副的两构件以面接触的形式接触，且只能在平面内进行相对转动，这种运动副称为转动副，也称铰链，如图 2-2（a）所示。

② 移动副　若组成运动副的两构件以面接触的形式接触，且只能在平面内沿某一方向做相对直线移动，这种运动副称为移动副，如图 2-2（b）所示。

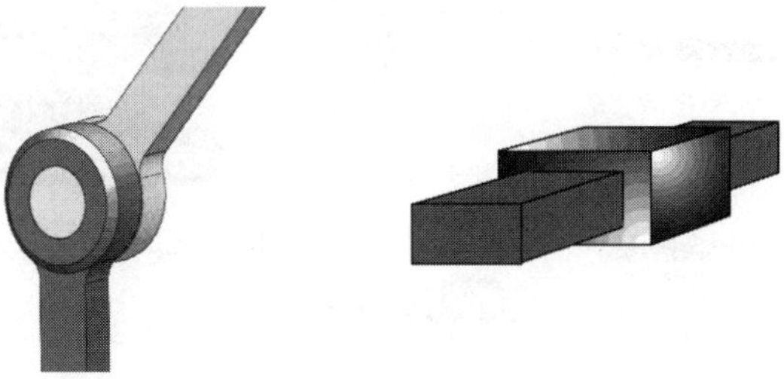

(a) 转动副　　(b) 移动副

图 2-2　转动副与移动副

（2）高副

两构件通过点或线接触组成的运动副称为高副。常见的高副有凸轮副和齿轮副两种。图 2-3 中凸轮和滚子之间以高副的形式连接形成凸轮副，图 2-4 中两个齿轮的轮齿之间以高副的形式连接形成齿轮副。

除上述平面运动副之外，机械中还常见到以下两种运动副：相对运动为螺旋运动的运动副称为螺旋副，如图 2-5 所示；相对运动为球面运动的运动副称为球面副，如图 2-6 所示。

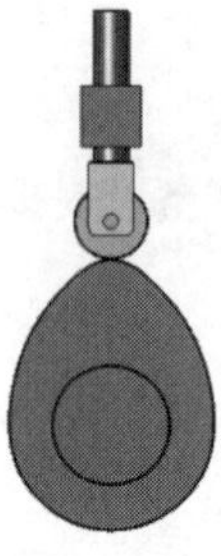

图 2-3 凸轮副

图 2-4 齿轮副

图 2-5 螺旋副

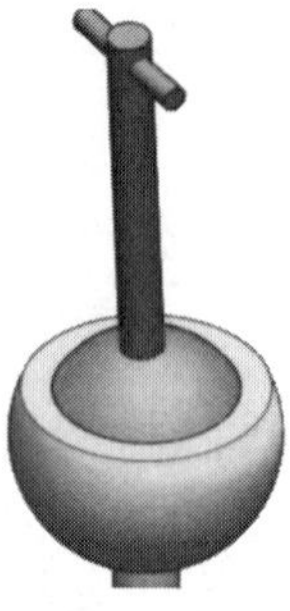

图 2-6 球面副

2．运动链

若干个构件通过运动副连接而成的构件系统称为运动链。若运动链的各构件构成了首末封闭的系统，称为闭式运动链，简称闭链，如图 2-7（a）所示；若运动链的各构件没有构成首末封闭的系统，称为开式运动链，简称开链，如图 2-7（b）所示。

(a) 闭式运动链

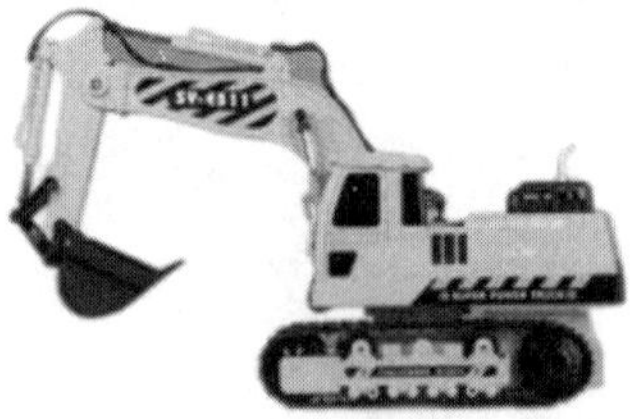

(b) 开式运动链

图 2-7 运动链

3．机构

在一个机构中，固定不动、起到支撑作用的构件称为机架；提供动力的构件称为原动件，也称主动件；跟随原动件运动而运动的构件称为从动件。运动链想要成为机构，需要满足以下三个条件：

① 有且只有一个机架；

② 有一个或少数几个原动件；

③ 从动件的运动规律完全确定。

按照组成机构的各构件之间的相对运动为平面运动或空间运动，可以将机构分为平面机构和空间机构两种。平面机构指的是所有构件都在同一平面或相互平行的平面内运动的机构，否则称为空间机构。其中，平面机构在机械中应用较为广泛。

任务 2 分析平面机构的运动简图

1. 平面机构运动简图的意义

在解决实际的工程问题过程中，当我们想要分析机构的工作原理、各部分的运动关系等因素时，为了便于分析，将构件的材料、截面尺寸、形状以及运动副的形状这些与分析机构运动无关的信息忽略掉，保留各构件之间运动副类型以及数目、各构件的数目以及运动尺寸。用简单的线条和规定的符号来表示构件和运动副，并按一定比例定出各运动副的位置。这种表示机构中各构件间相对运动关系的简单图形称为平面机构运动简图，也称机构示意图。

通过平面机构运动简图可以清楚明了地了解到机械的组成和运动传递情况，便于分析机械结构的传动原理；同时，可以通过机构运动简图分析机构上各点的轨迹、位移、速度以及加速度。

2. 平面机构运动简图的表示方法

为了便于平面机构运动简图的绘制，《机械制图　机构运动简图用图形符号》GB/T 4460—2013 对运动副、构件以及机构的表示方法都做出了详细的规定，本书摘录了部分常见的运动副、构件以及机构的介绍。

（1）运动副的表达方式

两构件 1、2 以转动副的形式相连时，其表达方式如图 2-8 所示。转动副一般用小圆圈来表示。

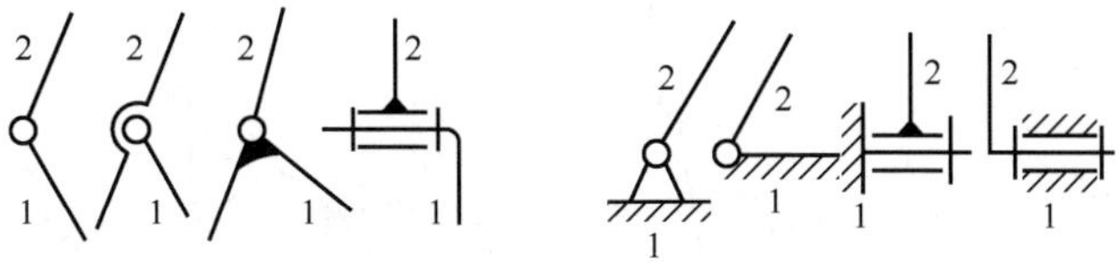

图 2-8 转动副的表达方式

两构件 1、2 以移动副的形式相连时，其表达方式如图 2-9 所示。注意：移动副的导路方向必须与运动的方向一致。

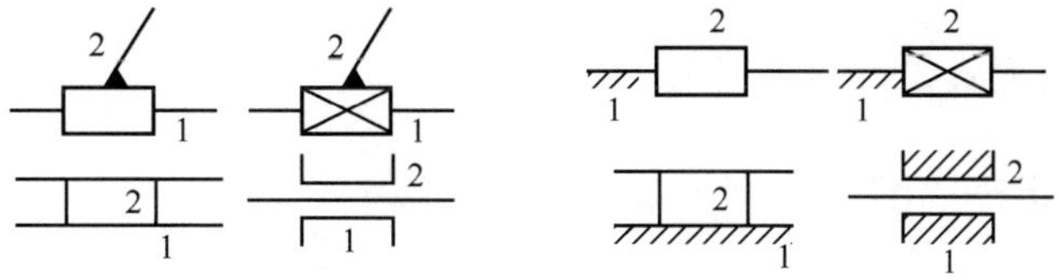

图 2-9 移动副的表达方式

两构件 1、2 以高副的形式相连时，其表达方式如图 2-10 所示。

图 2-10 高副的表达方式

（2）构件的表达方式

构件的表达方式如图 2-11 所示。轴类和杆类构件一般用一条直线进行表示。若一个构件被打上斜线符号，表示该构件为固定构件。若两构件通过焊接符号连接在一起，表示两构件之间无法进行相对运动，所以是同一构件。一个构件可参与两个运动副的，为两副构件。一个构件可参与三个运动副的，为三副构件。

（a）杆、轴类构件

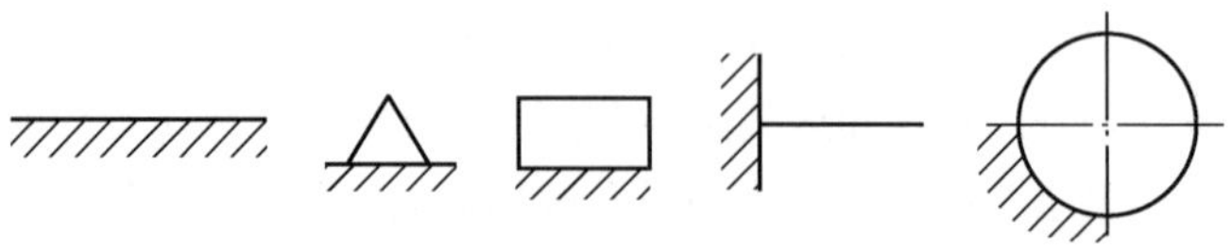

（b）固定构件

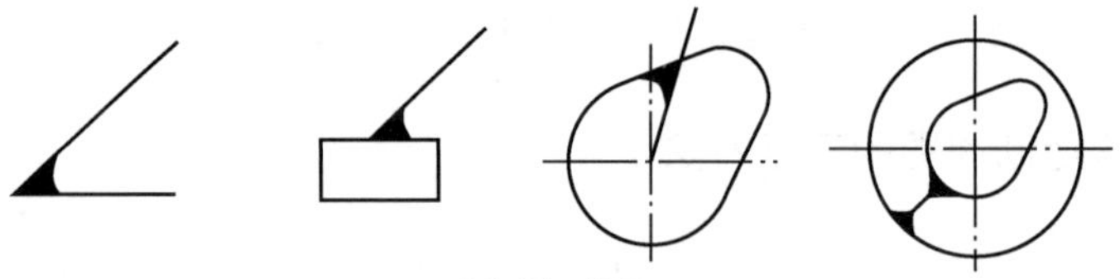

（c）同一构件

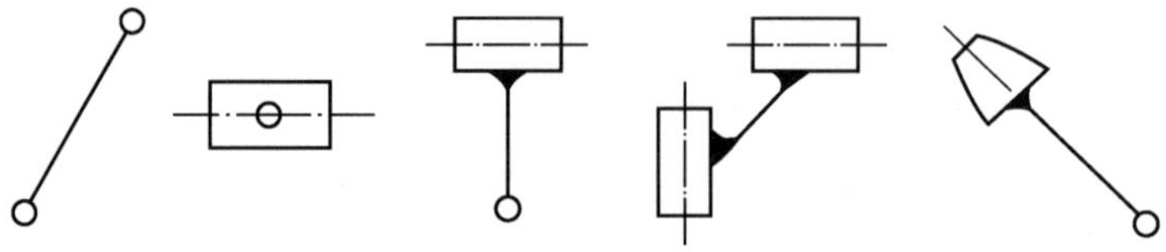

（d）两副构件

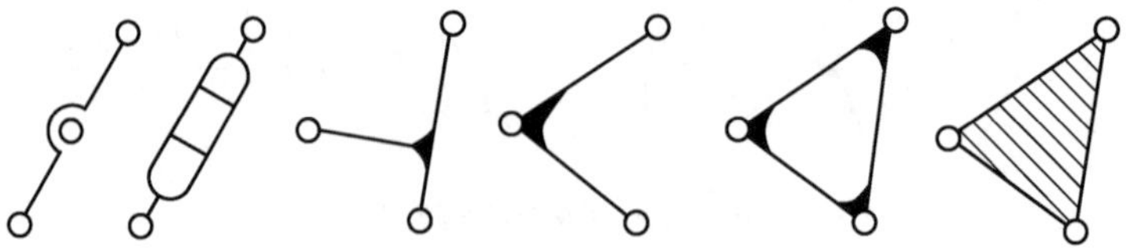

（e）三副构件

图 2-11 构件的表达方式

（3）机构的表达方式

常用机构的表达方式如图 2-12 所示。

3. 平面机构运动简图的绘制步骤

步骤 1：找到固定不动的机架、提供动力的原动件以及若干个跟随原动件运动而运动的从动件。

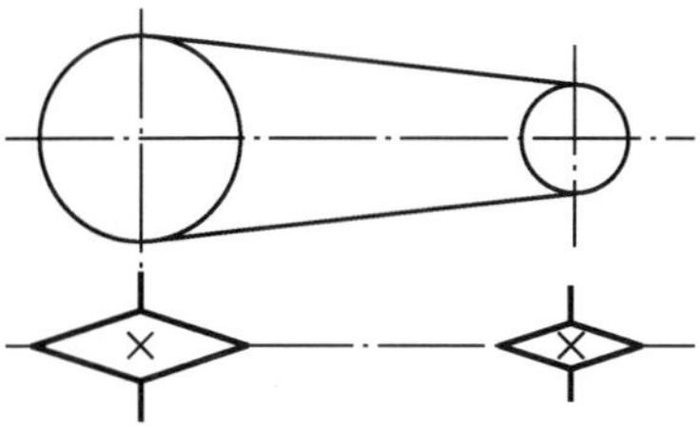

（a）链传动

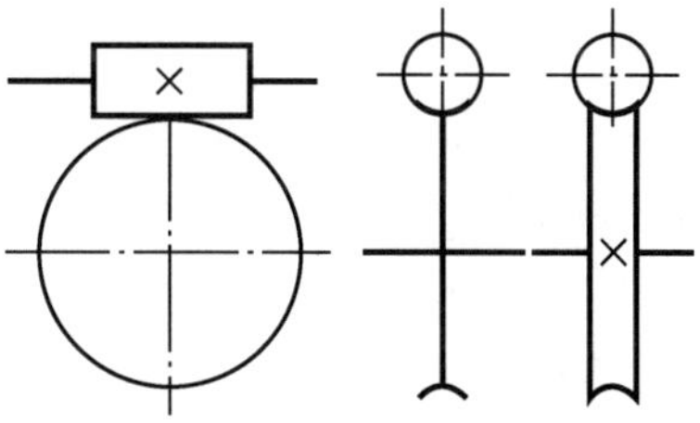

（b）圆柱蜗轮蜗杆传动

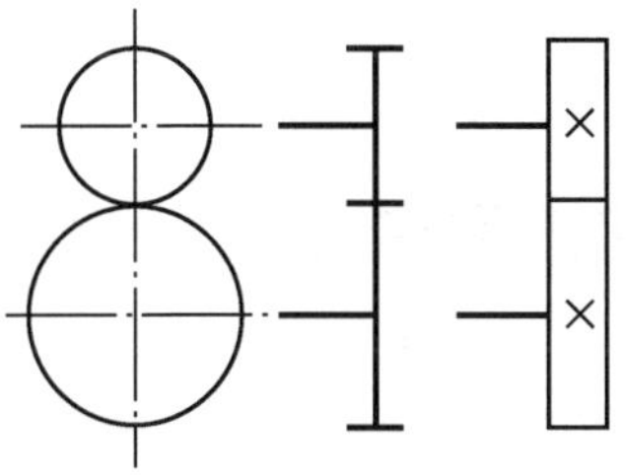

（c）外啮合圆柱齿轮传动

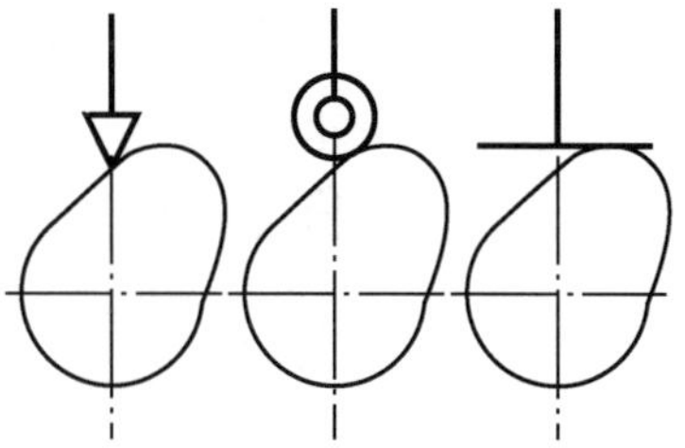

（d）凸轮传动

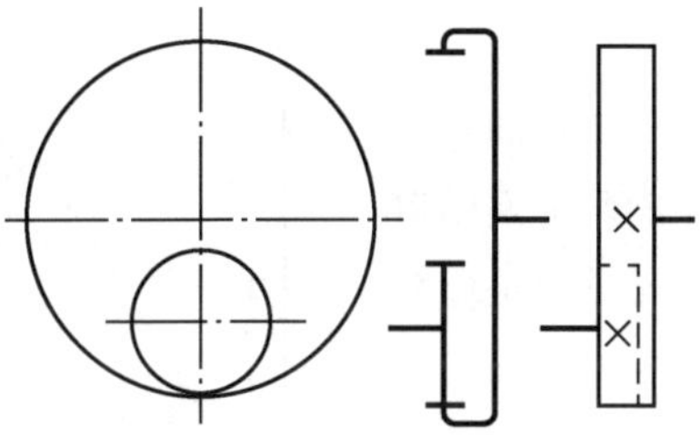

（e）内啮合圆柱齿轮传动

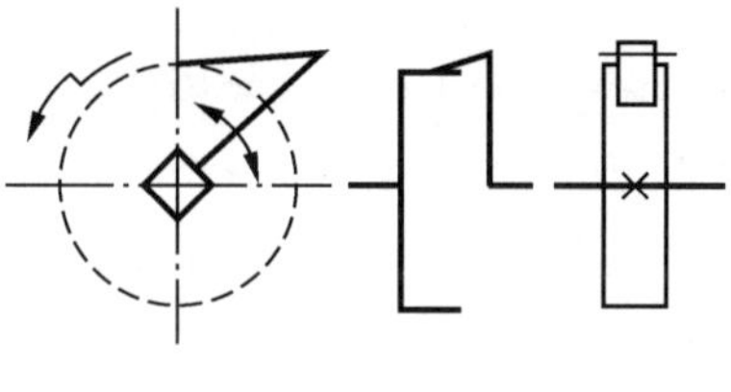

（f）棘轮传动

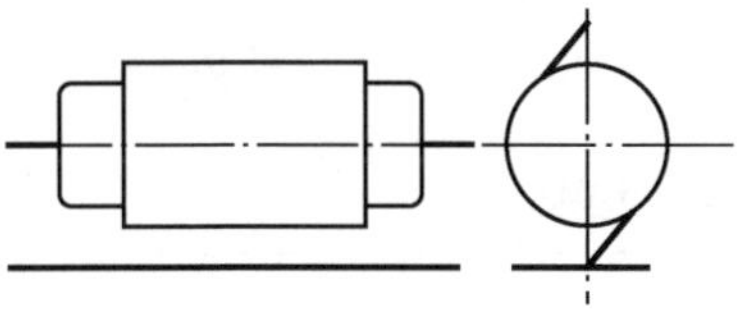

（g）在支架上的电机

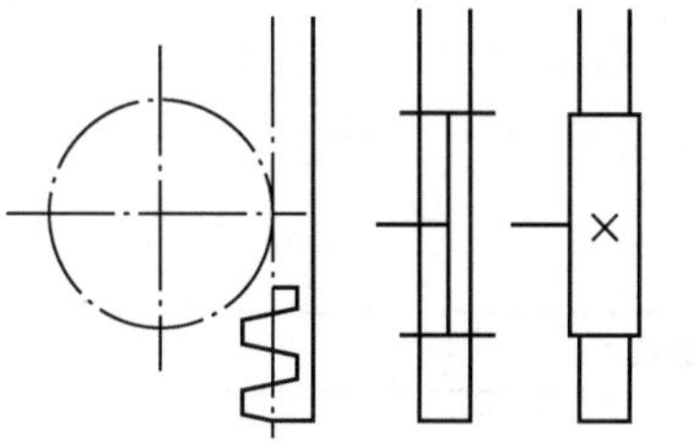

（h）齿轮齿条传动

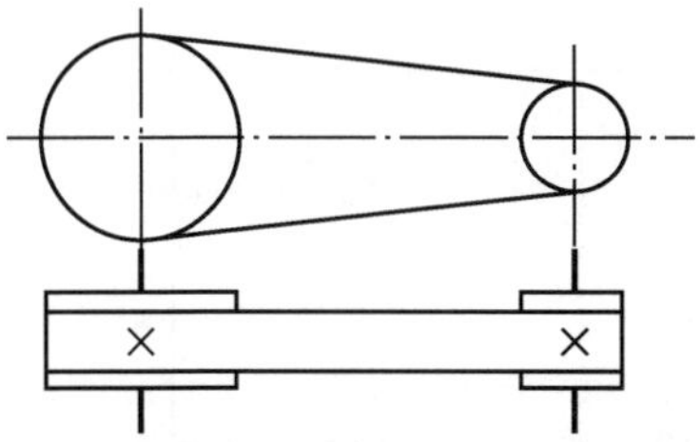

（i）带传动

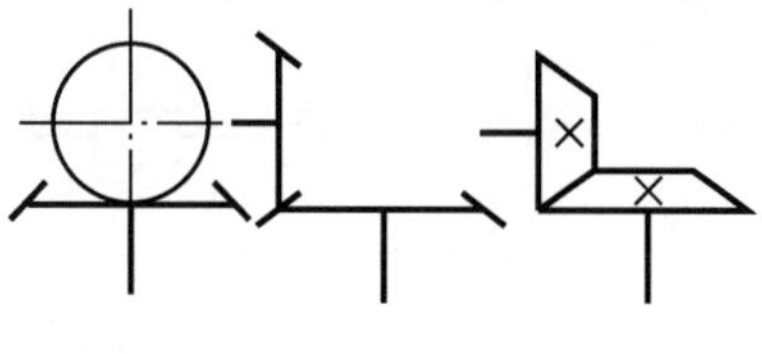

（j）圆锥齿轮传动

图2-12 机构的表达方式

步骤2：从原动件出发，找到各个构件之间连接的运动副个数以及类型。

步骤3：选择一个合适的投影平面进行投影。选择的投影平面一般为机构的运动平面，便于观察出各个构件之间的运动关系。

步骤4：选择合适的比例尺，用字母A、B、C等大写字母表示运动副；用1、2、3等阿拉伯数字表示构件；原动件上需标注出运动的方向，绘制出平面机构运动简图。

在绘制平面机构运动简图时，需要注意以下几个问题：

① 绘制构件时，要忽略掉构件的外形，注重表示各个构件之间的运动关系，即运动副的关系。

② 运动副之间的相对位置以及构件尺寸与实际机构成比例。

③ 视图平面一般选择构件运动平面，便于表示出各个构件之间的运动关系。

④ 在标注时，同一构件上的不同零件尽可能用同一数字标注。

任务 3　计算平面机构的自由度

1. 自由度和约束

自由度指的是做平面运动的构件相对于定参考系所具有的独立运动的数目。如图 2-13 所示，一个独立的构件在一个定参考系中可以沿着 x 轴方向进行移动、沿着 y 轴方向进行移动，同时也可以绕着 O 点进行转动，所以，一个独立的构件在一个定参考系中的自由度为 3。

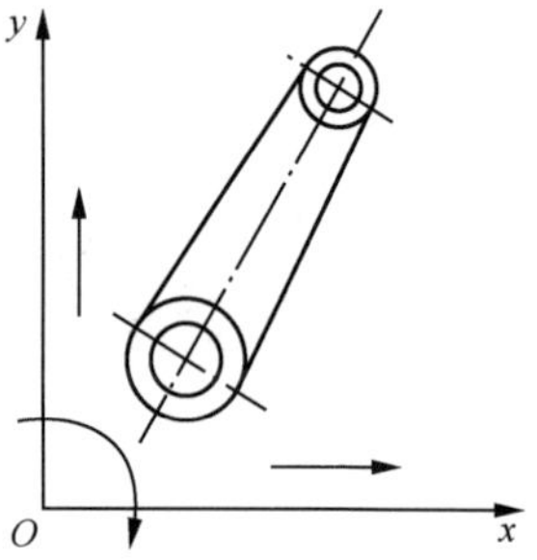

图 2-13　构件的自由度

约束指的是对构件独立运动所加的限制。每加一个约束，构件便失去一个自由度。两构件的约束，取决于运动副的类型，具体数量如表 2-1 所示。

表 2-1　运动副自由度和约束

运动副类型	简图	约束	自由度
转动副	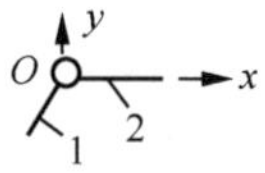	2	1
移动副	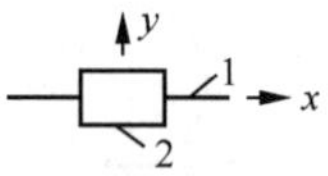	2	1
高副	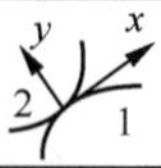	1	2

一个转动副限制了构件沿 x 轴方向的移动和沿 y 轴方向的移动，保留了绕 O 点的转动，因此，一个转动副产生的约束数目为 2，保留的自由度数为 1。

一个移动副限制了构件沿 y 轴方向的移动和绕 O 点的转动，保留了沿 x 轴方向的移动，因此，一个移动副产生的约束数目为 2，保留的自由度数为 1。

一个高副限制了构件沿 y 轴方向（垂直于速度方向）的移动，保留了绕 O 点的转动和沿 x 轴方向（速度方向）的移动。因此，一个高副产生的约束数目为 1，保留的自由度数为 2。

2．机构的自由度和机构具有确定运动的条件

运动副对自由度的影响如表 2-2 所示。

表 2-2 运动副对自由度的影响

运动副类型	约束	自由度
低副	2	1
高副	1	2

设平面机构中活动构件数目为 n，有 P_L 个低副，有 P_H 个高副，机构有 $3n$ 个自由度，受到 $2P_L+P_H$ 个约束，则自由度 F 的计算公式如式（2-1）所示。

$$F=3n-(2P_L+P_H)=3n-2P_L-P_H \tag{2-1}$$

当 $F>0$ 时，机构能运动；当 $F\leqslant 0$ 时，机构不能运动，应为刚性桁架。

机构是否具有确定运动取决于自由度数和原动件数之间的关系：

① 当原动件数大于自由度数时，机构将会被破坏；

② 当原动件数小于自由度数时，机构将进行无规则运动；

③ 当原动件数等于自由度数时，机构将具有确定运动。

[例 2-1] 计算图 2-14 所示机构的自由度，并判断该机构是否具有确定运动。

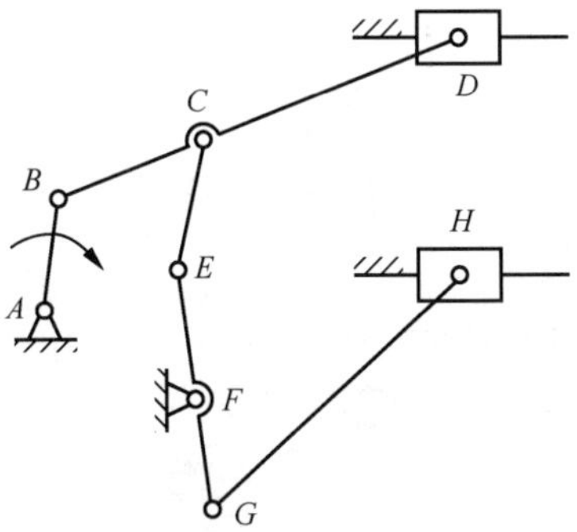

图 2-14 例 2-1 图

解：活动构件 $n=7$，低副数 $P_L=10$，高副数 $P_H=0$。

代入自由度计算公式：

$$F=3n-2P_L-P_H=3\times7-2\times10-0=1$$

图中原动件数为 1，等于自由度数，因此该机构具有确定运动。

3．平面机构中的特殊结构

根据上面的讲述，我们已经知道了机构的自由度与原动件的数量有关，为了使机构具有确定的相对运动，机构的自由度必须计算得准确无误。但是通过式（2-1）计算机构的自由度时，常会存在计算出的自由度与实际情况不符的现象，其原因是在计算机构自由度的过程中，存在着几种特殊结构没有考虑在内，导致机构的自由度计算失误。下面将总结一下在机构自由度计算的过程中，存在的几种特殊结构。

（1）复合铰链

在学习转动副的时候，我们知道了转动副有另外一个名称，叫作铰链。三个及以上的构件在同一处以转动副的形式相连，构成的结构叫作复合铰链。若 K 个构件构成了复合铰链，则需要按照 $K-1$ 个转动副进行自由度的计算。如图 2-15（a）所示，三个杆类构件在 A 处以转动副的形式相连，构成了复合铰链。图 2-15（b）中，机架 1、滑块 2、杆件 3 在 A 处以转动副的形式相连，构成了复合铰链。对于图示的两种情况，在计算自由度的时候，都需要计算 3−1 个，也就是 2 个转动副，并非一个。在计算机构自由度之前一定要先判断该机构是否具有复合铰链，以免计算出错。

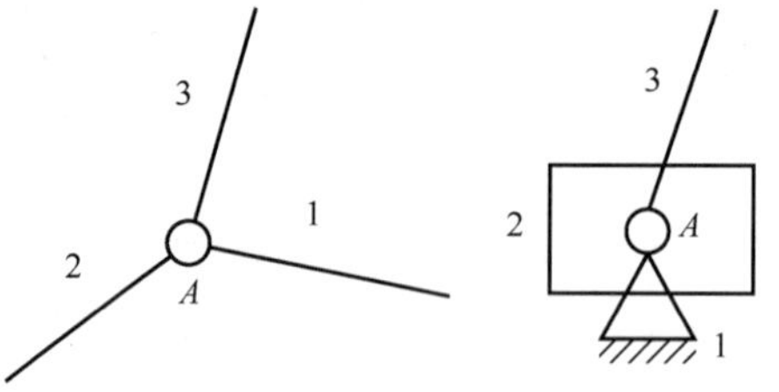

图 2-15 复合铰链

[例 2-2] 计算图 2-16 所示惯性筛机构的自由度，并判断该机构是否具有确定运动。

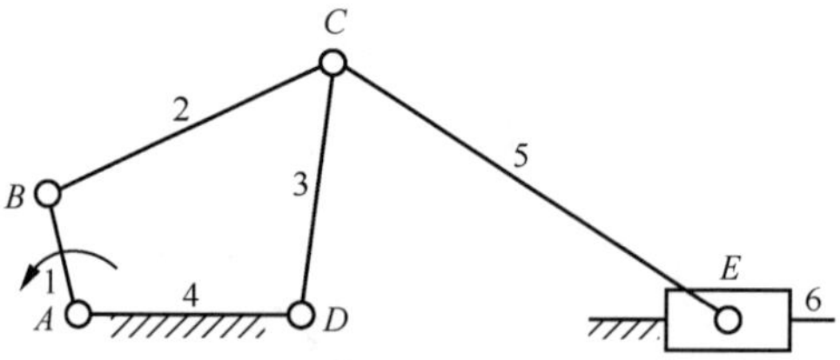

图 2-16 例 2-2 图

解：C 处为复合铰链，需计算 2 个转动副。

活动构件 $n=5$，低副数 $P_L=7$，高副数 $P_H=0$。

代入自由度计算公式：

$$F=3n-2P_L-P_H=3\times5-2\times7-0=1$$

图中原动件数为 1，等于自由度数，因此该机构具有确定运动。

（2）局部自由度

在某些机构中，某个构件所产生的相对运动，并不影响和其他构件的运动，把这种不影响其他构件运动的自由度称为局部自由度。最常见的局部自由度情况为滚子凸轮机构。如图 2-17（a）所示，滚子的转动对机构中其他构件的运动不产生影响，只是起到减小磨损的作用，因此在计算该机构的自由度时，应该将滚子与推杆转化为同一构件，去掉滚子的转动副，即转化为图 2-17（b）的形式进行计算。

[例 2-3] 计算图 2-18 所示内燃机机构的自由度，并判断该机构是否具有确定运动。

解：G、K 处为局部自由度。

活动构件 $n=7$，低副数 $P_L=8$，高副数 $P_H=4$。

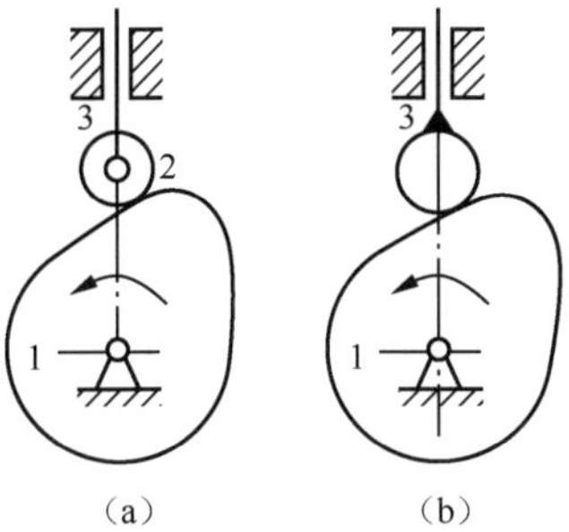

图 2-17　局部自由度

1—凸轮；2—滚子；3—推杆

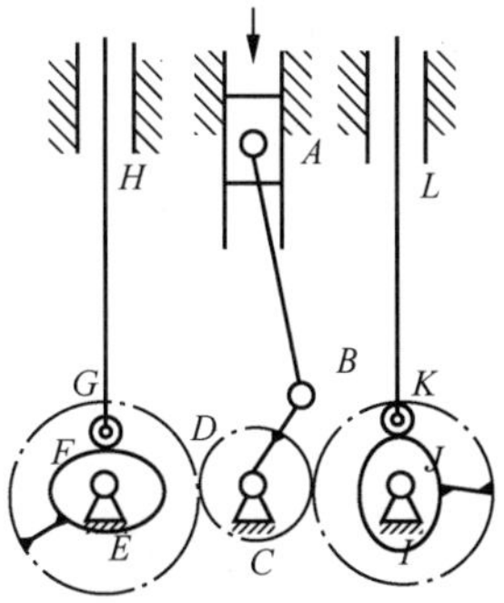

图 2-18　例 2-3 图

代入自由度计算公式：

$$F=3n-2P_L-P_H=3\times7-2\times8-4=1$$

图中原动件数为 1，等于自由度数，因此该机构具有确定运动。

（3）虚约束

重复对构件运动形成限制作用的约束或不起独立限制作用的约束称为虚约束。常见的虚约束有以下 5 种形式。

① 轨迹重合　指的是被连接件上的轨迹和机构上连接点的轨迹完全重合，如图 2-19（a）所示。

② 移动副导路平行　指的是两构件在多处构成移动副且移动方向彼此平行时，只有一个移动副起约束作用，其余都是虚约束，如图 2-19（b）所示。

③ 转动副轴线重合　指的是两构件有多处接触而构成转动副且转动轴线相互重合时，只有一个转动副起约束作用。如图 2-19（c）所示，曲轴的两转动副之一为虚约束。

④ 高副接触点公法线重合　指的是两构件在多处接触而构成平面高副且各接触点处的公法线彼此重合时，只有一个高副起约束作用。如图 2-19（d）中凸轮与从动杆构成的两高副之一为虚约束。

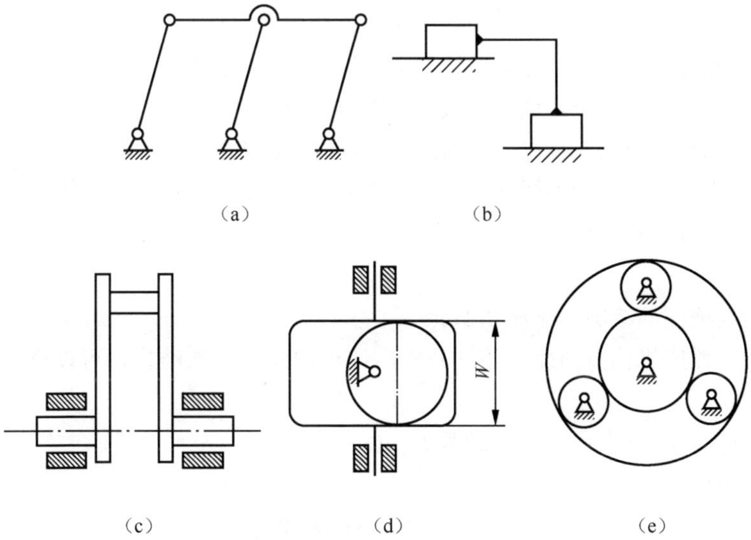

图 2-19　常见的虚约束

⑤ 对称部分　指的是机构中存在对传递运动不起独立作用的对称部分，如图 2-19（e）所示。

[例 2-4] 计算图 2-20 所示机构的自由度，并判断该机构是否具有确定运动。

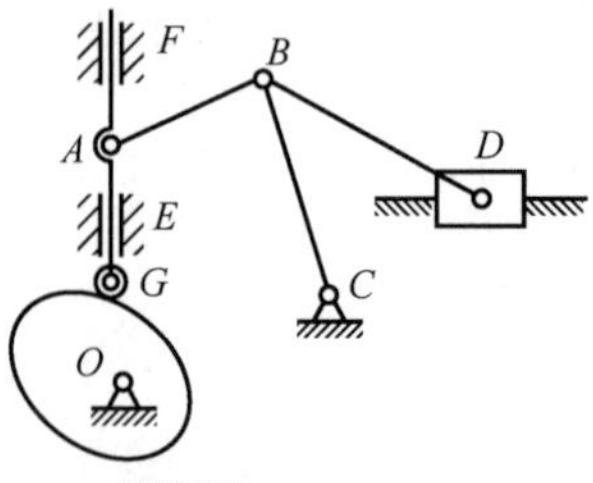

图 2-20　例 2-4 图

解： B 处为复合铰链，E、F 为虚约束，G 处为局部自由度。

活动构件 n=6，低副数 P_L=8，高副数 P_H=1。

代入自由度计算公式：

$$F=3n-2P_L-P_H=3\times6-2\times8-1=1$$

图中原动件数为 1，等于自由度数，因此该机构具有确定运动。

【项目实践】

通过对牛头刨床的结构进行分析，熟悉其组成及特点。具体任务就是要绘制机构运动简图、计算机构的自由度，并判断机构的运动是否确定。

分析：

根据题意，首先分析牛头刨床机构的组成及工作原理：如图 2-21 所示，原动件为小齿轮 2，小齿轮 2 和机架 1 之间构成一个转动副，小齿轮 2 和大齿轮 3 之间以高副的形式相连；大齿轮 3 和机架 1 之间构成一个转动副；大齿轮 3 上有一个滑块 4，与机架 1 之间形成了转动副；滑块 4 在摇杆 5 导轨上进行移动，即滑块 4 与摇杆 5 形成了移动副；摇杆 5 与机架 1 之间构成一个转动副，摇杆 5 和连杆 6 之间以转动副的形式相连；连杆 6 和执行件 7 之间形成一个转动副；执行件 7 与机架 1 之间形成了移动副。然后，根据工作原理绘制出牛头刨床机构的机构运动简图，再根据机构运动简图计算出该机构的自由度，最后判断该机构是否具有确定运动。

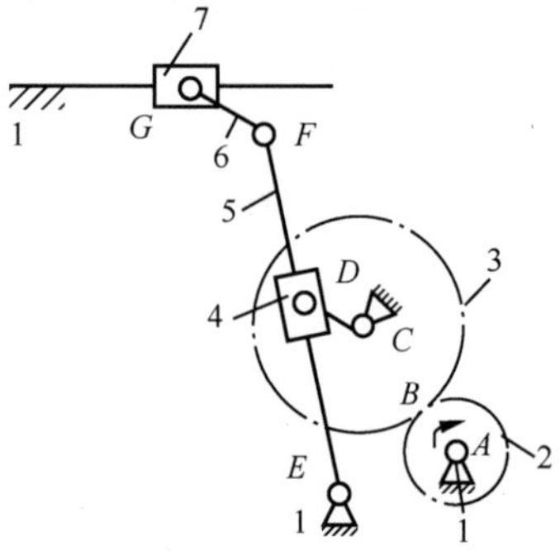

图 2-21　机构运动简图

解：

① 机构运动简图的绘制　见图 2-21。

② 计算牛头刨床机构自由度　经过分析，该机构没有特殊结构，可以直接进行自由度的计算：

活动构件 n=6，低副数 P_L=8，高副数 P_H=1。

代入自由度计算公式：

$$F=3n-2P_L-P_H=3\times6-2\times8-1=1$$

③ 判断该机构是否具有确定运动　因原动件数为 1，等于自由度数，故机构具有确定的相

对运动。

小结

运动副	● 两构件直接接触并能产生一定的相对运动的连接 ● 按照接触方式不同分为：低副和高副 ● 低副根据运动方式不同分为：转动副和移动副 ● 常见的高副：齿轮副和凸轮副
运动链成为机构的条件	● 有且只有一个机架 ● 有一个或少数几个原动件 ● 从动件的运动规律完全确定
平面机构运动简图	● 用简单的线条和规定的符号来表示构件和运动副，并按一定比例定出各运动副的位置。这种表示机构中各构件间相对运动关系的简单图形称为平面机构运动简图
自由度的计算	● $F=3n-(2P_L+P_H)=3n-2P_L-P_H$ ● 当原动件数大于自由度数时，机构将会被破坏 ● 当原动件数小于自由度数时，机构将进行无规则运动 ● 当原动件数等于自由度数时，机构将具有确定运动
特殊结构	● 复合铰链：两个以上的构件在同一处以转动副的形式相连。K 个构件构成复合铰链，按照 K-1 个转动副计算 ● 局部自由度：不影响其他构件运动的自由度。计算时滚子与推杆转化为同一构件，去掉滚子的转动副 ● 虚约束：重复对构件运动形成限制作用的约束或不起独立限制作用的约束称为虚约束。计算时去掉虚约束 ✧ 轨迹重合 ✧ 移动副导路平行 ✧ 转动副轴线重合 ✧ 高副接触点公法线重合 ✧ 对称部分

思考题

1．运动链成为机构的条件。
2．平面机构中的低副和高副各引入几个约束？
3．平面机构自由度和原动件之间存在几种关系？对运动有何影响？
4．运动副和运动链有什么区别？
5．运动链和机构有什么区别？
6．判定机构是否具有确定运动的条件是什么？
7．局部自由度在计算自由度时如何处理？

8．复合铰链在计算自由度时如何处理?

9．虚约束对机构有什么影响?

习题

填空题:

1．两构件直接接触并产生相对运动的连接称为（ ）。

2．构件与构件之间以面接触形成的运动副称为（ ）。

3．构件与构件之间以点或线接触形成的运动副称为（ ）。

4．根据两构件之间接触形式的不同，运动副可分为（ ）和（ ）。

5．根据组成低副的两构件之间相对运动性质不同，又可分为（ ）和（ ）。

6．若干个构件通过运动副的连接而构成的系统称为（ ）。

7．用简单的线条、滑块和规定符号来代表（ ）和（ ），按一定比例（ ）之间的相对位置，使其表达机构运动特性的简单图形，称为（ ）。

8．平面机构的自由度就是机构相对（ ）的自由度。

9．构件所具有的独立运动的数目称为构件的（ ）。

10．对独立运动所加的限制称为（ ）。

11．两个以上构件在同一处以转动副相连接，就构成了（ ）。

12．某构件具有的与整个机构运动无关的自由度称为（ ）。

13．机构具有确定运动的条件是（ ）。

14．一个平面低副使被连接件失去（ ）个自由度。

15．一个平面高副引进（ ）个约束，使构件失去（ ）个自由度。

判断题（正确的打√，错误的打×）:

1．构件可能是一个零件，也可能是若干个刚性连接在一起的零件组成的一个运动整体。（ ）

2．机构自由度减少的数目等于约束的数目。（ ）

3．对机构运动不起限制作用的约束称为虚约束。（ ）

4．凸轮副和齿轮副均属于高副。（ ）

5．任何构件的组合均可构成机构。（ ）

6．运动副是连接，连接也是运动副。（ ）

选择题:

1．机械是指（ ）。

A．机器的组合体　　B．机构的组合体

C．构件的组合体　　D．机器和机构的总称

2．机构的特性是（ ）。

A．许多构件的组合体　　B．各构件之间具有确定的相对运动

C．能完成有用的机械功　　D．机器与机构的总称

3．机构具有确定运动的条件是机构的自由度数（ ）机构的原动件数。

A．大于　　B．小于　　C．等于

4．机构可动的条件是自由度（　　）。

A．大于0　　B．等于0

C．小于0　　D．大于或等于0

5．机构中一个独立运动的单元体称为（　　）。

A．零件　　B．构件　　C．标准件　　D．非标准件

6．当原动件数大于机构自由度数时，机构的相对运动（　　）。

A．确定　　B．不确定

C．破坏　　D．根据具体情况确定

7．当一个平面机构的原动件数目小于此机构的自由度数时，此机构（　　）。

A．具有确定的相对运动　　B．运动不能确定

C．只能做有限的相对运动　　D．不能运动

8．原动件的自由度应为（　　）。

A．1　　B．0　　C．2　　D．−1

9．计算机构自由度时，若计入虚约束，则机构自由度就会（　　）。

A．增多　　B．减少　　C．不变

计算题：

1．计算图2-22所示机构的自由度，并判断机构是否有确定运动。若有复合铰链、局部自由度、虚约束，须指出。

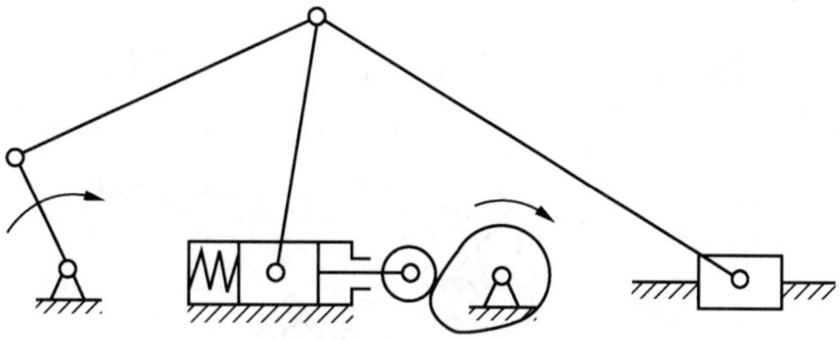

图2-22　计算题1图

2．计算图2-23所示机构的自由度，并判断机构是否有确定运动。若有复合铰链、局部自由度、虚约束，须指出。

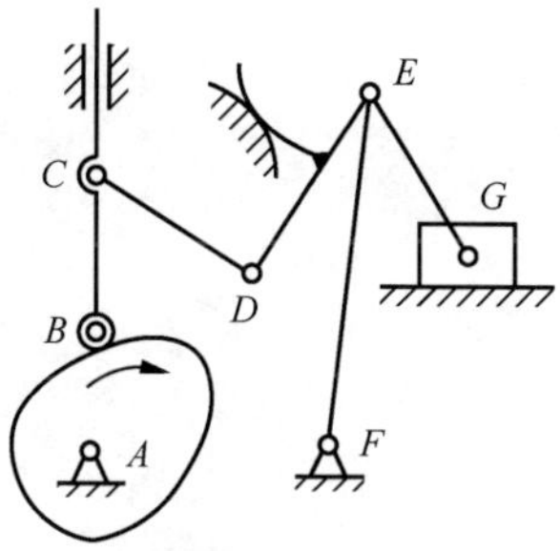

图2-23　计算题2图

3．计算图 2-24 所示机构的自由度，并判断机构是否有确定运动。若有复合铰链、局部自由度、虚约束，须指出。

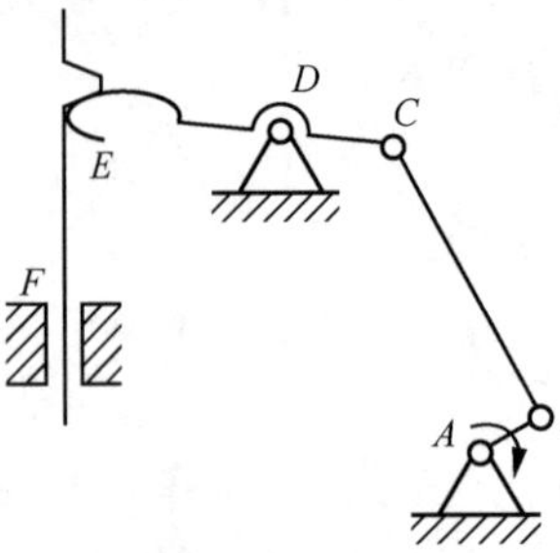

图 2-24　计算题 3 图

4．计算图 2-25 所示机构的自由度，并判断机构是否有确定运动。若有复合铰链、局部自由度、虚约束，须指出。

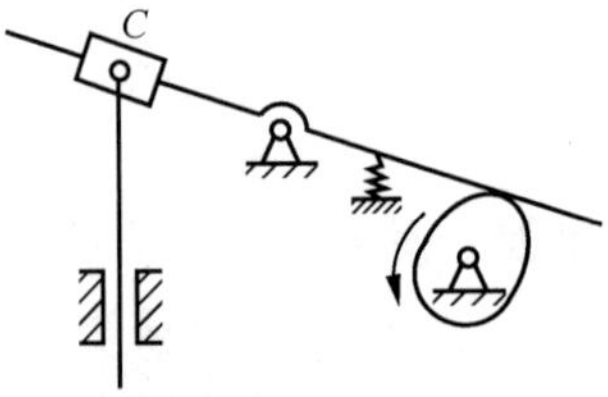

图 2-25　计算题 4 图

5．计算图 2-26 所示机构的自由度，并判断机构是否有确定运动。若有复合铰链、局部自由度、虚约束，须指出。

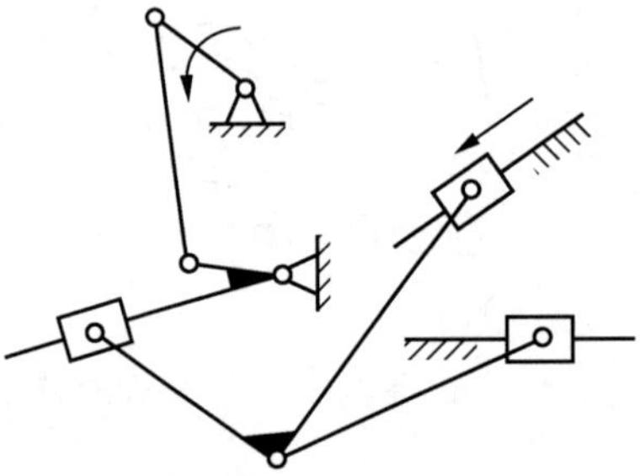

图 2-26　计算题 5 图

项目 2　设计牛头刨床主运动机构

本书配套资源

思维导图

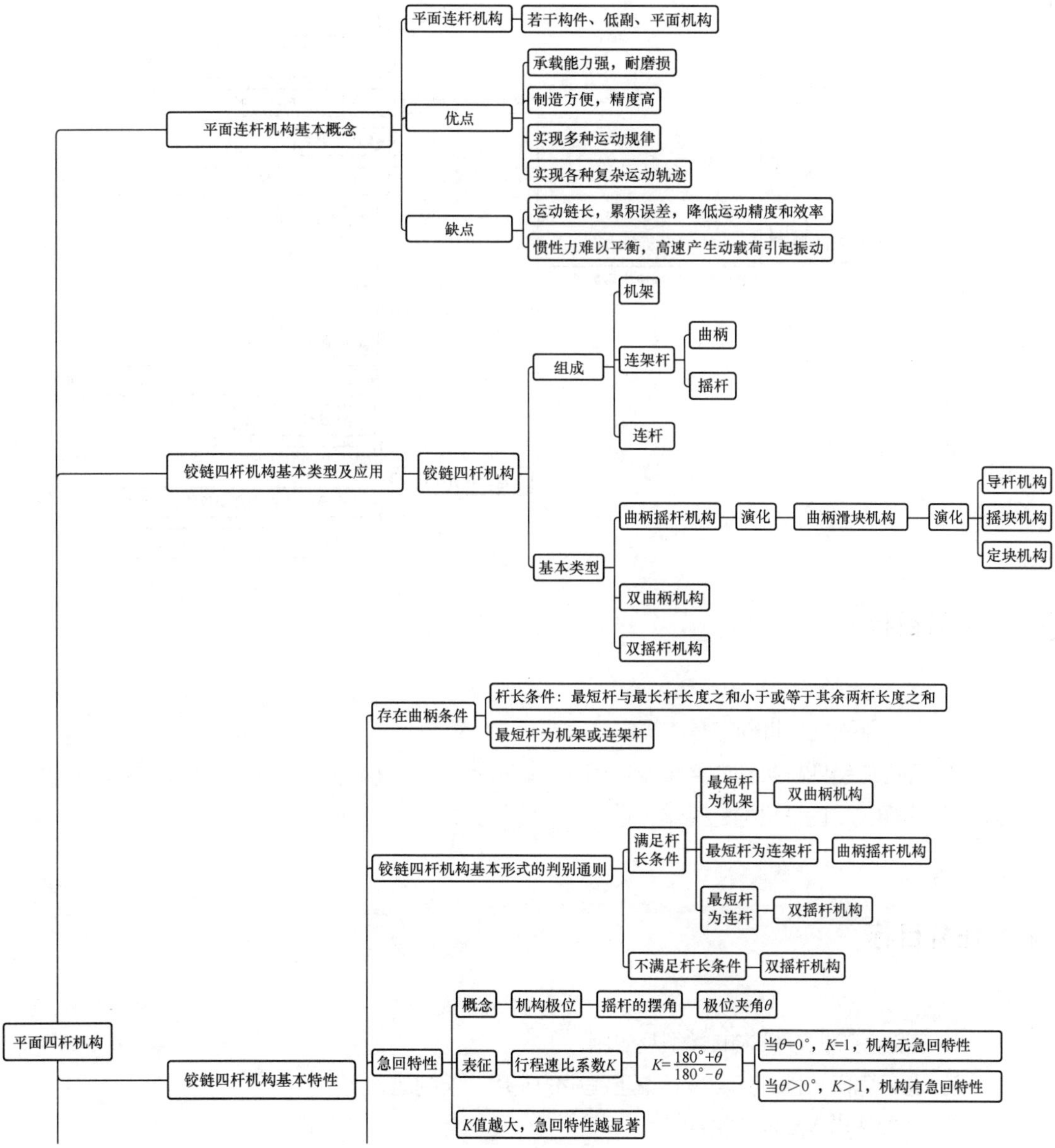

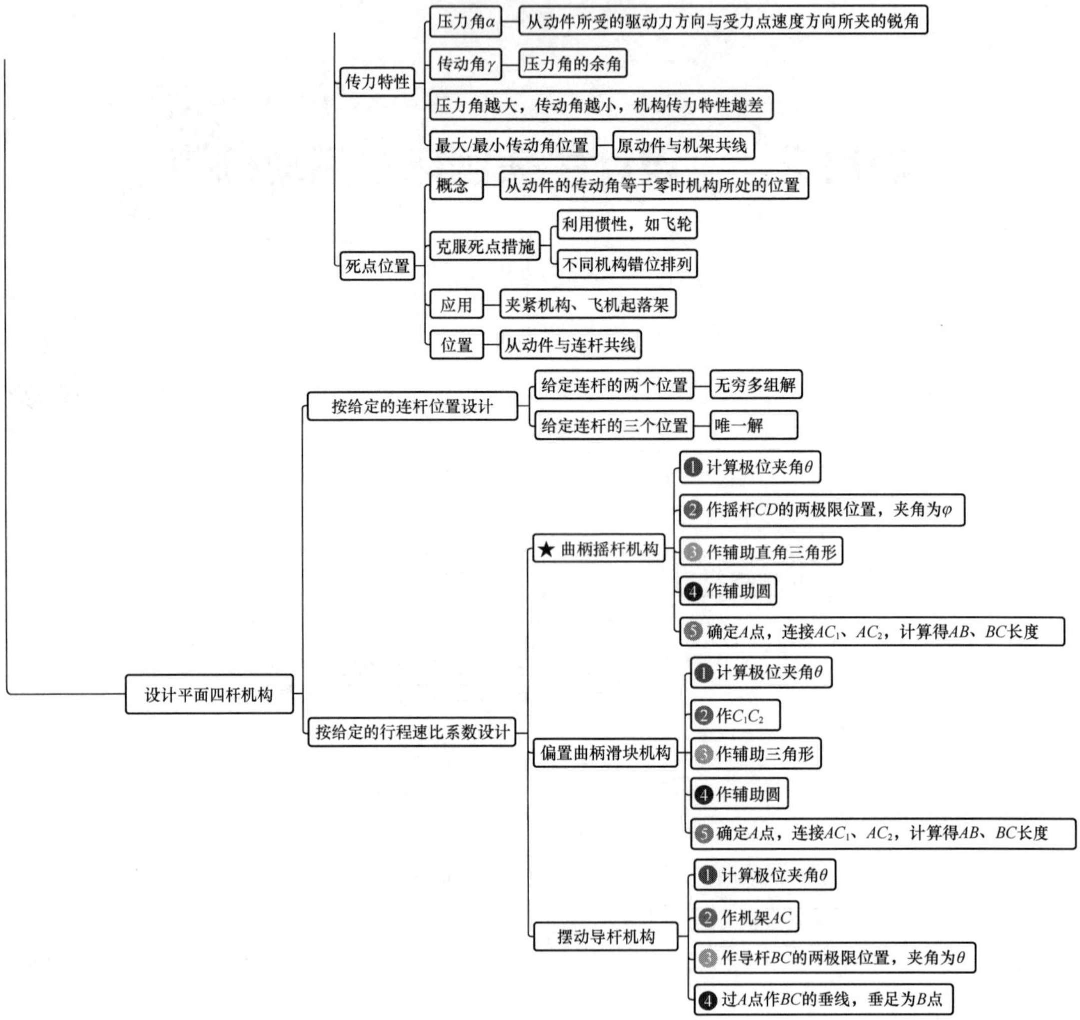

学习目标

1. 了解平面连杆机构的基本概念；
2. 熟悉铰链四杆机构的类型及应用；
3. 掌握铰链四杆机构的基本特性。

任务目标

1. 表述铰链四杆机构的类型及应用；
2. 分析急回特性、死点位置在工程中的应用，绘制压力角；
3. 合理选用平面四杆机构。

案例引入

牛头刨床主要用于单件小批生产中刨削中小型工件上的平面、成形面和沟槽，如图 2-1（a）所示。

如图 2-1（b）所示，牛头刨床的主运动就是滑枕带动刨刀做往复移动，是什么机构驱动滑枕做往复移动呢?

【项目提出】

已知牛头刨床主运动机构的运动特性：具有急回特性，运动特性好。如何正确选用牛头刨床主运动机构中的平面连杆机构？

任务 1 明确平面连杆机构的基本概念

1. 平面连杆机构的定义

由若干构件通过低副连接而成的平面机构称为平面连杆机构，又称为平面低副机构，如图 2-27 所示。

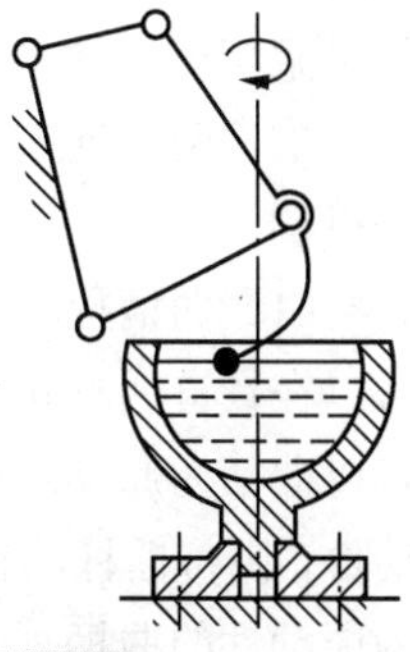

图 2-27 平面连杆机构

2. 平面连杆机构的特点

平面连杆机构具有以下优点：

① 由于低副通过面接触，承载能力强，耐磨损；

② 低副的接触面是圆柱面或平面，制造方便，精度高；

③ 可以实现多种运动规律；

④ 可以实现各种复杂运动轨迹。

因此，平面连杆机构在机械中得到了广泛的应用。

平面连杆机构具有以下缺点：

① 运动链长，累积误差，降低传动精度和效率；

② 惯性力难以平衡，高速产生动载荷引起振动。

3. 平面连杆机构的应用

平面连杆机构可以应用在以下场合：

① 用于实现远距离操作，如挖掘机；

② 用于实现给定轨迹，如搅拌机；
③ 用于受力大的场合，如冲孔机械；
④ 用于实现各种不同的运动规律要求，如惯性筛。

任务 2　掌握铰链四杆机构的基本类型及应用

1. 铰链四杆机构的基本形式及应用

由四个构件组成的平面连杆机构称为四杆机构。全部运动副都为转动副的四杆机构称为铰链四杆机构，铰链四杆机构是平面四杆机构的基本形式，如图 2-28 所示。

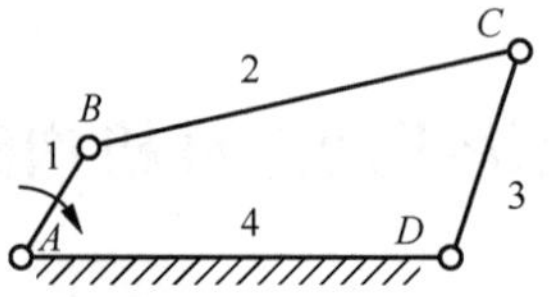

图 2-28　铰链四杆机构

在铰链四杆机构中，固定构件 4 称为机架；构件 1、3 与机架 4 相连接，称为连架杆，其中与机架相连并做整周转动的构件 1 称为曲柄，与机架相连并做往复摆动的构件 3 称为摇杆；不与机架相连并做平面运动的构件 2 称为连杆。

根据两个连架杆运动情况的不同，铰链四杆机构可分为曲柄摇杆机构、双曲柄机构和双摇杆机构。

（1）曲柄摇杆机构

在铰链四杆机构中，若两个连架杆中有一个为曲柄，另一个为摇杆，则称为曲柄摇杆机构。若以曲柄为原动件驱动摇杆，则将曲柄的整周转动转换为摇杆的变速往复摆动；若以摇杆为原动件，则将摇杆的往复摆动转换为曲柄的整周转动。图 2-29 所示的雷达天线俯仰机构是以曲柄为原动件的曲柄摇杆机构的应用实例。图 2-30 所示的缝纫机踏板机构是以摇杆为原动件的曲柄摇杆机构的应用实例。

图 2-29　雷达天线俯仰机构

图 2-30　缝纫机踏板机构

（2）双曲柄机构

在铰链四杆机构中，若两个连架杆均为曲柄，则称为双曲柄机构。图 2-31 所示的机车驱动轮联动机构是双曲柄机构的应用实例。

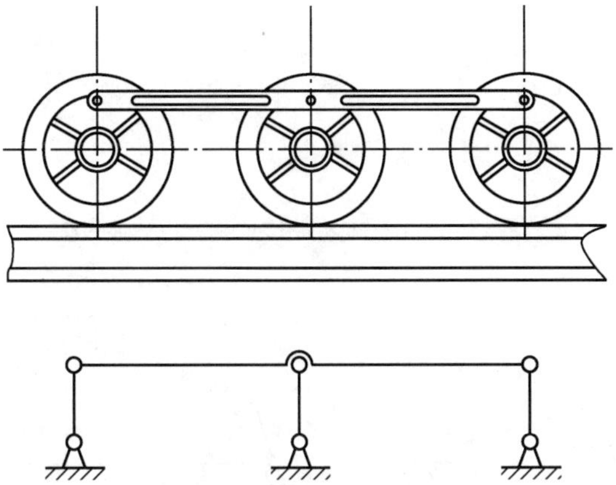

图2-31 机车驱动轮联动机构

（3）双摇杆机构

在铰链四杆机构中，若两个连架杆均为摇杆，则称为双摇杆机构。图 2-32 所示的飞机起落架机构是双摇杆机构的应用实例。飞机着陆前，需要将着陆轮 1 从机翼 4 中推放出来（图中实线所示）；起飞后，为了减小空气阻力，需要将着陆轮收入机翼中（图中虚线所示）。这些动作是由原动件摇杆 3，通过连杆 2、从动件摇杆 5 带动其上的着陆轮实现的。

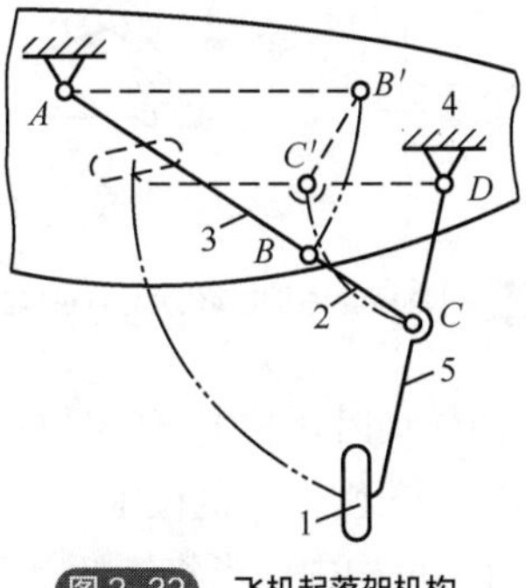

图2-32 飞机起落架机构

2．铰链四杆机构的演化

通过对铰链四杆机构进行演化，可以得到不同的机构。

（1）改变构件的形状和运动尺寸

如图 2-33（a）所示，在曲柄摇杆机构中，*C* 点的运动轨迹为一段弧线。将 *D* 点放置在无穷远处，*CD* 杆的长度增至无穷大，此时 *C* 点的运动轨迹由弧线变成直线，*C* 处的转动副转化为移动副，该机构由曲柄摇杆机构演化为曲柄滑块机构，如图 2-33（b）所示。

若 *C* 点的运动轨迹通过曲柄转动中心 *A*，则称为对心曲柄滑块机构，如图 2-34（a）所示；

若 C 点的运动轨迹的延长线与转动中心 A 之间存在偏距 e，则称为偏置曲柄滑块机构，如图 2-34（b）所示。曲柄滑块机构广泛应用在内燃机、空气压缩机、冲床等机械中。

图 2-33 曲柄摇杆机构演化为曲柄滑块机构的过程

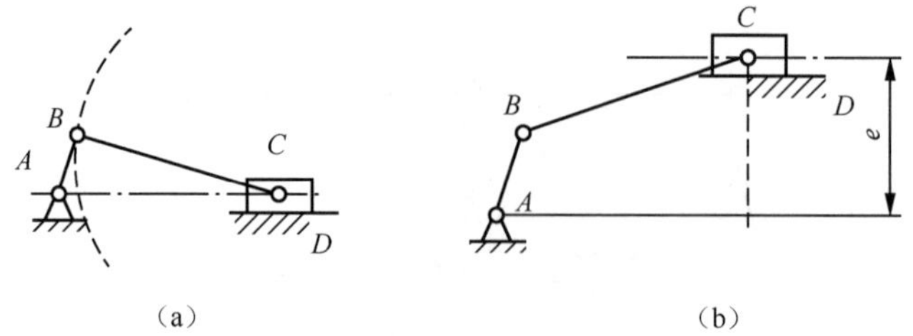

图 2-34 曲柄滑块机构

（2）选用不同构件为机架

如图 2-35（a）所示，在曲柄滑块机构中，当将曲柄 1 改为机架时，就演化成导杆机构，如图 2-35（b）所示。

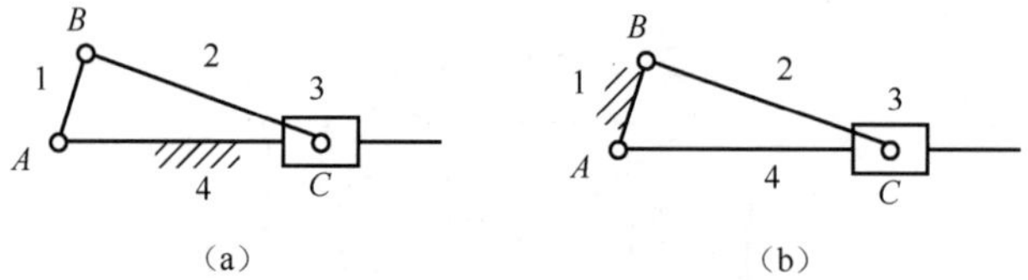

图 2-35 曲柄滑块机构演化为导杆机构的过程

在导杆机构中，当导杆 4 做整周转动时，称为转动导杆机构；当导杆 4 在一定范围内摆动时，称为摆动导杆机构。导杆机构应用在刨床等机械中。

如图 2-36（a）所示，在曲柄滑块机构中，当将连杆 2 改为机架时，就演化成摇块机构，如图 2-36（b）所示。摇块机构应用在自卸卡车、柱塞式油泵等机械中。

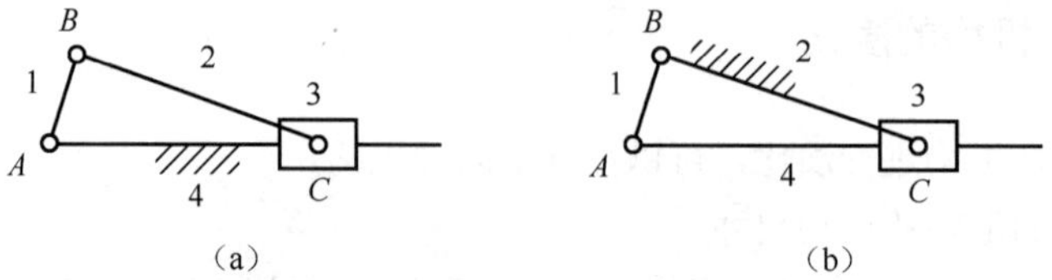

图 2-36 曲柄滑块机构演化为摇块机构的过程

如图 2-37（a）所示，在曲柄滑块机构中，当将滑块 3 改为机架时，就演化成定块机构，如图 2-37（b）所示。定块机构应用在唧筒中。

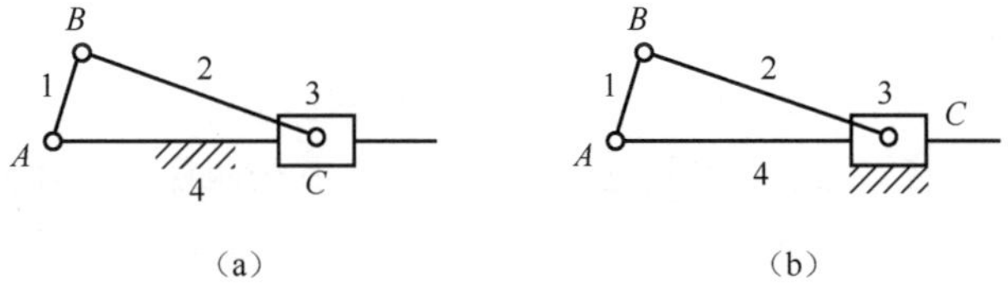

图 2-37　曲柄滑块机构演化为定块机构的过程

任务 3　分析铰链四杆机构的基本特性

铰链四杆机构的基本特性包括运动特性和传力特性两个方面，这些特性不仅反映了机构传递和变换运动与力的性能，而且也是四杆机构类型选择和运动设计的主要依据。

1. 铰链四杆机构存在曲柄的条件

铰链四杆机构是否存在曲柄与两个因素有关：各杆的相对长度以及机架的选取。

如图 2-38 所示，在铰链四杆机构中，机架 *AD* 的长度用 l_1 表示，连架杆 *AB* 的长度用 l_2 表示，连杆 *BC* 的长度用 l_3 表示，连架杆 *CD* 的长度用 l_4 表示。假设 *AB* 杆为曲柄，*AB* 杆可以绕着固定铰链 *A* 做整周转动。

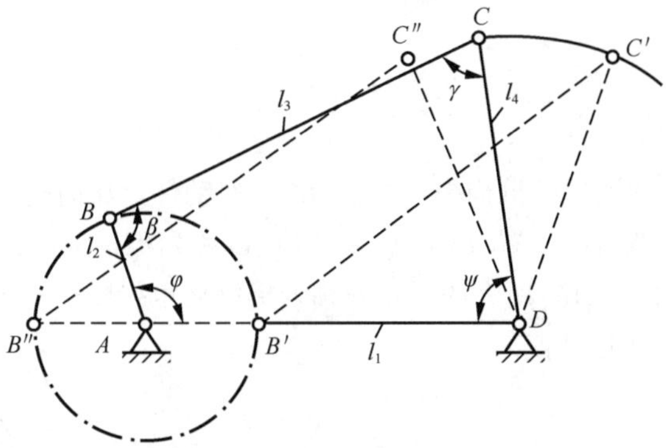

图 2-38　铰链四杆机构存在曲柄的条件

当曲柄 *AB* 运动到 *AB″*时，曲柄 *AB* 与机架 *AD* 共线，可以得到△*B″C″D*，存在式（2-2）所示的三角形边长关系。

$$l_3 + l_4 \geqslant l_1 + l_2 \tag{2-2}$$

当曲柄 *AB* 运动到 *AB′*时，曲柄 *AB* 与机架 *AD* 共线，可以得到△*B′C′D*，存在式（2-3）所示的三角形边长关系。

$$\begin{cases} l_1 - l_2 + l_3 \geqslant l_4 \\ l_1 - l_2 + l_4 \geqslant l_3 \end{cases} \tag{2-3}$$

将式（2-2）、式（2-3）中三式两两相加可得

$$l_1 \geqslant l_2,\ l_3 \geqslant l_2,\ l_4 \geqslant l_2 \tag{2-4}$$

由式（2-2）～式（2-4）可得铰链四杆机构存在曲柄的条件是：

① 杆长条件　最短杆与最长杆长度之和小于或等于其余两杆长度之和。

② 最短杆为机架或者连架杆　当最短杆为机架时，机构为双曲柄机构，如图 2-39（a）所示；当最短杆为连架杆时，机构为曲柄摇杆机构，如图 2-39（b）所示。

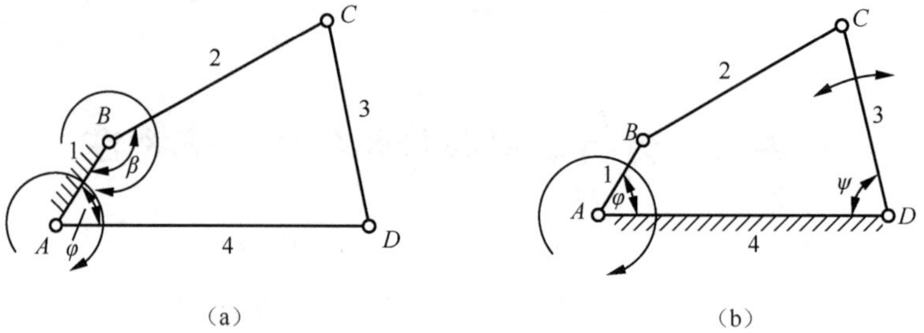

图 2-39　铰链四杆机构存在曲柄的情形

铰链四杆机构基本形式的判别通则：

① 满足杆长条件　最短杆与最长杆长度之和小于或等于其余两杆长度之和。

a．最短杆为连架杆时，机构为曲柄摇杆机构；

b．最短杆为机架时，机构为双曲柄机构；

c．最短杆为连杆时，机构为双摇杆机构。

② 不满足杆长条件　最短杆与最长杆长度之和大于其余两杆长度之和。此时无论何杆为机架，均为双摇杆机构。

2．急回特性

如图 2-40 所示，在曲柄摇杆机构中，曲柄 AB 为原动件，在曲柄 AB 转动一周过程中，曲柄 AB 与连杆 BC 两次共线时的位置 AB_1C_1D 和 AB_2C_2D 称为机构极位。机构在两个极位时，曲柄 AB 所处的两个位置 AB_1、AB_2 所夹的锐角 θ 称为极位夹角；摇杆 CD 所处的两个位置 C_1D、C_2D 所夹的角 φ 称为摇杆的摆角。

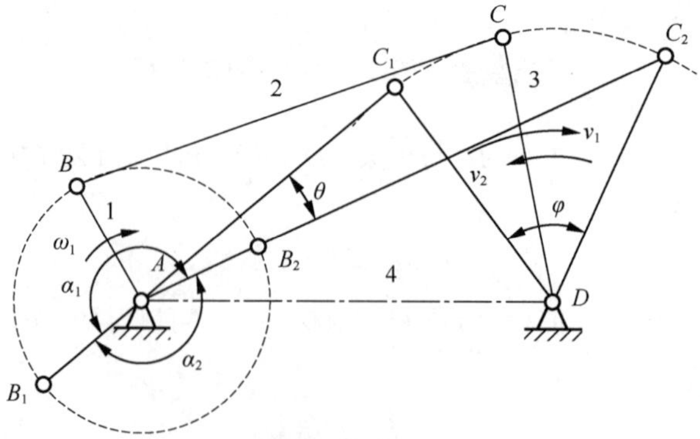

图 2-40　急回特性

曲柄 AB 以等角速度 ω_1 顺时针转动，摇杆从 C_1D 运动到 C_2D 的过程称为工作行程；摇杆从

C_2D 运动到 C_1D 的过程称为空回行程。在这两个行程过程中，曲柄 AB 和摇杆 CD 的运动参数如表 2-3 所示。

表 2-3　运动参数表

行程	曲柄	摇杆	时间	C 点平均速度
工作行程	$AB_1 \to AB_2$ $\alpha_1=180°+\theta$	$C_1D \to C_2D$ φ	$t_1=\alpha_1/\omega_1$	$v_1=\dfrac{\overset{\frown}{C_1C_2}}{t_1}$
空回行程	$AB_2 \to AB_1$ $\alpha_2=180°-\theta$	$C_2D \to C_1D$ φ	$t_2=\alpha_2/\omega_1$	$v_2=\dfrac{\overset{\frown}{C_1C_2}}{t_2}$

因为 $\alpha_1 > \alpha_2$，曲柄 AB 以等角速度 ω_1 顺时针转动，所以 $t_1 > t_2$，$v_1 < v_2$，机构的空回行程的平均速度高于工作行程平均速度，这一特性称为急回特性。很多机械利用急回特性来提高机械的工作效率，如牛头刨床等。

引入行程速比系数 K 来衡量急回特性程度：

$$K=\frac{v_2}{v_1}=\frac{\dfrac{\overset{\frown}{C_1C_2}}{t_2}}{\dfrac{\overset{\frown}{C_1C_2}}{t_1}}=\frac{t_1}{t_2}=\frac{\alpha_1}{\alpha_2}=\frac{180°+\theta}{180°-\theta} \tag{2-5}$$

当极位夹角 $\theta=0°$ 时，行程速比系数 $K=1$，机构无急回特性；当极位夹角 $\theta \neq 0°$ 时，行程速比系数 $K>1$，机构有急回特性。极位夹角 θ 越大，行程速比系数 K 值越大，机构的急回特性越显著。

3．压力角和传动角

如图 2-41 所示，在铰链四杆机构中，忽略各运动副中的摩擦力、构件重力和惯性力的影响，从动件受到的驱动力方向与受力点速度方向所夹的锐角称为压力角，用 α 表示。压力角的余角称为传动角，用 γ 表示。

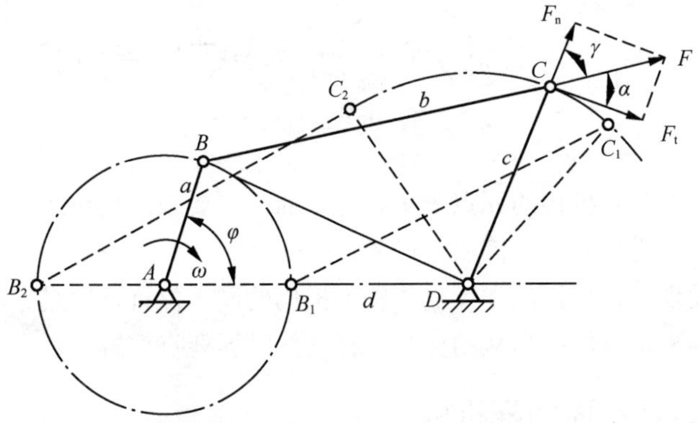

图 2-41　铰链四杆机构的压力角和传动角

将驱动力 F 沿 C 点速度方向和垂直于速度方向进行分解：

$$F_t = F\cos\alpha \tag{2-6}$$

$$F_n = F\sin\alpha \tag{2-7}$$

式中，F_t是驱动力F的切向分力，该力是使从动件运动的有效分力；F_n是驱动力F的法向分力，该力只能增加运动副的正压力而增大摩擦。压力角α越小，传动角γ越大，机构的传力性能越好。在机构运动过程中，传动角的大小发生变化，为了使机构传力性能良好，应保证$\gamma_{min} \geqslant 40^\circ \sim 50^\circ$。

对于曲柄摇杆机构，最大或最小传动角出现在原动件曲柄和机架共线的位置。

4. 死点位置

如图2-42所示，在铰链四杆机构中，摇杆CD为原动件，当连杆BC与曲柄AB共线，传动角$\gamma = 0^\circ$时，机构所处的位置称为死点位置。当机构处于死点位置时，机构会顶死，不能运动或出现运动不确定的情况。

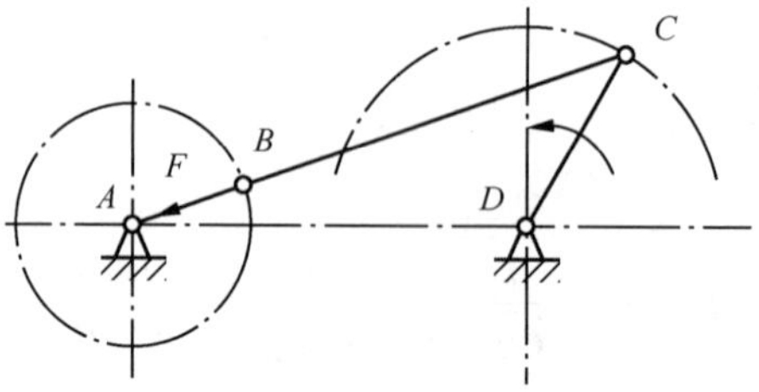

图2-42 死点位置

为了使机构顺利通过死点，可采取如下措施：

① 利用惯性，如飞轮；

② 利用不同机构错位排列的方法，如机车车轮联动机构（图2-43）。

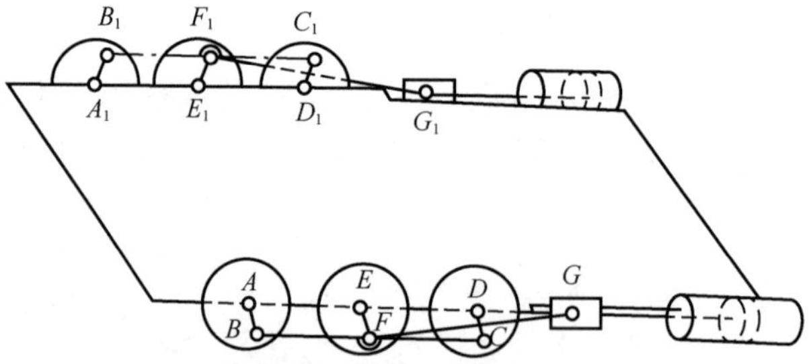

图2-43 机车车轮联动机构

在工程实践中也会利用机构的死点来实现特定的工作要求。如图2-32所示的飞机起落架机构就是利用死点，保证飞机起落和停放更可靠。

通过分析可以发现，机构极位和死点位置是机构的同一位置，但是原动件情况不同。当原动件与连杆共线时为机构极位；当从动件与连杆共线时为死点位置。

拓展阅读：设计平面四杆机构

平面四杆机构的设计主要是根据给定的运动要求，考虑结构条件（如合适的杆长比和运动副的结构与尺寸）、动力条件（如最大压力角限制）和运动条件（如急回特性）等，确定各构件的几何参数。

常用的平面四杆机构的设计方法有图解法、解析法和实验法。图解法和实验法直观，但精度较低，可以满足一般设计要求；解析法精度高。由于图解法有助于理解平面四杆机构的设计原理，因此只对图解法进行适当介绍。

1．按给定的连杆位置设计平面四杆机构

在实际生产中，经常要求对于所设计的平面四杆机构，在运动过程中连杆能够到达某些特定的位置。根据给定位置的不同，可以分为以下两种情况。

（1）按给定连杆的两个位置设计平面四杆机构

已知条件：连杆 BC 的两个预定位置 B_1C_1、B_2C_2，如图 2-44 所示。

设计的实质是确定固定铰链 A、D 的位置。如图 2-45 所示，活动铰链 B、C 的运动轨迹分别是以 A、D 为圆心，以 AB 杆长度、CD 杆长度为半径的圆弧，因此，A 为由 B_1、B_2 两点所作圆弧的圆心；同理，D 为由 C_1、C_2 两点所作圆弧的圆心。此设计问题简化为已知圆弧上的两点求圆心的问题。具体设计步骤如下：

① 选取比例尺 μ_1，按预定位置画出 B_1C_1、B_2C_2。

② 连接 B_1B_2，作 B_1B_2 的中垂线。固定铰链 A 可在 B_1B_2 的中垂线上的任一点，故有无数个解，如图 2-45 所示。

③ 连接 C_1C_2，作 C_1C_2 的中垂线。固定铰链 D 可在 C_1C_2 的中垂线上的任一点，故有无数个解，如图 2-45 所示。

④ 连接 A、B_1、C_1、D，则平面四杆机构 AB_1C_1D 为所求，各杆长度按比例尺计算即可得出。

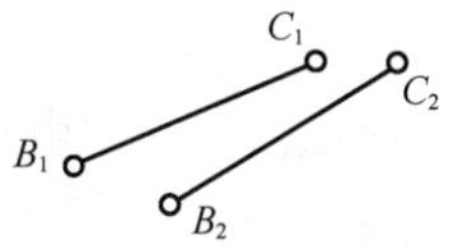

图 2-44　给定连杆的两个位置

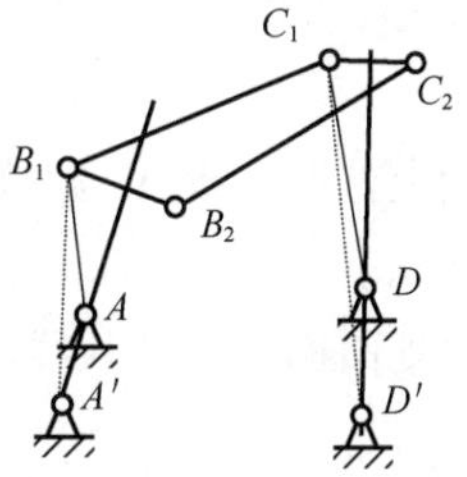

图 2-45　给定连杆的两个位置，设计平面四杆机构

（2）按给定连杆的三个位置设计平面四杆机构

已知条件：连杆 BC 的三个预定位置 B_1C_1、B_2C_2、B_3C_3，如图 2-46 所示。

设计的实质是确定固定铰链 A、D 的位置。如图 2-47 所示，活动铰链 B、C 的运动轨迹分别是以 A、D 为圆心，以 AB 杆长度、CD 杆长度为半径的圆弧，因此，A 为 B_1、B_2、B_3 三点所作圆弧的圆心；同理，D 为 C_1、C_2、C_3 三点所作圆弧的圆心。此设计问题简化为已知圆弧上的三点求圆心的问题。具体设计步骤如下：

① 选取比例尺 μ_1，按预定位置画出 B_1C_1、B_2C_2、B_3C_3。

② 连接 B_1B_2、B_2B_3，作 B_1B_2 的中垂线、B_2B_3 的中垂线，两条中垂线的交点即为固定铰链 A，如图 2-47 所示。

③ 连接 C_1C_2、C_2C_3，作 C_1C_2 的中垂线、C_2C_3 的中垂线，两条中垂线的交点即为固定铰链 D，如图 2-47 所示。

④ 连接 A、B_1、C_1、D，则平面四杆机构 AB_1C_1D 为所求，各杆长度按比例尺计算即可得出。

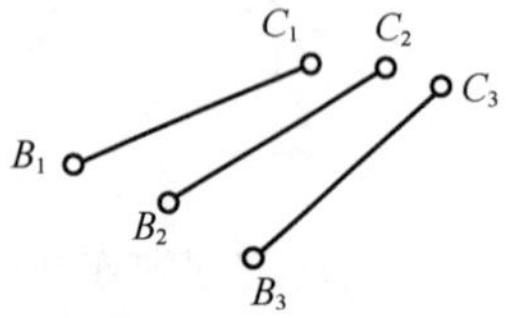

图 2-46 给定连杆的三个位置

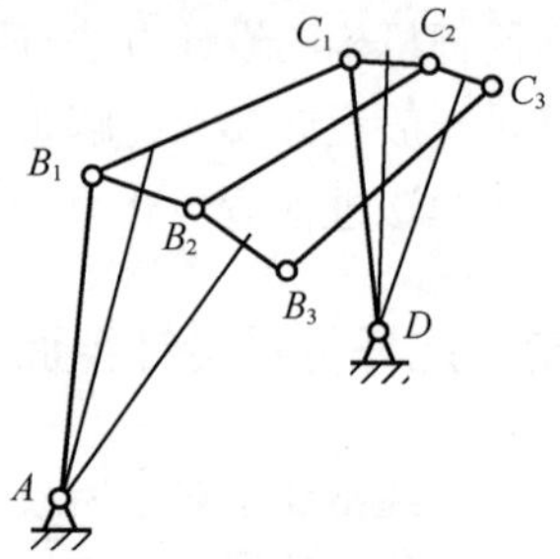

图 2-47 给定连杆的三个位置，设计平面四杆机构

2．按给定的行程速比系数 *K* 设计平面四杆机构

（1）按给定的行程速比系数 *K* 设计曲柄摇杆机构

已知条件：摇杆 *CD* 的长度 l_{CD}、摆角 φ 和行程速比系数 *K*。

设计的实质是确定固定铰链 *A* 的位置。具体设计步骤如下：

① 将行程速比系数 *K* 代入公式 $K=\dfrac{180^\circ+\theta}{180^\circ-\theta}$ 中，求出极位夹角 θ。

② 选取比例尺 μ_1，任取位置画出固定铰链 *D*，作出摇杆的两个极限位置 C_1D、C_2D，保证摇杆的摆角为 φ，如图 2-48（a）所示。

③ 连接 C_1C_2。过 C_1 点作 C_1C_2 的垂线 C_1M。过 C_2 点作直线 C_2N，使 $\angle C_1C_2N=90^\circ-\theta$。直线 C_1M 与 C_2N 相交于 *P* 点。在 Rt$\triangle C_1C_2P$ 中，$\angle C_1PC_2=\theta$，如图 2-48（b）所示。

④ 作出线段 C_2P 的中点 *O*。以 *O* 点为圆心、OC_1（或 OC_2，或 *OP*）为半径作辅助圆，如图 2-48（c）所示。

⑤ 在辅助圆上任取一点 *A*，即确定了固定铰链 *A* 的位置。连接 AC_1、AC_2，则 $\angle C_1AC_2=\theta$，如图 2-48（d）所示。

⑥ 极限位置处曲柄与连杆共线，测量出 AC_1、AC_2 的长度 l_{AC_1}、l_{AC_2}，由此可求得曲柄 *AB* 和连杆 *BC* 的长度：

$$l_{AB}=\mu_1\frac{l_{AC_2}-l_{AC_1}}{2}\qquad l_{BC}=\mu_1\frac{l_{AC_2}+l_{AC_1}}{2}$$

⑦ 以 *A* 点为圆心，曲柄 *AB* 的长度 l_{AB} 为半径作圆，此圆即为活动铰链 *B* 的运动轨迹。此圆与线段 AC_1 的反向延长线的交点为 B_1 点，此圆与线段 AC_2 的交点为 B_2 点，如图 2-48（e）所示。

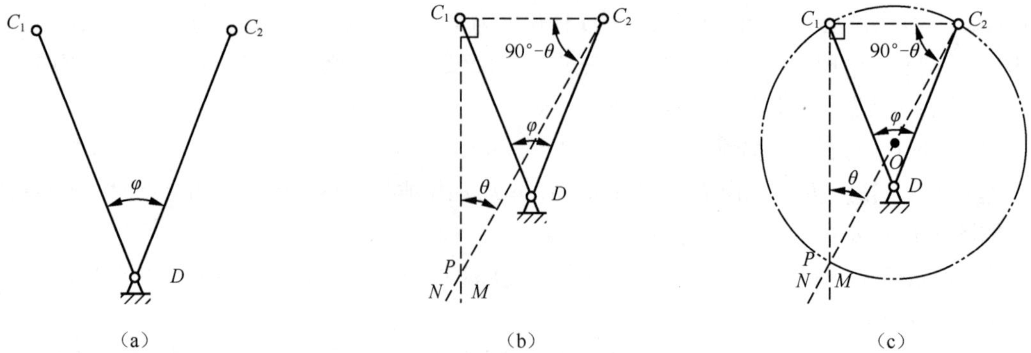

（d）　　（e）

图 2-48　按给定的行程速比系数 K 设计曲柄摇杆机构

由于固定铰链 A 是在辅助圆上任选的，因此可有无数个解。当给定其他辅助条件，如机架长度 l_{AD}、最小传动角 $\gamma_{\min}$ 等时，则有唯一解。

（2）按给定的行程速比系数 K 设计偏置曲柄滑块机构

已知条件：滑块行程 H、偏心距 e 和行程速比系数 K。

设计的实质是确定固定铰链 A 的位置。具体设计步骤如下：

① 将行程速比系数 K 代入公式 $K=\dfrac{180°+\theta}{180°-\theta}$ 中，求出极位夹角 θ。

② 选取比例尺 μ_l，任取位置画出 $C_1C_2=H$，如图 2-49（a）所示。

③ 以 C_1C_2 为底边，作等腰三角形，使 $\angle OC_1C_2=\angle OC_2C_1=90°-\theta$，$\angle C_1OC_2=2\theta$，如图 2-49（b）所示。

④ 以 O 为圆心、OC_1（或 OC_2）为半径作辅助圆，如图 2-49（c）所示。

⑤ 作直线 $MN /\!/ C_1C_2$，使 MN 与 C_1C_2 距离为 e，交辅助圆于 A，即确定了固定铰链 A 的位置，如图 2-49（d）所示。

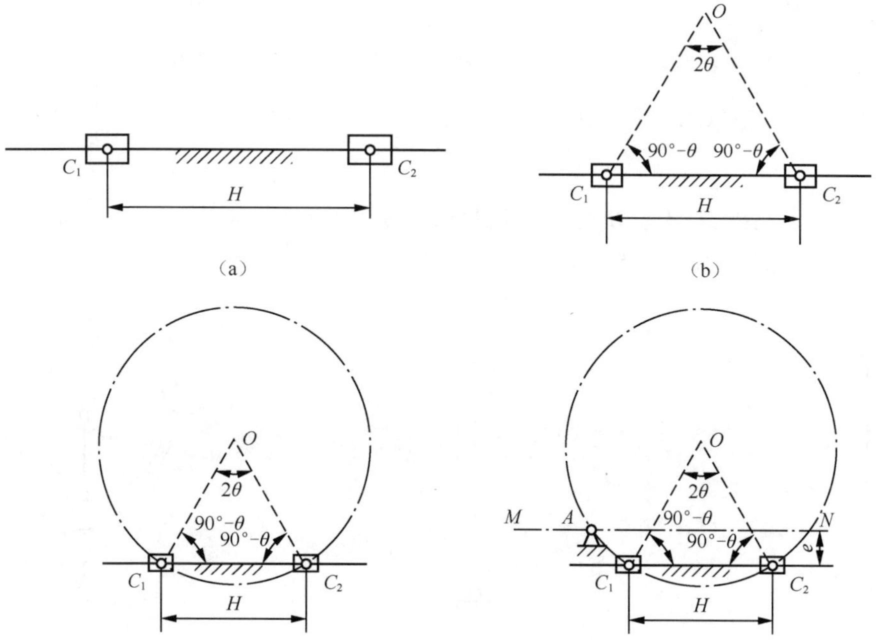

（a）　（b）　（c）　（d）

图 2-49

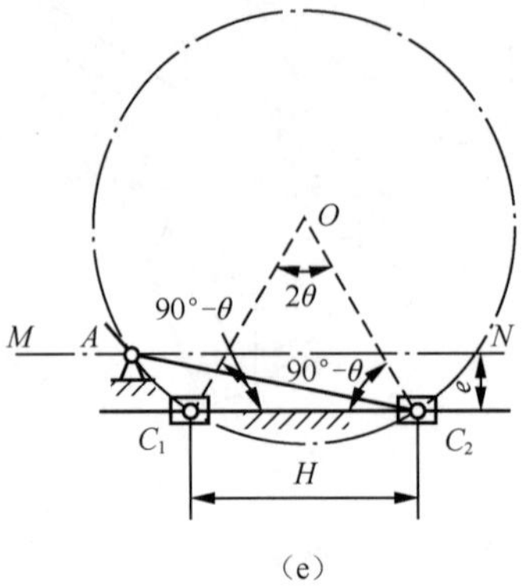

图 2-49 按给定的行程速比系数 K 设计偏置曲柄滑块机构

⑥ 连接 AC_1、AC_2，则 $\angle C_1AC_2=\theta$，此时得到曲柄与连杆的两个共线的位置，如图 2-49（e）所示。测量出 AC_1、AC_2 的长度 l_{AC_1}、l_{AC_2}，由此可求得曲柄 AB 和连杆 BC 的长度：

$$l_{AB}=\mu_1\frac{l_{AC_2}-l_{AC_1}}{2}\qquad l_{BC}=\mu_1\frac{l_{AC_2}+l_{AC_1}}{2}$$

⑦ 以 A 点为圆心，曲柄 AB 的长度 l_{AB} 为半径作圆，此圆即为活动铰链 B 的运动轨迹。此圆与线段 AC_1 的反向延长线的交点为 B_1 点，此圆与线段 AC_2 的交点为 B_2 点，如图 2-49（f）所示。

（3）按给定的行程速比系数 K 设计摆动导杆机构

已知条件：机架 AC 的长度 l_{AC} 和行程速比系数 K。

设计的实质是确定活动铰链 B 的位置。具体设计步骤如下：

① 将行程速比系数 K 代入公式 $K=\dfrac{180°+\theta}{180°-\theta}$ 中，求出极位夹角 θ。

② 选取比例尺 μ_1，任取位置作出机架 AC，使其长度为 l_{AC}，如图 2-50（a）所示。

③ 过 C 点作射线 CM，使 $\angle ACM=\dfrac{\theta}{2}$；过 C 点作射线 CN，使 $\angle ACN=\dfrac{\theta}{2}$，如图 2-50（b）所示。

④ 过 A 点作 $AB\perp CM$ 于 B 点，即得到曲柄 AB。以点 A 为圆心、AB 长度为半径作圆，即得到 B 点的运动轨迹，如图 2-50（c）所示。

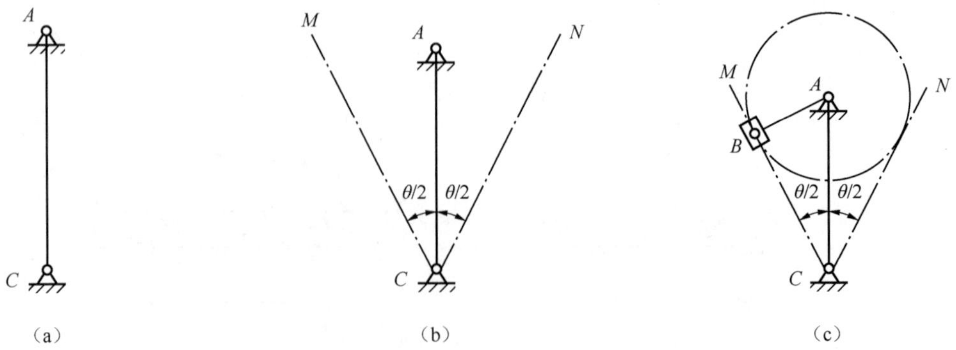

图 2-50 按给定的行程速比系数 K 设计摆动导杆机构

【项目实践】

已知牛头刨床主运动机构的运动特性：具有急回特性，运动特性好。如何正确选用牛头刨床主运动机构中的平面连杆机构？

牛头刨床主运动机构的原动机是电动机，传动系统包括带传动和齿轮传动，执行部分带动滑枕做往复移动。刨刀安装在滑枕上，刨刀随着滑枕做往复移动的过程中完成刨削工件的任务。

（1）分析组成类型

牛头刨床的主运动是滑枕的往复移动，原动机为电动机，因此牛头刨床主运动机构中的平面连杆机构的原动件做整周转动，从动件做往复摆动。通过对组成类型进行分析，可选用曲柄摇杆机构、摆动导杆机构。

（2）分析基本特性

牛头刨床主运动机构的运动特性：具有急回特性，运动特性好。曲柄摇杆机构、摆动导杆机构都存在急回特性，但摆动导杆机构传力性能好，运动性能好，因此牛头刨床主运动机构选用摆动导杆机构。

小结

平面连杆机构	• 概念 • 特点 • 应用
铰链四杆机构	• 基本类型：曲柄摇杆机构、双曲柄机构和双摇杆机构 • 演化： （1）改变构件的形状和运动尺寸：曲柄滑块机构 （2）选用不同构件为机架：导杆机构、定块机构和摇块机构 • 基本特性： （1）存在曲柄的条件：杆长条件、最短杆为机架或连架杆 （2）铰链四杆机构基本形式的判别通则： 满足杆长条件：最短杆与最长杆长度之和小于或等于其余两杆长度之和 ①最短杆为连架杆时，机构为曲柄摇杆机构 ②最短杆为机架时，机构为双曲柄机构 ③最短杆为连杆时，机构为双摇杆机构 不满足杆长条件：最短杆与最长杆长度之和大于其余两杆长度之和。无论何杆为机架，均为双摇杆机构 （3）急回特性： 极位夹角 $\theta=0°$ 时，机构无急回特性 极位夹角 $\theta\neq0°$ 时，机构有急回特性 （4）压力角和传动角：压力角 α 和传动角 γ 互余。压力角 α 越小，传动角 γ 越大，机构的传力性能越好

续表

铰链四杆机构	(5) 克服死点的措施: ①利用惯性 ②利用不同机构错位排列的方法 ● 设计: (1) 曲柄摇杆机构 (2) 偏置曲柄滑块机构 (3) 摆动导杆机构

思考题

1. 平面连杆机构和铰链四杆机构有什么不同?
2. 铰链四杆机构有哪几种基本形式?
3. 铰链四杆机构存在曲柄的条件是什么?
4. 什么叫铰链四杆机构的压力角和传动角? 它们对机构的传力性能有何影响?
5. 什么叫行程速比系数? 如何判断机构是否有急回运动特性?
6. 偏置曲柄滑块机构和对心曲柄滑块机构是否都有急回特性? 为什么?
7. 什么叫极位夹角? 它与行程速比系数有什么关系?
8. 曲柄摇杆机构有哪些基本特性?
9. 平面连杆机构中, 哪些常用机构在什么情况下出现"死点"位置?
10. 平面连杆机构中, 哪些常用机构在什么情况下才能出现急回运动?
11. 平面连杆机构有何优点?
12. 在什么条件下, 曲柄摇杆机构可变成曲柄滑块机构?
13. 曲柄导杆机构中, 当曲柄为主动件时, 该机构传动性能最好, 为什么?
14. 构成曲柄摇杆机构的必要条件是什么?
15. 要构成曲柄摇杆机构, 应该是哪个构件作机架?
16. 所有四杆机构都存在急回特性吗?
17. 机构存在急回特性时, 极位夹角是什么数值?
18. 行程速比系数 K 表示什么?
19. 传动角大小表示什么?
20. 为什么四杆机构设置最小传动角?
21. 机构处于死点位置时, 从动件压力角是什么数值?
22. 机构死点无有益的作用吗?
23. 克服机构死点的措施是什么?
24. 什么样的曲柄滑块机构不存在急回特性?

习题

填空题:

1. 平面连杆机构是由许多构件通过(　　)连接组成的平面机构。

2．在平面连杆机构中，最基本的机构是（　　）。
3．铰链四杆机构是由两个（　　）、一个（　　）和机架组成。
4．铰链四杆机构根据两个连架杆的运动情况不同可分为（　　）、（　　）和（　　）机构。
5．曲柄滑块机构是由（　　）机构演化而来的。
6．在平面四杆机构中，同种类型间的演化是靠（　　）来实现的。
7．自卸车车厢翻转机构是（　　）机构的应用实例。
8．压水井机构是（　　）机构的应用实例。
9．当机构处在极位时，对应曲柄的两条位置线之间所夹锐角称为（　　）。
10．极位夹角 θ 越大，行程速比系数 K 值（　　），急回特性越（　　）。
11．在机构中，从动件受力点的受力方向与受力点的速度方向所夹的锐角称为（　　）。
12．压力角的余角称为（　　）。
13．在机构传递运动中压力角越小，有效分力越（　　），机构传力性能越（　　）。
14．在平面连杆机构中，当 $\alpha=90°$，$\gamma=0°$ 时的位置称为（　　）。
15．当摇杆为主动件时，曲柄摇杆机构的死点发生在曲柄与（　　）共线的位置。
16．铰链四杆机构是否存在曲柄，取决于两个因素：（　　）、（　　）。
17．摆动导杆机构（　　）急回运动特性。
18．行程速比系数 K 的大小表达了机构的（　　），K 值大小取决于（　　）的大小。
19．铰链四杆机构中，已知：AB=100mm，BC=300mm，CD=200mm，AD=250mm。
（1）若取 BC 杆作机架，该机构叫（　　）机构。
（2）若取 CD 杆作机架，该机构叫（　　）机构。

判断题（正确的打√，错误的打×）：

1．机构中的死点是有害的，不允许存在。（　　）
2．机构的两个极限位置就是机构的两个死点位置。（　　）
3．对于曲柄摇杆机构，当曲柄为原动件时，永远不存在死点位置。（　　）
4．按给定的行程速比系数 K 设计四杆机构的关键是确定固定铰链 A 的位置。（　　）
5．铰链四杆机构根据各杆的长度，即可判断其类型。（　　）
6．机构是否存在死点位置与机构取哪个构件为原动件无关。（　　）
7．机构的极位夹角是衡量机构急回特性的重要指标，极位夹角越大，机构的急回特性越显著。（　　）
8．压力角是衡量机构传力性能的重要指标。（　　）
9．铰链四杆机构中，传动角越小，机构的传力性能越好。（　　）
10．曲柄和连杆都是连架杆。（　　）
11．平面四杆机构都有曲柄。（　　）
12．在曲柄摇杆机构中，曲柄和连杆共线就是“死点”位置。（　　）
13．铰链四杆机构都有摇杆这个构件。（　　）
14．在平面连杆机构中，只要以最短杆为机架就能得到双曲柄机构。（　　）
15．导杆机构与曲柄滑块机构，在机构原理上的区别就在于选择不同构件作机架。（　　）
16．在曲柄滑块机构中，滑块做往复运动时不会出现急回运动。（　　）

17．机构的行程速比系数 K 值，是根据极位夹角 θ 的大小通过公式求得的。（　）

18．曲柄在“死点”位置的运动方向与原先的运动方向相同。（　）

19．传动机构出现“死点”位置和急回运动对机构的工作都是不利的。（　）

单项选择题：

1．在四杆机构中，（　）时的位置就是死点位置。

A．从动件与连杆共线　　B．曲柄与连杆共线

C．曲柄与机架共线　　D．主动件与机架共线

2．已知一曲柄摇杆机构中的行程速比系数 K=1.5，则极位夹角 θ 为（　）。

A．30°　　B．36°　　C．60°　　D．90°

3．机构的最大传动角或最小传动角一般发生在（　）。

A．曲柄与连杆共线的位置　　B．从动件行程中点位置

C．机构的二极限位置　　D．曲柄与机架共线的位置

4．牛头刨床工作的时间较长，而空回行程时的速度较快，这是利用了摆动导杆机构的（　）。

A．死点位置　　B．运动连续性

C．急回特性　　D．死点位置

5．缝纫机踏板机构属于（　）机构。

A．曲柄摇杆　　B．双曲柄

C．双摇杆　　D．定块

6．平行四边形机构为（　）机构。

A．曲柄摇杆　　B．双曲柄

C．双摇杆　　D．定块

7．下列机构中不具有急回特性的是（　）。

A．对心曲柄滑块机构　　B．偏置曲柄滑块机构

C．曲柄摇杆机构　　D．摆动导杆机构

8．杆长条件是存在曲柄的（　）条件。

A．充分　　B．必要

C．充分必要　　D．不相关

9．当行程速比系数为（　）时，曲柄摇杆机构才有急回运动。

A．K<1　　B．K=1

C．K>1　　D．K≥1

10．当曲柄摇杆机构的摇杆为主动件时，曲柄在“死点”位置的瞬时运动方向是（　）。

A．按原运动方向　　B．反方向

C．不定的　　D．正方向

11．曲柄滑块机构是由（　）演化而来的。

A．曲柄摇杆机构　　B．双曲柄机构

C．双摇杆机构　　D．定块机构

12．平面四杆机构中，如果最短杆与最长杆的长度之和小于或等于其余两杆的长度之和，最短杆为机架，那么这个机构叫作（　）。

A．曲柄摇杆机构　　B．双曲柄机构

C．双摇杆机构　　D．定块机构

13．平面四杆机构中，如果最短杆与最长杆的长度之和大于其余两杆的长度之和，最短杆为机架，那么这个机构叫作（　　）。

A．曲柄摇杆机构　　B．双曲柄机构

C．双摇杆机构　　D．定块机构

14．平面四杆机构中，如果最短杆与最长杆的长度之和小于或等于其余两杆的长度之和，最短杆是连架杆，那么这个机构叫作（　　）。

A．曲柄摇杆机构　　B．双曲柄机构

C．双摇杆机构　　D．定块机构

15．平面四杆机构中，如果最短杆与最长杆的长度之和小于或等于其余两杆的长度之和，最短杆是连杆，那么这个机构叫作（　　）。

A．曲柄摇杆机构　　B．双曲柄机构

C．双摇杆机构　　D．定块机构

16．对心曲柄滑块机构以曲柄为原动件时，其最大传动角 γ_{max} 为（　　）。

A．30°　　B．45°　　C．0°　　D．90°

17．设计连杆机构时，为了具有良好的传动条件，应使（　　）。

A．传动角大一些，压力角小一些　　B．传动角小一些，压力角大一些

C．传动角和压力角都小些　　D．传动角和压力角都大些

18．在下列平面四杆机构中，（　　）无论以哪一构件为主动件，都不存在“死点”位置。

A．曲柄摇杆机构　　B．双曲柄机构

C．双摇杆机构　　D．曲柄滑块机构

19．曲柄摇杆机构中，连杆在平面内做（　　）。

A．平面复杂运动　　B．绕定轴转动

C．摆动　　D．移动

20．下面四杆机构中，具有急回运动特性的是（　　）机构。

A．平行四边形　　B．对心曲柄滑块

C．转动导杆　　D．摆动导杆

21．铰链四杆机构中，若最短杆与最长杆的长度之和大于其余两杆的长度之和，则机构有（　　）。

A．一个曲柄　　B．两个曲柄

C．一个摇杆　　D．两个摇杆

项目 3　内燃机配气机构中凸轮机构选用

本书配套资源

思维导图

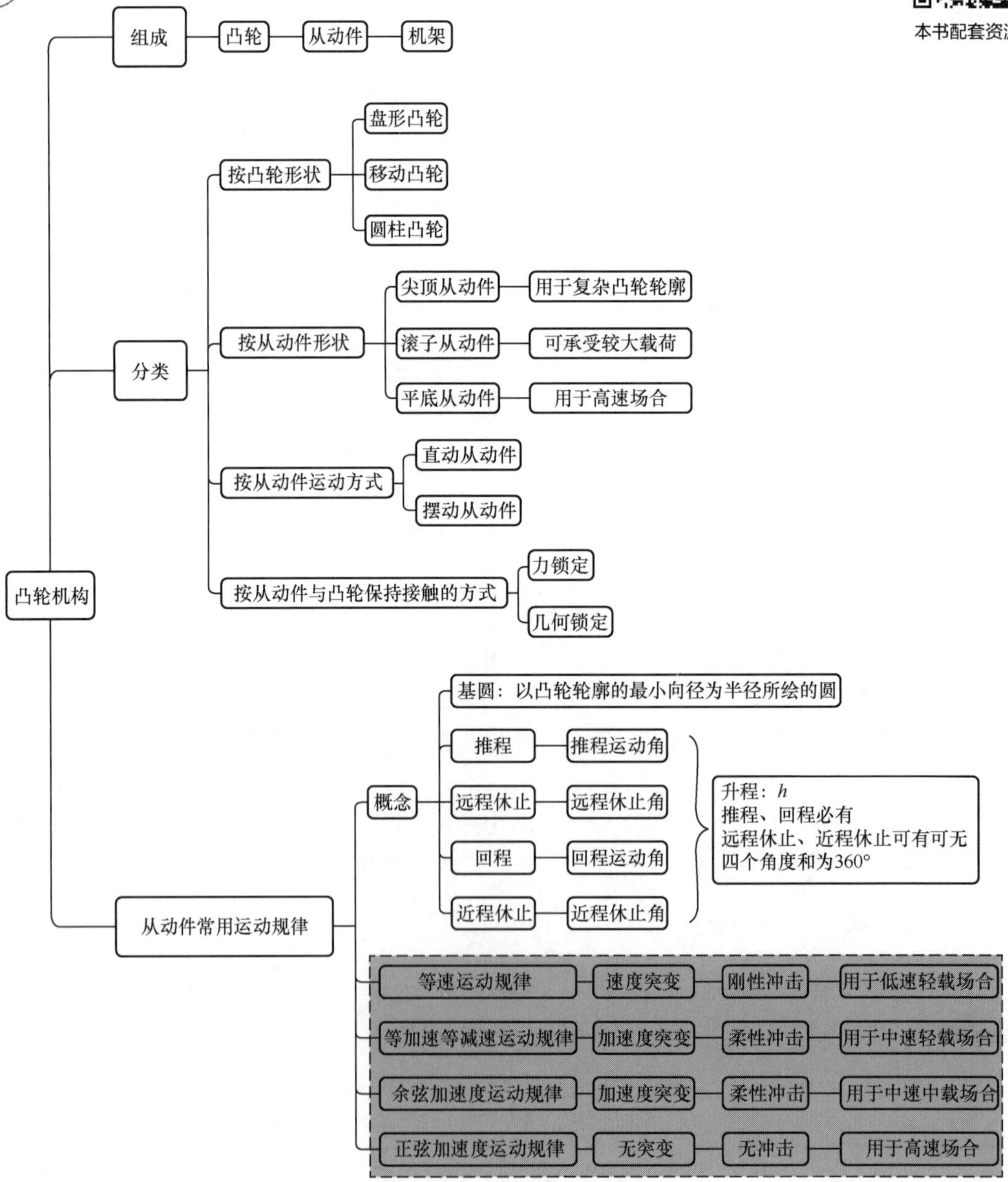

学习目标

1. 了解凸轮机构的组成及类型；
2. 掌握凸轮机构的选用；
3. 熟悉从动件常用运动规律及其特点。

任务目标

1. 能够合理选择凸轮机构类型；
2. 能够描述从动件常用运动规律的特点并能合理选用。

案例引入

图 1-2 为单缸四冲程内燃机，它是一种常见的发动机类型，广泛应用于汽车、摩托车、船舶等领域。内燃机是将燃气燃烧时的热能转化为机械能的机器，由缸体、活塞、连杆、曲轴、小齿轮、大齿轮、凸轮、推杆、进气阀和排气阀组成。

单缸四冲程内燃机的工作过程可分为四个步骤，分别是进气、压缩、燃烧和排气。下面分别介绍这四个步骤：

① 进气　活塞下行，进气阀打开，燃气被吸入缸体。

② 压缩　活塞上行，进气阀关闭，压缩燃气。

③ 燃烧　点火后燃气燃烧膨胀，推动活塞下行，由连杆带动曲轴转动。

④ 排气　活塞上行，排气阀打开，排出废气。

单缸四冲程内燃机由平面连杆机构、凸轮机构和齿轮机构组成。其中，凸轮机构由凸轮、推杆和缸体组成。凸轮机构的作用是将凸轮的连续转动转换为推杆的往复移动，按一定运动规律按时开启、关闭阀门，使燃气被吸入缸体和排出废气，保证单缸四冲程内燃机连续工作。

【项目提出】

已知内燃机中凸轮机构是控制进气和排气的装置，要求其运动特性较好，适用于中速、低载的场合，试选择凸轮机构的类型和运动规律。这里凸轮顺时针匀速转动。

任务 1　分析凸轮机构组成及类型、特点

1. 认识凸轮机构的组成及应用

如图 2-51 所示的凸轮机构是由凸轮 1、从动件 2 和机架 3 组成的高副机构。凸轮具有曲线轮廓或凹槽，凸轮一般为主动件，做等速转动或往复移动；从动件又称推杆，做往复摆动或往复直线运动。

凸轮机构广泛用于自动化、半自动化的场合，如内燃机配气机构（图 2-52）、自动机床的进刀机构（图 2-53）等。

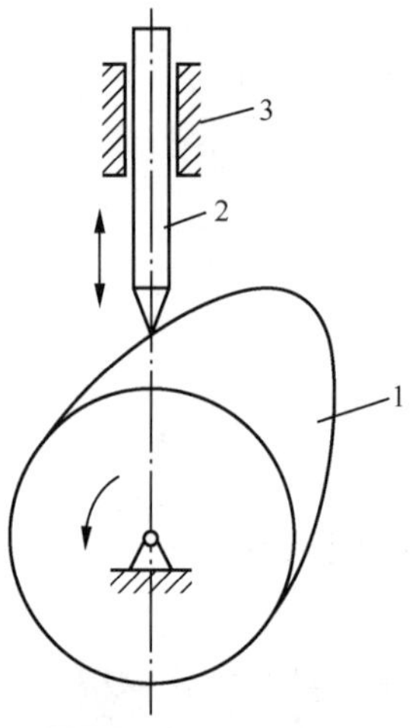

图 2-51　凸轮机构

1—凸轮；2—从动件；3—机架

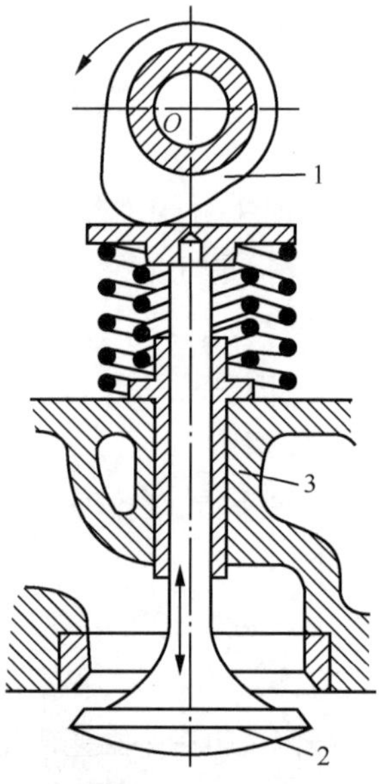

图 2-52　内燃机配气机构

1—盘形凸轮；2—推杆；3—机架

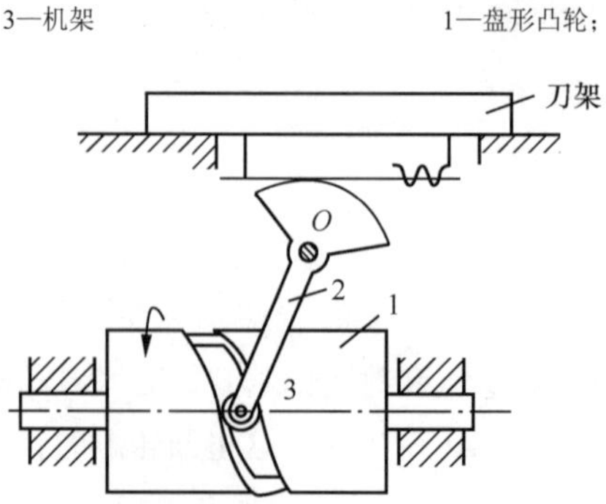

图 2-53　自动机床的进刀机构

1—凸轮；2—推杆；3—滚子

2. 熟悉凸轮机构的分类与特点

凸轮机构的种类很多，具体分类如下。

（1）按凸轮的形状分类

① 盘形凸轮 如图 2-51 所示，盘形凸轮是具有变化向径的构件，绕固定轴线转动。

② 移动凸轮 当盘形凸轮的转动中心趋于无穷远时，就演化为移动凸轮，如图 2-54 所示。移动凸轮常做往复直线移动，可用于门锁等场合，如图 2-55 所示。

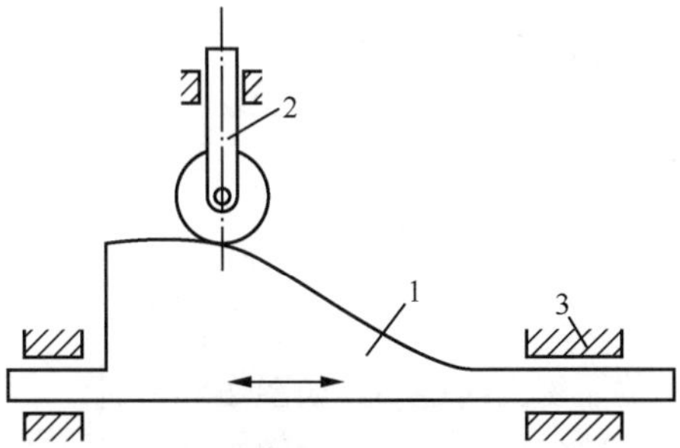

图 2-54 移动凸轮

1—移动凸轮；2—从动件；3—机架

③ 圆柱凸轮 圆柱凸轮是在圆柱面上开有曲线凹槽，或在圆柱端面上作出曲线轮廓的构件，如图 2-56 所示。因为圆柱凸轮与从动件的运动不在同一平面内，所以圆柱凸轮机构属于空间凸轮机构。

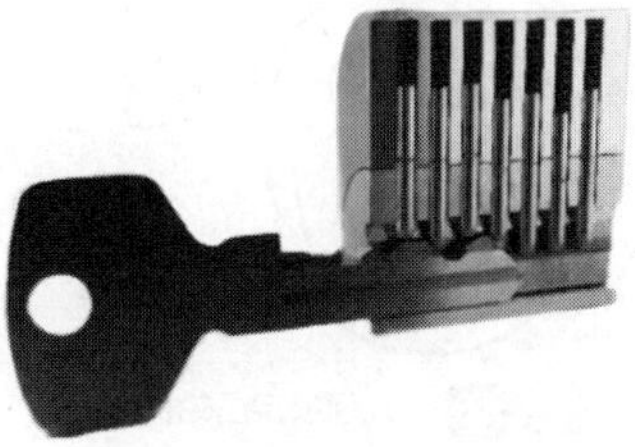

图 2-55 门锁

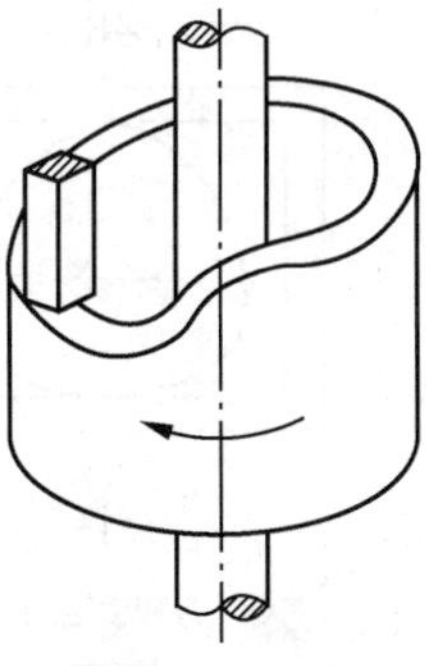

图 2-56 圆柱凸轮

（2）按从动件的结构形状分类

① 尖顶从动件 如图 2-51 所示，尖顶从动件的构造最简单，从动件的尖顶能与复杂的凸轮轮廓始终保持接触，但易磨损，因此尖顶从动件适用于作用力不大、速度较低、凸轮轮廓复杂的场合，如绕线机构，如图 2-57 所示。

② 滚子从动件 如图 2-54 所示，由于滚子与凸轮轮廓之间为滚动摩擦，磨损较小，故滚子从动件适用于传递较大动力的场合，应用最广泛。

③ 平底从动件 如图 2-58 所示，平底从动件与凸轮接触处易形成油膜，润滑较好，故平

底从动件常用于高速传动中。

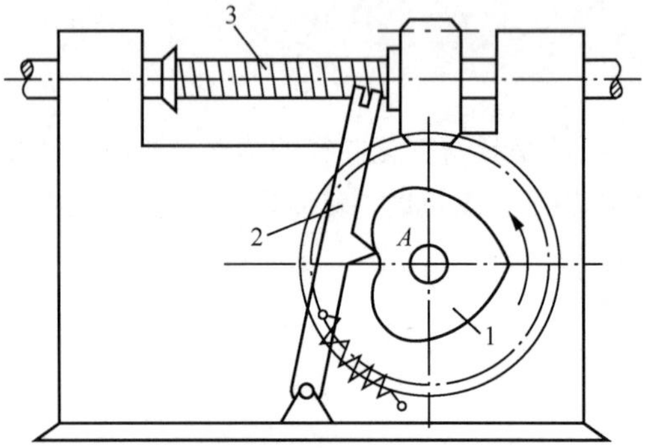

图 2-57 绕线机构

1—凸轮；2—布线杆；3—绕线轴

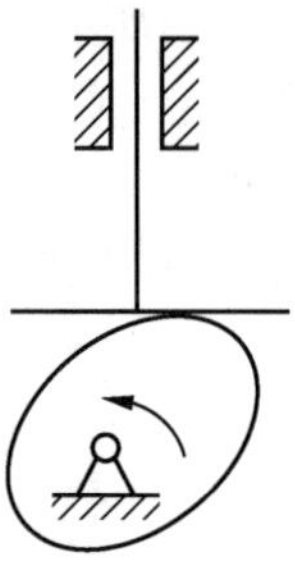

图 2-58 平底从动件凸轮机构

（3）按从动件的运动方式分类

① 直动从动件　从动件做往复直线运动，如图 2-58 所示。

② 摆动从动件　从动件做往复摆动运动，如图 2-57 所示。

（4）按从动件与凸轮保持接触的方式分类

① 力锁定凸轮机构　力锁定凸轮机构利用从动件的重力、弹簧的弹力使从动件与凸轮保持接触，如图 2-57 所示。

② 几何锁定凸轮机构　几何锁定凸轮机构利用凸轮或从动件的特殊几何结构使凸轮与从动件保持接触，如图 2-59、图 2-60 所示。

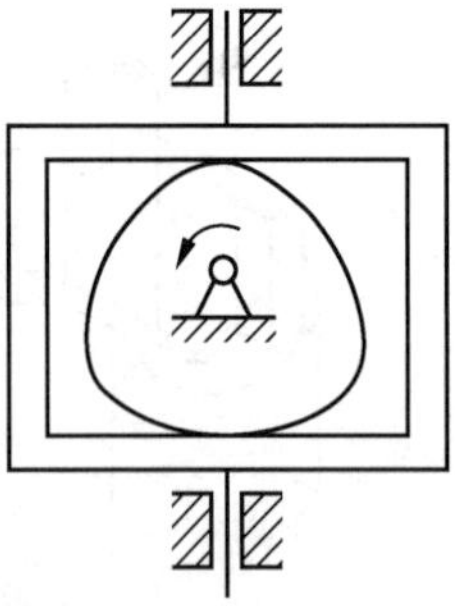

图 2-59 几何锁定凸轮机构（一）

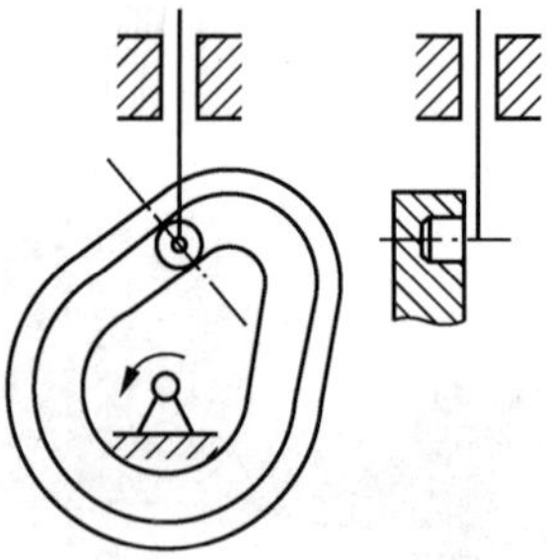

图 2-60 几何锁定凸轮机构（二）

对凸轮机构进行命名时，需要先说明从动件的运动形式和结构形状，再说明凸轮的形状，例如，图 2-58 所示的凸轮机构称为直动平底从动件盘形凸轮机构。

凸轮机构具有以下特点：

① 根据使用要求合理地设计出的凸轮轮廓曲线，可以使从动件实现各种预期的运动规律；

② 凸轮机构结构简单，紧凑；

③ 凸轮与从动件之间为点、线接触，属于高副，易磨损，因此凸轮机构用于受力不大、速度不太高的场合；

④ 凸轮制造困难。

任务 2　熟悉从动件常用运动规律

1. 基本概念与参数

图 2-61 所示为直动尖顶从动件盘形凸轮机构，以凸轮回转中心 O 为圆心，以凸轮的最小向径为半径所作的圆称为凸轮的基圆，凸轮的基圆半径用 r_0 表示。图中凸轮的轮廓由 AB、BC、CD、DA 四段曲线组成。初始时刻，凸轮与从动件在 A 点处接触，从动件处于最低位置。当凸轮逆时针转过 δ_0 角度时，从动件在 AB 段曲线的推动下，由最低位置运动到最高位置，从动件运动的这个过程称为推程，从动件在推程过程中移动的距离称为升程，用 h 表示。凸轮转过的角度 δ_0 称为推程运动角。当凸轮继续转过 δ_1 角度时，从动件与圆弧 BC 段曲线接触，从动件在最高位置静止不动，这个过程称为远程休止，凸轮转过的角度 δ_1 称为远程休止角。当凸轮继续转过 δ_2 角度时，从动件与 CD 段曲线接触，从动件由最高位置运动到最低位置，这个过程称为回程，凸轮转过的角度 δ_2 称为回程运动角。当凸轮继续转过 δ_3 角度时，从动件与圆弧 DA 段曲线接触，从动件在最低位置静止不动，这个过程称为近程休止，凸轮转过的角度 δ_3 称为近程休止角。凸轮继续转动过程中，从动件重复上述过程。

在凸轮机构运动的一个周期中，远程休止和近程休止的过程根据机构的工作要求可有可无，但推程和回程的过程是必不可少的。

从动件的位移 s、速度 v 和加速度 a 随凸轮转角 δ（时间 t）的变化规律称为从动件运动规律，常用线图表示，如图 2-61 右上方所示为从动件的位移运动规律。

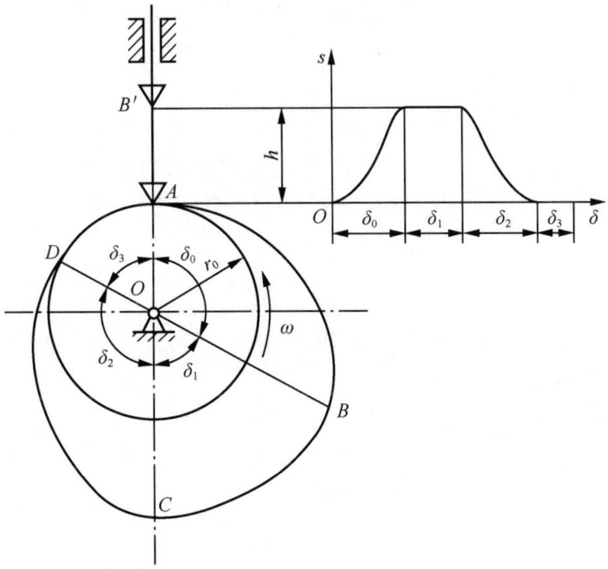

图 2-61　凸轮机构工作过程及从动件的位移运动规律

2．从动件常见运动规律

从动件常见运动规律包括等速运动规律、等加速等减速运动规律、余弦加速度运动规律和正弦加速度运动规律，下面分别介绍这四种常见运动规律。

（1）等速运动规律

从动件的速度为常数的运动规律称为等速运动规律。以推程为例，采用等速运动规律时，从动件的位移与凸轮的转角成正比。初始条件为：当$t=0$时，$\delta=0$，$s=0$。由此可得到从动件推程的运动方程［式（2-8）］及运动线图（图2-62）。

$$\begin{cases} s = h\delta / \delta_0 \\ v = h\omega / \delta_0 \\ a = 0 \end{cases} \tag{2-8}$$

由图2-62可见，从动件在运动开始和终止的瞬时，速度有突变，这时从动件在理论上将出现无穷大的加速度和惯性力，使凸轮机构受到极大的冲击，这种冲击称为刚性冲击。因此，等速运动规律适用于低速、轻载的场合。

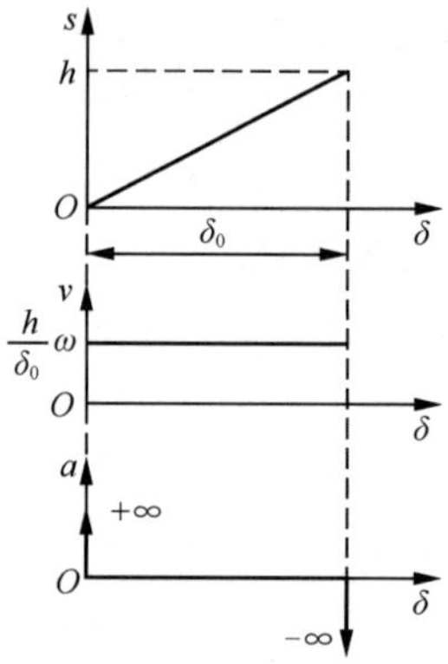

图2-62 等速运动规律

（2）等加速等减速运动规律

等加速等减速运动规律是指从动件在推程（或回程）中，先以等加速运动完成前半升程的位移量；然后以等减速运动完成后半升程的位移量。在推程过程中，前、后半升程的位移量均为$h/2$，凸轮转角均为$\delta_0/2$，从动件等加速推程段的运动方程为

$$\begin{cases} s = 2h\delta^2 / \delta_0^2 \\ v = 4h\omega\delta / \delta_0^2 \\ a = 4h\omega^2 / \delta_0^2 \end{cases} \tag{2-9}$$

式中，δ的变化范围为$0 \sim \delta_0/2$。

从动件等减速推程段的运动方程为

$$\begin{cases} s = h - 2h\left(\delta_0 - \delta\right)^2 / \delta_0^2 \\ v = 4h\omega\left(\delta_0 - \delta\right) / \delta_0^2 \\ a = -4h\omega^2 / \delta_0^2 \end{cases} \tag{2-10}$$

式中，δ 的变化范围为 $\delta_0/2 \sim \delta_0$。

从动件推程的运动线图如图 2-63 所示。

由图 2-63 可见，从动件在 A、B、C 三点的加速度有突变，但这一突变为有限值，引起的冲击较小，这种冲击称为柔性冲击。因此，等加速等减速运动规律适用于中速、轻载的场合。

（3）余弦加速度运动规律

余弦加速度运动规律又称为简谐运动规律，其推程时的运动方程为

$$\begin{cases} s = h\left[1-\cos\left(\pi\delta/\delta_0\right)\right]/2 \\ v = \pi h\omega\left[\sin\left(\pi\delta/\delta_0\right)\right]/\left(2\delta_0\right) \\ a = \pi^2 h\omega^2\left[\cos\left(\pi\delta/\delta_0\right)\right]/\left(2\delta_0^2\right) \end{cases} \tag{2-11}$$

从动件推程的运动线图如图 2-64 所示。

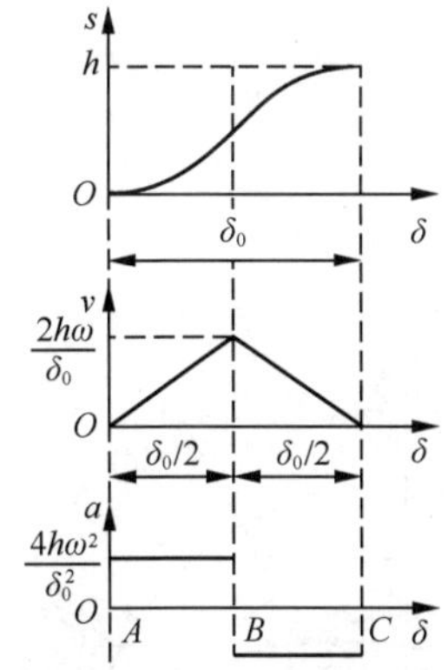

图 2-63　等加速等减速运动规律

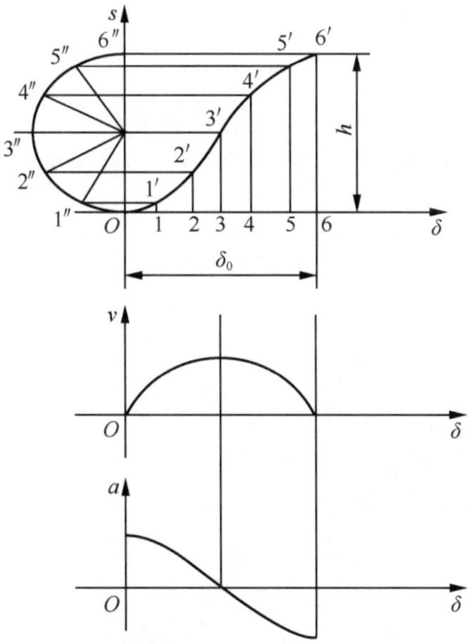

图 2-64　余弦加速度运动规律

由图 2-64 可见，从动件在运动开始和终止的瞬时加速度有突变，故有柔性冲击。因此，余弦加速度运动规律适用于中速、中载的场合。

（4）正弦加速度运动规律

正弦加速度运动规律又称为摆线运动规律，其推程时的运动方程为

$$\begin{cases} s = h\left\{\left(\delta/\delta_0\right)-\left[\sin\left(2\pi\delta/\delta_0\right)\right]/\left(2\pi\right)\right\} \\ v = h\omega\left[1-\cos\left(2\pi\delta/\delta_0\right)\right]/\delta_0 \\ a = 2\pi h\omega^2\left[\sin\left(2\pi\delta/\delta_0\right)\right]/\delta_0^2 \end{cases} \tag{2-12}$$

从动件推程的运动线图如图 2-65 所示。

由图 2-65 可见，从动件在运动过程中，既无刚性冲击也无柔性冲击。因此，正弦加速度运动规律适用于高速、轻载的场合。

如何选择从动件的运动规律呢？首先要考虑满足机器工作要求，然后考虑使机器有良好的

动力特性，最后还要考虑凸轮加工方便。

拓展阅读：图解法设计盘形凸轮轮廓

根据工作要求，选定凸轮机构的类型、基本尺寸、从动件的运动规律和凸轮的转动方向，就可以进行凸轮轮廓曲线的设计了。凸轮轮廓曲线的设计方法有图解法和解析法。图解法简单、直观，但精确度有限，适用于要求较低的凸轮设计。解析法精确度较高，但计算工作量较大，适用于要求较高的凸轮设计。本项目介绍图解法的设计原理和方法。

1. 设计原理

在图解法设计凸轮轮廓过程中，使用反转法，其原理如图 2-66 所示，在对心直动尖顶从动件盘形凸轮机构中，凸轮以角速度 ω 绕 O 轴转动，从动件在凸轮推动下按预期运动规律运动。现设想给整个凸轮机构加上一个角速度 $-\omega$，使其绕 O 轴转动。凸轮与从动件之间的相对运动没有改变，但此时凸轮静止不动，从动件除了按原定运动规律相对于机架导路做往复移动外，还随着机架以角速度 $-\omega$ 绕 O 轴转动。因为从动件尖顶始终与凸轮轮廓保持接触，所以从动件在反转过程中，尖顶的运动轨迹就是凸轮的轮廓曲线。这就是运用反转法原理进行凸轮轮廓曲线设计的过程。

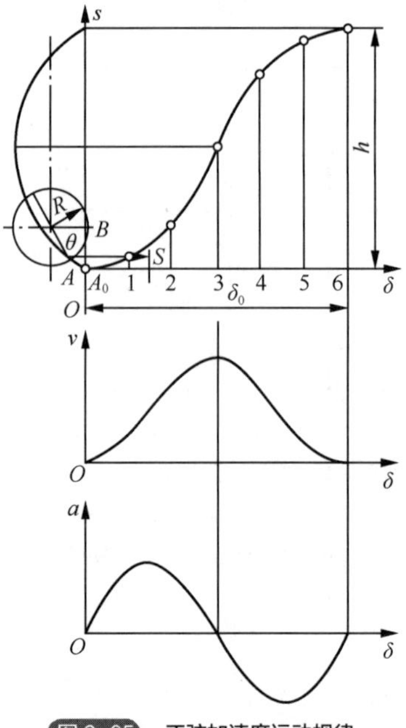

图 2-65 正弦加速度运动规律

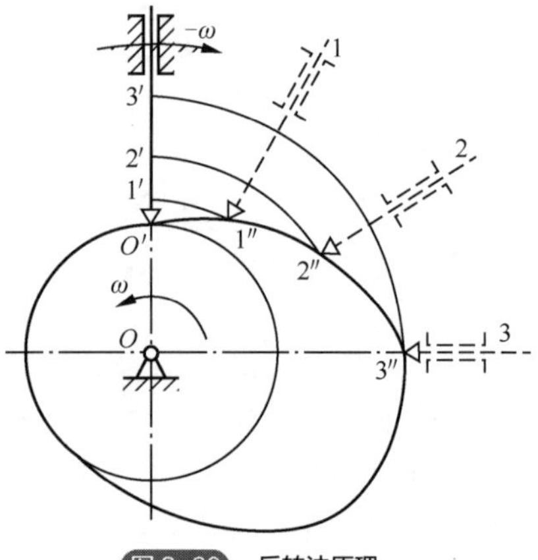

图 2-66 反转法原理

2. 图解法设计凸轮轮廓

（1）对心直动尖顶从动件盘形凸轮轮廓的设计

已知：凸轮的基圆半径 r_0、从动件位移线图，凸轮以等角速度 ω 沿顺时针方向转动。

对心直动尖顶从动件盘形凸轮轮廓的设计步骤如下：

① 如图 2-67 所示，选定合适的比例尺 μ_l，以 O 为圆心、r_0 为半径画基圆。画出从动件初始位置，从动件与基圆的交点为 A_0。

② 在基圆上，自 OA_0 开始，按 $-\omega$ 方向取推程运动角 $\angle A_0OA_4=\varphi_h$，远程休止角 $\angle A_4OA_5=\varphi_s'$，回程运动角 $\angle A_5OA_9=\varphi_h'$，近程休止角 $\angle A_0OA_9=\varphi_s$。

③ 在从动件位移线图上，将推程运动角和回程运动角分别分为若干等份（本例中各分为四等份），得到点 1、2、3、…、8。

④ 在基圆上，将推程运动角和回程运动角分成与从动件位移线图对应的相同等份，得到点 A_1'、A_2'、A_3'、…、A_8'。

⑤ 分别过点 A_1'、A_2'、A_3'、…、A_8' 作反转后从动件导路占据的位置线 OA_1'、OA_2'、OA_3'、…、OA_8'；

⑥ 在从动件位移线图上量取位于各转角位置时的位移量 $11'$、$22'$、$33'$、$44'$、…、$88'$，并在从动件导路占据的位置线 OA_1'、OA_2'、OA_3'、…、OA_8' 上，从基圆开始向外量取各位置对应的位移量 $A_1A_1'=11'$、$A_2A_2'=22'$、$A_3A_3'=33'$、…、$A_8A_8'=88'$，得到反转后从动件尖顶的一系列位置 A_1、A_2、A_3 等。

⑦ 将点 A_1、A_2、A_3 等连接成光滑的曲线（其中，A_4A_5 段是以 O 为圆心，以 $44'+r_0$ 长度为半径的圆弧；A_9A_0 段是以 O 为圆心，以 r_0 长度为半径的圆弧），便得到所要求的凸轮轮廓。

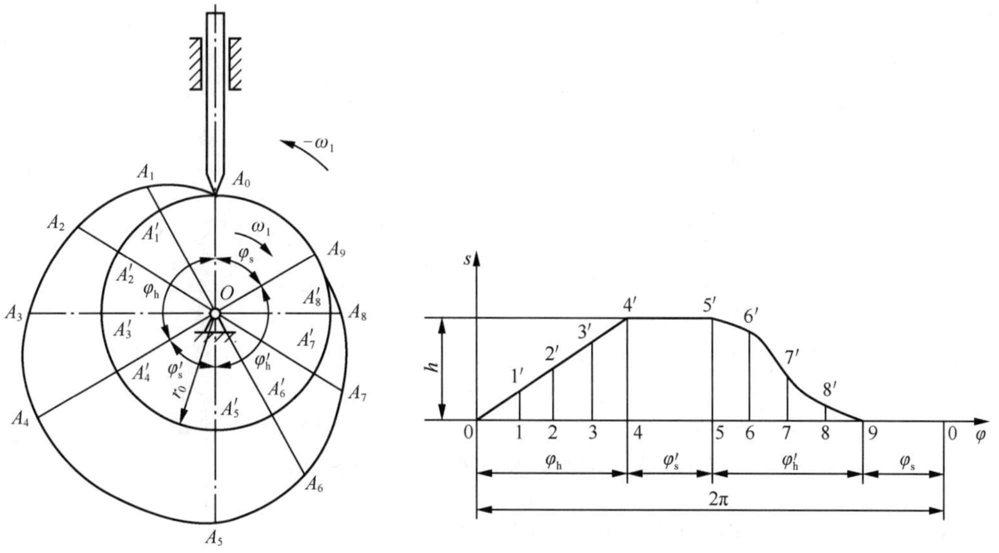

（a）凸轮机构　　（b）从动件位移线图

图 2-67　对心直动尖顶从动件盘形凸轮轮廓的设计

φ—凸轮转角；s—从动件的位移

（2）偏置直动尖顶从动件盘形凸轮轮廓的设计

已知：凸轮的基圆半径 r_b、偏心距 e，从动件位移线图，凸轮以等角速度 ω 顺时针转动。

偏置直动尖顶从动件盘形凸轮轮廓的设计步骤如下：

① 如图 2-68 所示，选定合适的比例尺 μ_l，以 O 为圆心，以 $r_0=r_b$ 为半径画基圆。以 O 为圆心，以 e 为半径画偏距圆，偏距圆与从动件导路相切。基圆与从动件导路的交点 B_0（C_0）即为从动件的初始位置。

② 在基圆上，自 OC_0 开始，按 $-\omega$ 方向取推程运动角 $\angle C_0OC_4=180°$，远程休止角 $\angle C_4OC_5=30°$，回程运动角 $\angle C_5OC_9=90°$，近程休止角 $\angle C_0OC_9=60°$。

③ 在从动件位移线图上，将推程运动角和回程运动角分别分为若干等份（本例中各分为四

等份），得到点 1、2、3、…、8。

④ 在基圆上，将推程运动角和回程运动角分成与从动件位移线图对应的相同等份，得到点 C_1、C_2、C_3、…、C_8。

⑤ 分别过点 C_1、C_2、C_3、…、C_8 作偏距圆的一系列切线，即可得反转后从动件导路占据的位置。

⑥ 在从动件位移线图上量取位于各转角位置时的位移量 11′、22′、33′、44′、…、88′，并在从动件导路占据的位置线上，从基圆开始向外量取各位置对应的位移量 B_1C_1=11′、B_2C_2=22′、B_3C_3=33′、…、B_8C_8=88′，得到反转后从动件尖顶的一系列位置 B_1、B_2、B_3 等。

⑦ 将点 B_1、B_2、B_3 等连接成光滑的曲线（其中，B_4B_5 段是以 O 为圆心，以 44′+r_0 长度为半径的圆弧；B_9B_0 段是以 O 为圆心，以 r_0 长度为半径的圆弧），便得到所要求的凸轮轮廓。

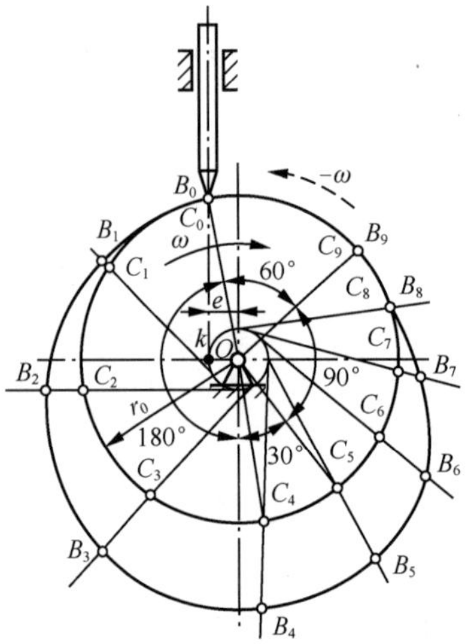

（a）凸轮机构

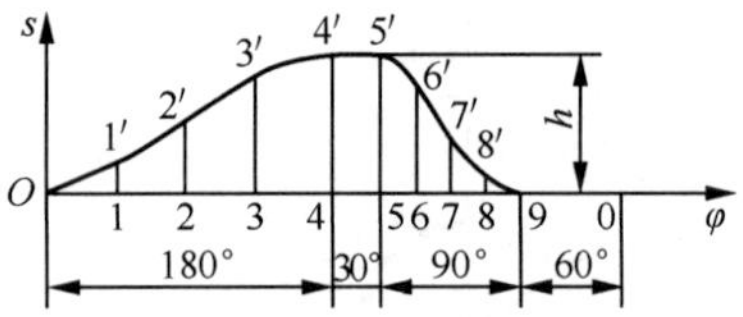

（b）从动件位移线图

图 2-68 偏置直动尖顶从动件盘形凸轮轮廓的设计

（3）偏置直动滚子从动件盘形凸轮轮廓的设计

已知：凸轮的基圆半径 r_0、偏心距 e、滚子半径 r_T，从动件位移线图，凸轮以等角速度 ω 顺时针转动。

将图 2-68 中的尖顶改为滚子，如图 2-69 所示，其凸轮轮廓设计过程如下：

① 将滚子中心看作尖顶从动件的尖顶，按偏置直动尖顶从动件盘形凸轮轮廓的设计步骤绘制出轮廓曲线 η，称为理论廓线。

② 以理论廓线 η 上各点为中心，以滚子半径 r_T 为半径作一系列圆。

③ 作这些圆的包络线 η'，称为实际廓线。

（4）对心直动平底从动件盘形凸轮轮廓的设计

已知：凸轮的基圆半径 r_0，从动件位移线图，凸轮以等角速度 ω 顺时针转动。平底与导路垂直。

当从动件为平底时，凸轮实际轮廓曲线的求法与上述方法相仿，其凸轮轮廓设计过程如下：

① 将平底与导路的交点 B_0 看作尖顶从动件的尖顶，按对心直动尖顶从动件盘形凸轮轮廓的设计步骤，求出尖顶反转后的一系列位置 B_1、B_2、B_3 等（图 2-70）。

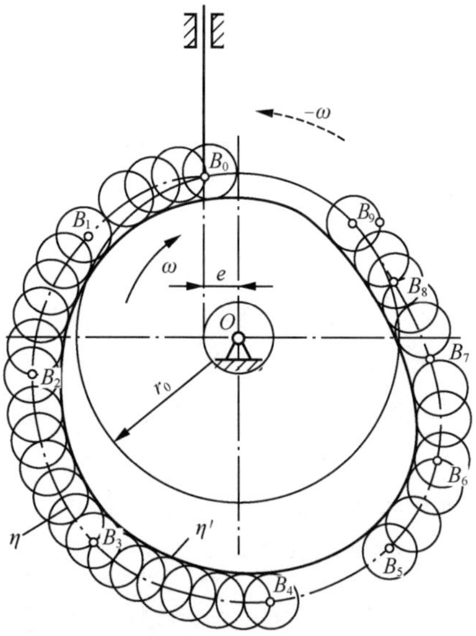

图 2-69 偏置直动滚子从动件盘形凸轮轮廓的设计

② 过 B_1、B_2、B_3 等画出一系列平底。

③ 作这些平底的包络线，便得到凸轮的实际轮廓曲线。

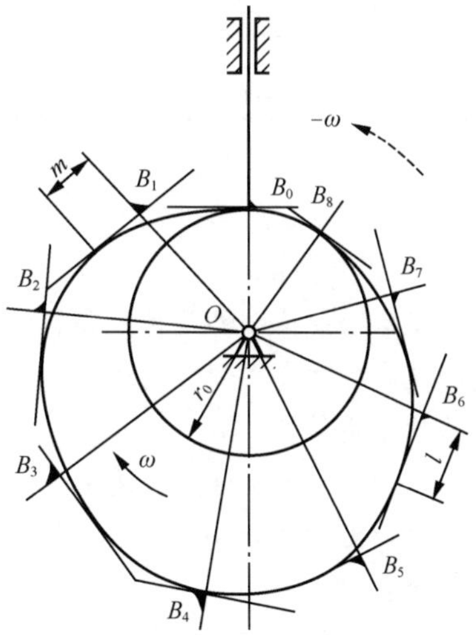

图 2-70 对心直动平底从动件盘形凸轮轮廓的设计

【项目实践】

已知内燃机中凸轮机构是控制进气和排气的装置（图 1-2），要求其运动特性较好，适用于中速、低载的场合，试选择凸轮机构的类型和运动规律。这里凸轮顺时针匀速转动。

（1）分析运动特性

内燃机中凸轮机构是控制进气和排气的装置，为了减少磨损，满足进气阀、排气阀工作特点，且使其运动特性较好，因此选择对心直动滚子从动件盘形凸轮机构。

（2）分析应用场合

要求适用于中速、低载的场合，因此选择等加速等减速运动规律。

小结

凸轮机构的组成	• 凸轮、从动件、机架
凸轮机构的分类	• 按凸轮的形状分类：盘形凸轮、移动凸轮、圆柱凸轮 • 按从动件的结构形状分类：尖顶、滚子、平底 • 按从动件的运动方式分类：直动、摆动 • 按从动件与凸轮保持接触的方式分类：力锁定、几何锁定
凸轮机构的基本概念与参数	• 基圆：半径为最小向径 • 推程：推程运动角 • 远程休止：远程休止角 • 回程：回程运动角 • 近程休止：近程休止角
从动件常见运动规律	• 从动件运动规律：常用线图表示 • 等速运动规律：速度突变，刚性冲击，用于低速、轻载场合 • 等加速等减速运动规律：加速度突变，柔性冲击，用于中速、轻载场合 • 余弦加速度运动（简谐运动）规律：加速度突变，柔性冲击，用于中速、中载场合 • 正弦加速度运动（摆线运动）规律：无冲击，用于高速、轻载场合

思考题

1．凸轮机构中，从动件的常见运动规律有哪几种？各有什么特点？各适用于什么场合？
2．在什么情况下凸轮机构的从动件才能得到间歇运动？
3．一般凸轮机构中，哪个构件是主动件？
4．尖顶从动件凸轮机构中，从动件易产生磨损，适用于什么场合？
5．平底从动件凸轮机构传动性能为什么好？
6．刚性冲击是什么运动规律产生的？
7．柔性冲击是什么运动规律产生的？
8．刚性冲击和柔性冲击在加速度变化上有什么区别？

习题

填空题：

1．凸轮机构是由凸轮、(　　)和机架组成的(　　)机构。

2．凸轮按形状可分为(　　)凸轮、移动凸轮和(　　)凸轮。

3．凸轮机构按从动件的结构形状可分为(　　)从动件、(　　)从动件和(　　)从动件三种类型。

4．凸轮机构按从动件的运动方式可分为(　　)和(　　)从动件两大类。

5．凸轮机构按凸轮与从动件保持接触的方式可分为（　　）锁定和（　　）锁定。

6．以凸轮轴心为圆心，以轮廓最小向径为半径所画的圆称为（　　）。

7．在凸轮机构运动的一个周期中，（　　）和（　　）的过程根据机构的工作要求可有可无，但（　　）和（　　）的过程是必不可少的。

8．等速运动规律产生刚性冲击，适用于（　　）、（　　），从动件质量小的场合。

9．等加速等减速运动规律产生柔性冲击，适用于（　　）、（　　）的场合。

10．余弦加速度运动规律产生柔性冲击，适用于（　　）、（　　）的场合。

11．正弦加速度运动规律不产生冲击，适用于（　　）、（　　）的场合。

12．为避免机构产生柔性冲击和刚性冲击，在设计凸轮时应选取（　　）运动规律。

13．在凸轮机构从动件运动规律中，（　　）运动规律有刚性冲击。

14．等速运动规律的从动件在推程运动开始和运动结束的瞬间，其（　　）产生突变，则机构产生（　　）冲击。

判断题（正确的打√，错误的打×）：

1．在凸轮机构中，若从动件的速度曲线不连续，则会产生刚性冲击。（　　）

2．在凸轮机构中，若从动件的加速度曲线不连续，则会产生刚性冲击。（　　）

3．圆柱凸轮属于空间凸轮机构。（　　）

4．凸轮机构从动件的运动规律通常表示成凸轮转角的函数。（　　）

5．一个凸轮只有一种预定的运动规律。（　　）

6．凸轮在机构中经常是主动件。（　　）

7．在圆柱凸轮机构中，凸轮与从动件在同一平面或相互平行的平面内运动。（　　）

8．平底从动件不能用于具有内凹槽曲线的凸轮。（　　）

9．凸轮机构的等加速等减速运动，是从动件先做等加速上升，再做等减速下降完成的。（　　）

10．从动件的运动规律就是凸轮机构的工作目的。（　　）

11．由于盘形凸轮制造方便，所以最适用于较大行程的传动。（　　）

12．适合尖顶从动件工作的轮廓曲线，也必然适合滚子从动件工作。（　　）

13．凸轮机构的主要功能是将凸轮的连续运动（移动或转动）转变成从动件的按一定规律的往复移动或摆动。（　　）

14．等加速等减速运动规律会引起柔性冲击，因而这种运动规律适用于中速、轻载的凸轮机构。（　　）

单项选择题：

1．凸轮机构中，从动件的运动规律取决于（　　）。

A．凸轮轮廓的大小　　B．凸轮轮廓的形状

C．基圆的大小　　D．基圆的位置

2．等速运动规律的凸轮机构，从动件在推程运动开始和终止时，加速度值为（　　）。

A．零　　B．无穷大

C．常量　　D．不确定

3．等速运动规律的凸轮机构，从动件在推程运动开始和终止时，将引起（　　）冲击。

A．刚性　　B．柔性

C．无　　D．往复

4．等加速等减速运动规律的凸轮机构将引起（　　）冲击。

A．刚性　　B．柔性

C．无　　D．往复

5．简谐运动规律的凸轮机构将引起（　　）冲击。

A．刚性　　B．柔性

C．无　　D．往复

6．凸轮与从动件接触处的运动副属于（　　）。

A．高副　　B．移动副

C．转动副　　D．球面副

7．在要求（　　）的凸轮机构中，宜使用滚子从动件。

A．传力较大　　B．传动准确、灵敏

C．转速较高　　D．凸轮轮廓曲线复杂

8．下述凸轮机构从动件常用运动规律中，存在刚性冲击的是（　　）运动。

A．等速　　B．等加速等减速

C．余弦加速度　　D．正弦加速度

9．下述凸轮机构从动件常用运动规律中，不存在柔性冲击的是（　　）运动。

A．等速　　B．等加速等减速

C．余弦加速度　　D．曲线加速度

10．（　　）对于较复杂的凸轮轮廓曲线，也能准确地获得所需要的运动规律。

A．尖顶从动件　　B．滚子从动件

C．平底从动件　　D．以上均不对

11．对于转速较高的凸轮机构，为了减小冲击和振动，从动件的运动规律最好采用（　　）运动。

A．等速　　B．等加速等减速

C．余弦加速度　　D．正弦加速度

12．与连杆机构相比，凸轮机构的最大缺点是（　　）。

A．惯性力难以平衡　　B．设计较复杂

C．点、线接触，易磨损　　D．不能实现间歇运动

13．与连杆机构相比，凸轮机构的最大优点是（　　）。

A．可实现各种预期的运动规律　　B．便于润滑

C．制造方便，易获得较高的精度　　D．从动件的行程可较大

项目 4 内燃机中齿轮机构选用

本书配套资源

思维导图

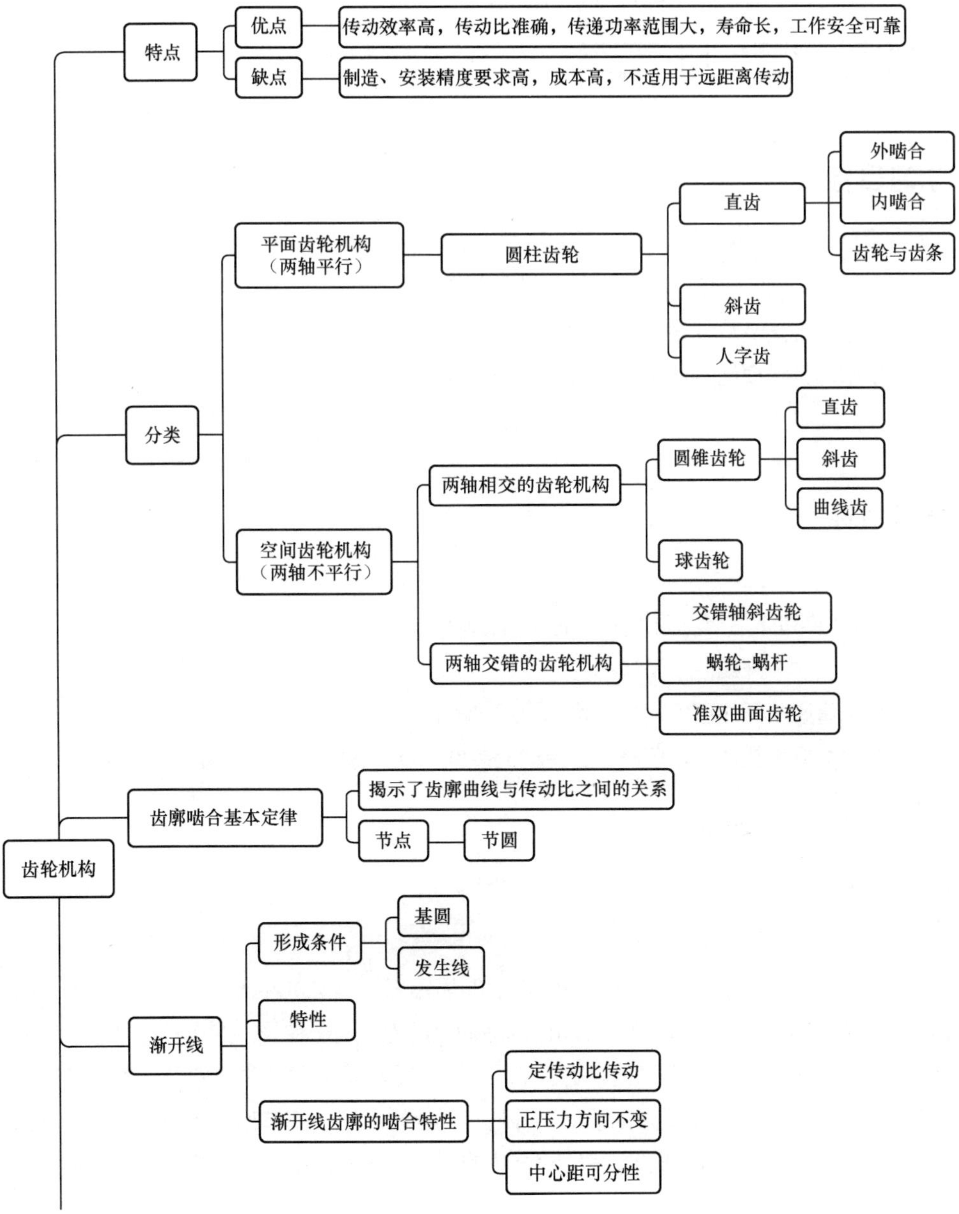

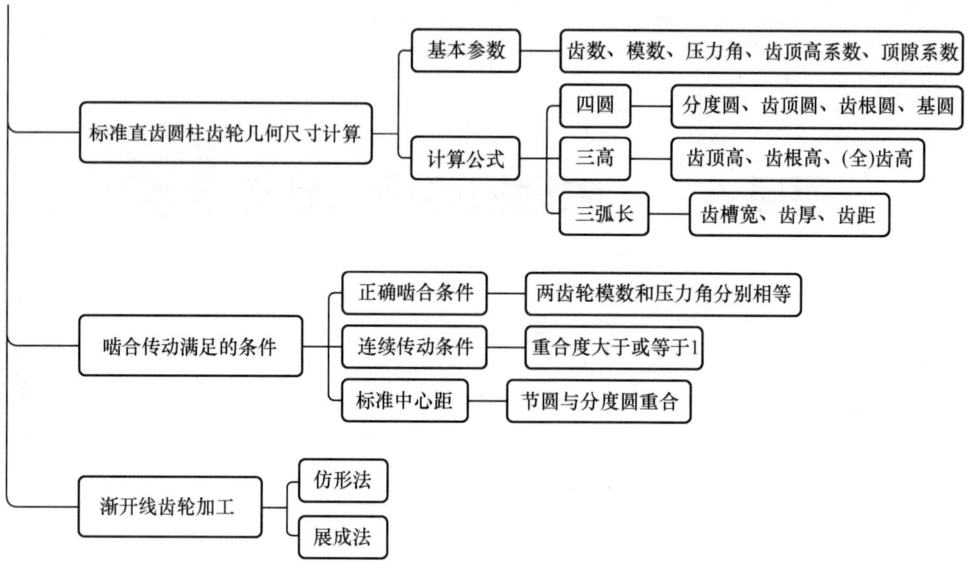

学习目标

1. 了解齿轮机构的特点和类型，理解齿廓啮合基本定律；
2. 熟悉渐开线及其性质；
3. 掌握渐开线直齿圆柱齿轮啮合传动的条件。

任务目标

1. 分析齿轮机构的类型和特点，理解齿廓啮合基本定律；
2. 能够表述渐开线性质及其啮合特性；
3. 重点掌握渐开线直齿圆柱齿轮几何尺寸的计算；
4. 能理解直齿圆柱齿轮正确啮合传动的条件、连续传动条件和正确安装条件。

案例引入

早在古代，人们就开始尝试使用各种形状的齿轮来传递动力。据考证，指南车是三国时期魏明帝青龙三年（公元 235 年）由马钧创造的。指南车是一种马拉的双轮独辕车，车上立一伸臂的木人。车内装有能自动离合的齿轮系。当车子转弯偏离正南方向时，车辕前端就顺此方向移动，而后端则向相反方向移动，并将传动齿轮放落，使车轮的转动带动木人下的大齿轮向相反方向转动，恰好抵消车子转弯产生的影响。车向正南方向行驶时，车轮和木人下的大齿轮是分离的，木人指向不变。因此，无论车转向何方，都能使木人的手臂始终指向南方，如图 2-71 所示。

图 2-71 指南车

【项目提出】

如图 1-2 所示，已知内燃机中小齿轮的齿数 z_1=23，大齿轮的齿数 z_2=46，模数 m=2mm，试计算内燃机中两齿轮的几何尺寸。

任务 1 分析齿轮机构的特点和基本类型

齿轮机构在生活中应用是非常广泛的。生活中广泛使用的表和车都应用了齿轮机构。手表中带动时针、分针、秒针转动的构件就是齿轮；汽车中的变速箱就是通过不同齿轮的啮合实现变速变向的。齿轮机构的作用是可以传递空间任意两轴之间的旋转运动或将转动转化为直线运动。

齿轮机构具有以下优点：

① 传动效率高，可达 0.99；

② 传动比准确；

③ 传递功率范围大，从几瓦到十万千瓦；

④ 寿命长、工作安全可靠。

齿轮机构具有以下缺点：

① 制造和安装精度要求高；

② 成本较高；

③ 不宜用于远距离两轴间传动。

根据齿轮相对运动关系的不同，可以将齿轮机构分为平面齿轮机构和空间齿轮机构，如图 2-72～图 2-74 所示。

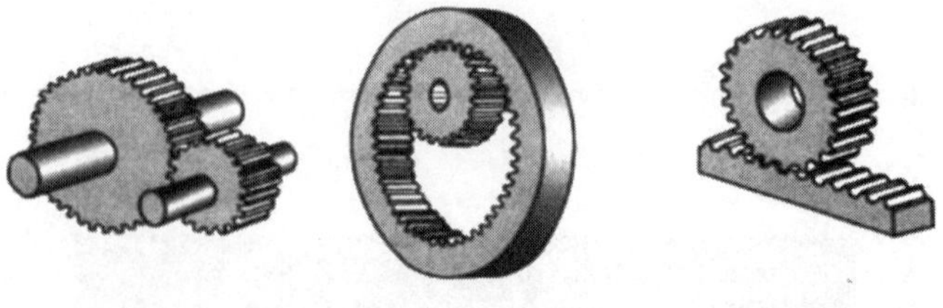

（a）外啮合　　（b）内啮合　　（c）齿轮-齿条啮合

图 2-72　齿轮机构的类型（一）

（a）斜齿轮　　（b）人字齿轮　　（c）直齿锥齿轮

图 2-73　齿轮机构的类型（二）

（a）曲齿锥齿轮　　（b）螺旋齿轮　　（c）蜗轮-蜗杆

图 2-74　齿轮机构的类型（三）

（1）平面齿轮机构（轴线是相互平行的）

平面齿轮机构分为圆柱齿轮和非圆柱齿轮。根据轮齿方向的不同，圆柱齿轮分为直齿圆柱齿轮、斜齿圆柱齿轮和人字齿圆柱齿轮。根据啮合情况的不同，直齿圆柱齿轮分为外啮合、内啮合和齿轮-齿条啮合。

（2）空间齿轮机构（轴线不平行）

空间齿轮机构分为两轴相交的齿轮机构和两轴交错的齿轮机构。两轴相交的空间齿轮机构又可以分为圆锥齿轮和球齿轮，圆锥齿轮根据轮齿的方向的不同又分为直齿圆锥齿轮、斜齿圆锥齿轮和曲线齿圆锥齿轮。两轴交错的空间齿轮机构，包括蜗轮-蜗杆、交错轴斜齿轮和准双曲面齿轮。

任务 2　确定齿轮的齿廓曲线

1. 齿廓啮合基本定律

齿轮传动的基本要求之一是保证瞬时传动比恒定，否则当主动齿轮以等角速度转动时，从动齿轮的角速度为变量，从而产生惯性力，引起机器的振动和噪声，影响齿轮传动的工作精度。

下面讨论当齿轮齿廓满足什么条件时，才能保证齿轮传动的瞬时传动比恒定。

如图 2-75 所示，两啮合齿轮的齿廓 C_1 和 C_2 在任意点 K 啮合。设两个齿轮的角速度分别为 ω_1 和 ω_2，则主动齿轮齿廓 C_1 上 K 点的速度 $v_1=\omega_1\overline{O_1K}$，从动齿轮齿廓 C_2 上 K 点的速度 $v_2=\omega_2\overline{O_2K}$。

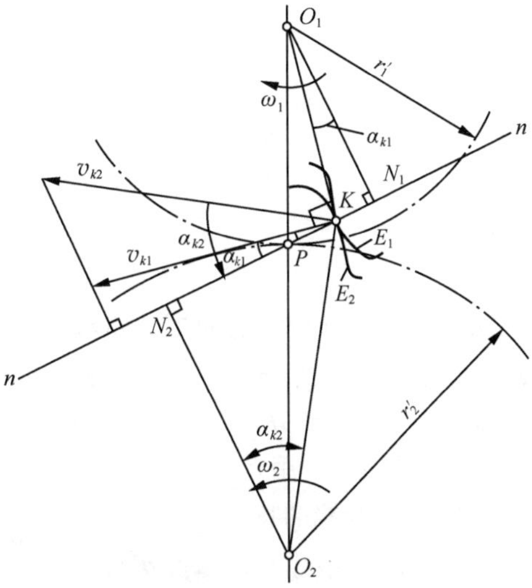

图 2-75　齿廓啮合基本定律

过啮合点 K 作两齿廓的公法线 nn。在传动过程中，为了保证两齿轮的齿廓不发生分离或者相互嵌入，则两齿廓在公法线上的分速度相等。即

$$v_1\cos\alpha_{k1}=v_2\cos\alpha_{k2}$$

$$\omega_1\overline{O_1K}\cos\alpha_{k1}=\omega_2\overline{O_2K}\cos\alpha_{k2}$$

$$\omega_1\overline{O_1N_1}=\omega_2\overline{O_2N_2}$$

$$\frac{\omega_1}{\omega_2}=\frac{\overline{O_2N_2}}{\overline{O_1N_1}}$$

通过分析发现：$\mathrm{Rt}\triangle O_1N_1P\backsim\mathrm{Rt}\triangle O_2N_2P$，即

$$\frac{\overline{O_2N_2}}{\overline{O_1N_1}}=\frac{\overline{O_2P}}{\overline{O_1P}}$$

由此可得

$$i_{12}=\frac{\omega_1}{\omega_2}=\frac{\overline{O_2P}}{\overline{O_1P}}$$

点 P 称为两齿廓的啮合节点，简称节点。i_{12} 称为两齿廓的传动比。由上述分析可得齿廓啮合基本定律：两齿廓在任意位置相啮合，过接触点所作两齿廓的公法线必通过节点 P，它们的传动比等于连心线 O_1O_2 被节点 P 所分成的两段线段长度的反比。齿廓啮合基本定律揭示了齿廓曲线与传动比之间的关系。

凡是满足齿廓啮合基本定律的一对齿廓，称为共轭齿廓。常用的共轭齿廓曲线有渐开线、摆线、变态摆线、圆弧、抛物线等。渐开线具有很好的传动性能，而且便于制造、安装、测量

和互换使用等。本项目只研究渐开线齿轮。

要使两齿轮做定传动比传动，则两齿廓曲线必须满足以下条件：无论两齿廓在任意位置啮合，过啮合点所作的两齿廓的公法线与连心线的交点 P 为定点。

分别以两齿轮的轴心 O_1、O_2 为圆心，过节点 P 作两个相切的圆，称为两个齿轮的节圆。两个齿轮的节圆半径分别用 r_1' 、r_2' 表示。由于节点的相对速度等于零，因此一对齿轮的啮合传动可以视为两个节圆做纯滚动。由此可以得到

$$i_{12}=\frac{\omega_1}{\omega_2}=\frac{\overline{O_2P}}{\overline{O_1P}}=\frac{r_2'}{r_1'}$$

2．渐开线的形成及特性

如图 2-76 所示，当直线 BK 在一圆周上做纯滚动时，直线 BK 上任意一点 K 的轨迹（AK）称为该圆的渐开线。这个圆称为渐开线的基圆，基圆半径用 r_b 表示。直线 BK 称为渐开线的发生线。$\angle AOK$ 称为渐开线上点 K 的展角，用 θ_K 表示。

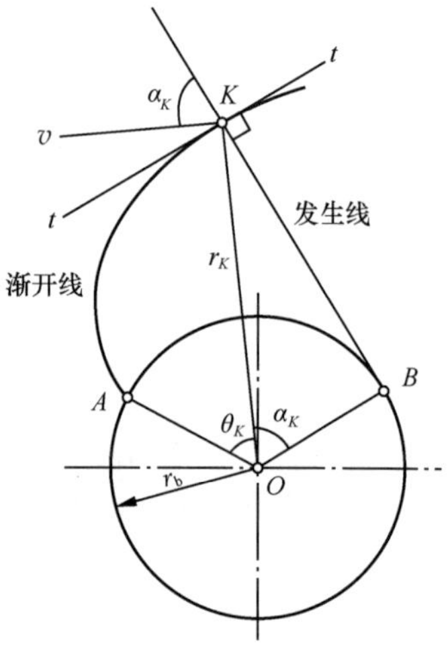

图 2-76 渐开线的形成

由渐开线的形成过程，可以得到渐开线的特性：

① 由于发生线在基圆上做纯滚动，故发生线沿基圆滚过的长度，等于基圆上被滚过的弧长，即 $\overline{BK}=\overset{\frown}{AB}$ 。

② 由于发生线在基圆上做纯滚动，故发生线与基圆的切点 B 即为其速度瞬心。因此直线 BK 是渐开线上 K 点的法线，线段 BK 为其曲率半径，切点 B 为曲率中心。又因为发生线始终与基圆相切，所以渐开线上任意一点的法线必与基圆相切。

③ 渐开线齿廓上某点 K 的法线（即压力方向线）与齿廓上该点速度方向线所夹的锐角 α_K，称为该点的压力角。由图 2-76 可知

$$\cos\alpha_K=\frac{\overline{OB}}{\overline{OK}}=\frac{r_b}{r_K}$$

通过分析上式发现：渐开线齿廓上各点压力角不相等，离轮心 O 越远，向径 r_K 越大，压力角越大。

④ 渐开线形状取决于基圆的大小。如图 2-77 所示，基圆越大，渐开线上 K 点的曲率半径越大，渐开线愈趋平直。当基圆半径趋于无穷大时，渐开线将成为一条垂直于 B_3K 的直线，它就是渐开线齿条的齿廓。

⑤ 基圆内无渐开线。由于渐开线是由基圆向外展开的，因此基圆内无渐开线。

3．渐开线齿廓的啮合特性

（1）渐开线齿廓满足定传动比要求

图 2-78 所示为一对渐开线齿廓在任意位置啮合，啮合点为 K。过 K 点作这对齿廓的公法线 N_1N_2，根据渐开线的性质可知，公法线 N_1N_2 必与两个基圆相切，即公法线 N_1N_2 是两个基圆的一条内公切线。由于两齿廓的基圆是定圆，同一方向上的内公切线只有一条，因此，无论两齿

廓在任意位置啮合，啮合点一定在这条内公切线上。这条内公切线就是啮合点 K 走过的轨迹，称为啮合线。

一对渐开线齿廓的啮合线是一条定直线，其与连心线 O_1O_2 的交点 P 是一个定点，说明渐开线齿廓能够实现定传动比传动。

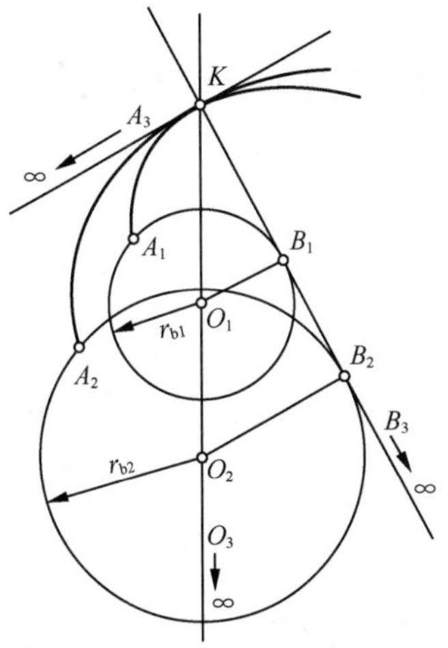

图 2-77　渐开线形状与基圆大小的关系

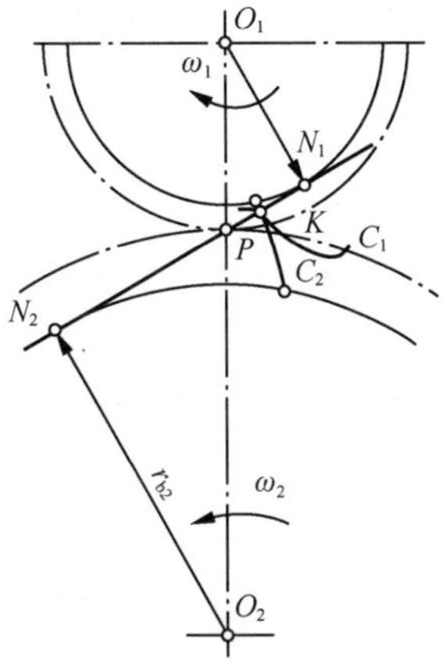

图 2-78　一对渐开线齿廓的啮合

定传动比传动可减少因速度变化而产生的附加动载荷、振动和噪声，延长齿轮的使用寿命，提高机器的工作精度。

（2）齿廓间正压力方向不变

通过上述分析可知：啮合线与两齿廓啮合点的公法线重合，且为一条定直线，因此在渐开线齿轮传动过程中，齿廓间的正压力方向始终不变，这对于齿轮传动的平稳性非常有利。

（3）中心距可分性

由图 2-79 可知，$\triangle O_1PN_1 \backsim \triangle O_2PN_2$，故一对齿轮的传动比为

$$i_{12}=\frac{\omega_1}{\omega_2}=\frac{\overline{O_2P}}{\overline{O_1P}}=\frac{r_2'}{r_1'}=\frac{r_{b2}}{r_{b1}}$$

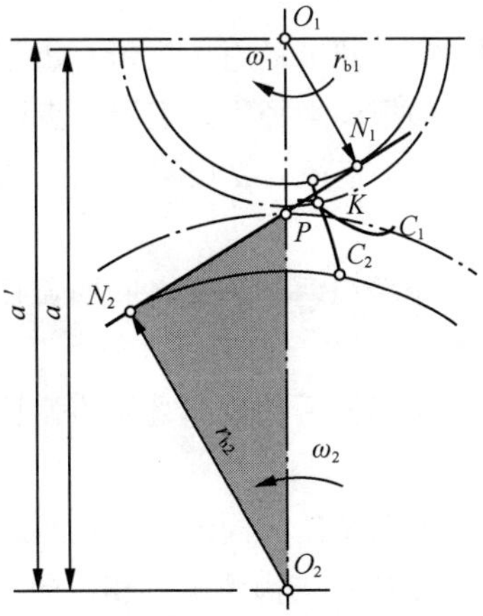

图 2-79　中心距可分性

当齿轮加工完成后，两基圆的尺寸就确定了。由上式可知，即使两齿轮的实际安装中心距略有变化，传动比仍保持原值不变，这种特性称为渐开线齿轮传动的中心距可分性。由于上述特性，工程上广泛采用渐开线齿廓曲线。

任务 3　掌握标准直齿圆柱齿轮几何尺寸计算

1. 外齿轮各部分的名称及符号

图 2-80 所示为外齿轮的一部分，齿轮上每个凸起部分称为轮齿。齿轮上相邻轮齿之间的空间称为齿槽。

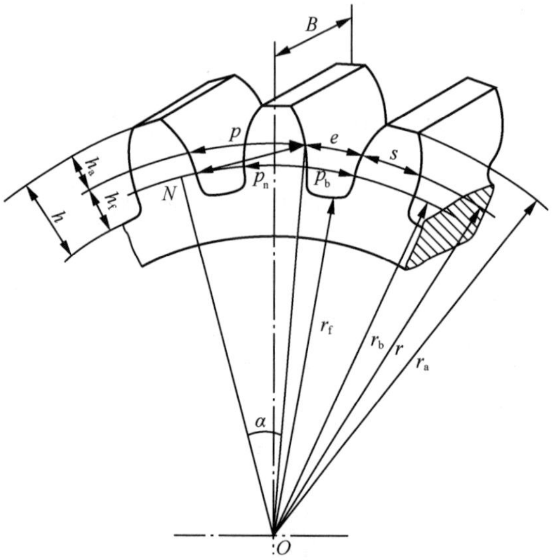

图 2-80　外齿轮

齿顶所确定的圆称为齿顶圆。齿顶圆半径用 r_a 表示，齿顶圆直径用 d_a 表示。

齿根所确定的圆称为齿根圆。齿根圆半径用 r_f 表示，齿根圆直径用 d_f 表示。

在齿顶圆和齿根圆之间，规定一个直径为 d（半径为 r）的圆，作为计算齿轮几何尺寸的基准，此圆称为分度圆。

在任意半径为 r_k 的圆周上，一个轮齿两侧齿廓之间的弧长，称为该圆上的齿厚。齿厚用 s_k 表示。

在任意半径为 r_k 的圆周上，一个齿槽两侧齿廓之间的弧长，称为该圆上的齿槽宽。齿槽宽用 e_k 表示。

在任意半径为 r_k 的圆周上，相邻两个轮齿同侧齿廓之间的弧长，称为该圆上的齿距。齿距用 p_k 表示。同一个圆周上的齿距等于齿厚与齿槽宽之和，即

$$p_k = s_k + e_k$$

在分度圆上，齿距用 p 表示，齿厚用 s 表示，齿槽宽用 e 表示，三者的关系为

$$p = s + e$$

在法线上，相邻两个轮齿同侧齿廓之间的距离称为法向齿距。法向齿距用 p_n 表示。由渐开线性质可知，法向齿距等于基圆齿距，即 $p_n=p_b$。

2. 基本参数

为了使用方便，对渐开线标准直齿圆柱齿轮的参数进行了标准化。渐开线标准直齿圆柱齿轮的基本参数包括齿数、压力角、模数、齿顶高系数和顶隙系数。

（1）齿数 z

轮齿的个数称为齿轮的齿数，用 z 表示。

（2）压力角 α

渐开线齿廓上各点压力角不相等，离轮心 O 越远，压力角越大。通常所说的压力角指的是分度圆上的压力角，用 α 表示。我国规定分度圆上压力角的标准值为 20°，即 $\alpha=20°$。

由压力角计算公式可得

$$\cos\alpha = \frac{r_b}{r}$$

由此可得基圆半径 r_b、直径 d_b 计算公式，即

$$r_b = r\cos\alpha$$

$$d_b = d\cos\alpha$$

（3）模数 m

分度圆的周长为

$$L = \pi d = zp$$

由上式可得分度圆的直径：

$$d = \frac{p}{\pi}z$$

π 是无理数，分度圆直径可能为无理数。分度圆是计算齿轮几何尺寸的基准，而用无理数的尺寸作为计算的基准，使用起来非常不方便。为了便于设计、加工和检验，把 $\frac{p}{\pi}$ 的比值定义为一系列简单的有理数数列，并把这个比值称为模数。模数用 m 表示，单位为 mm，即模数为

$$m = \frac{p}{\pi}$$

分度圆直径为

$$d = mz$$

模数是齿轮几何尺寸计算中重要的参数。如图 2-81 所示，模数越大，轮齿越大，轮齿所能承受的载荷越大。因此，模数是决定齿轮尺寸的一个基本参数。

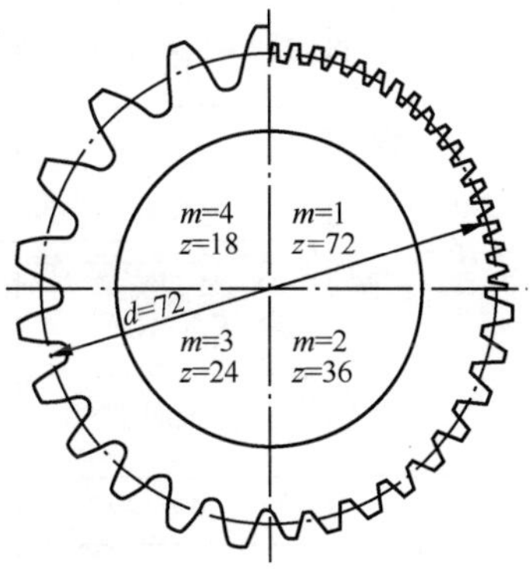

图 2-81 模数大小对轮齿尺寸的影响

我国已经对齿轮的模数进行了标准化，标准模数系列见表 2-4。

表 2-4　标准模数系列（摘自 GB/T 1357—2008）　单位：mm

第Ⅰ系列	1　1.25　1.5　2　2.5　3　4　5　6　8　10　12　16　20　25　32　40　50
第Ⅱ系列	1.125　1.375　1.75　2.25　2.75　3.5　4.5　5.5　（6.5）　7　9　11　14　18　22　28　35　45

注：本表适用于渐开线圆柱齿轮。优先采用第Ⅰ系列模数，其次是第Ⅱ系列模数，括号里的模数尽可能不用。

由此可知，分度圆就是具有标准模数和标准压力角的圆。

（4）齿顶高系数 h_a^*

如图 2-80 所示，轮齿被分度圆分成了两部分，分度圆和齿顶圆之间的径向高度称为齿顶高。齿顶高用 h_a 表示。齿顶高等于齿顶高系数乘以模数，即

$$h_a = h_a^* m$$

（5）顶隙系数 c^*

如图 2-80 所示，轮齿被分度圆分成了两部分，分度圆和齿根圆之间的径向高度称为齿根高。齿根高用 h_f 表示。齿根高等于齿顶高系数与顶隙系数之和乘以模数，即

$$h_f = \left(h_a^* + c^*\right) m$$

我国规定了齿顶高系数和顶隙系数的标准值：

正常齿制：$h_a^* = 1$，$c^* = 0.25$；短齿制：$h_a^* = 0.8$，$c^* = 0.3$。

一对齿轮啮合时，一个齿轮的齿顶圆到另一个齿轮的齿根圆之间的径向距离称为顶隙。顶隙用 c 表示。顶隙等于顶隙系数乘以模数，即

$$c = c^* m$$

顶隙用于储存润滑油，便于齿轮传动。

模数、压力角、齿顶高系数和顶隙系数均为标准值，且分度圆上的齿厚等于齿槽宽的齿轮，称为标准齿轮。

3．渐开线标准直齿圆柱齿轮几何尺寸的计算

渐开线标准直齿圆柱齿轮的几何尺寸计算公式见表 2-5。

表 2-5　渐开线标准直齿圆柱齿轮的几何尺寸计算公式

名称		公式
四圆	分度圆	$d_1 = mz_1$ $d_2 = mz_2$
	齿顶圆	$d_{a1} = d_1 + 2h_a = mz_1 + 2h_a^* m = m\left(z_1 + 2h_a^*\right)$ $d_{a2} = d_2 + 2h_a = mz_2 + 2h_a^* m = m\left(z_2 + 2h_a^*\right)$
	齿根圆	$d_{f1} = d_1 - 2h_f = mz_1 - 2\left(h_a^* + c^*\right)m = m\left(z_1 - 2h_a^* - 2c^*\right)$ $d_{f2} = d_2 - 2h_f = mz_2 - 2\left(h_a^* + c^*\right)m = m\left(z_2 - 2h_a^* - 2c^*\right)$
	基圆	$d_{b1} = d_1 \cos\alpha$ $d_{b2} = d_2 \cos\alpha$
三高	齿顶高	$h_a = h_a^* m$
	齿根高	$h_f = \left(h_a^* + c^*\right)m$
	（全）齿高	$h = h_a + h_f = \left(2h_a^* + c^*\right)m$

续表

名称		公式
三弧长	齿厚	$s=\frac{p}{2}=\frac{\pi m}{2}$
	齿槽宽	$e=\frac{p}{2}=\frac{\pi m}{2}$
	齿距	$p=\pi m$
法向齿距		$p_n=\pi m\cos\alpha$
基圆齿距		$p_b=\pi m\cos\alpha$

注：因为基圆周长 $L_b=\pi d_b=\pi d\cos\alpha=\pi mz\cos\alpha=zp_b$，所以基圆齿距 $p_b=\pi m\cos\alpha$。

任务 4　熟悉渐开线直齿圆柱齿轮啮合传动满足的条件

1．标准直齿圆柱齿轮正确啮合条件

如图 2-82 所示，一对渐开线齿轮在任意位置啮合时，啮合点都应在啮合线 $\overline{N_1N_2}$ 上。前一对轮齿在啮合线上的 K 点啮合时，后一对轮齿必须正确地在啮合线上的 K'点进入啮合。$\overline{KK'}$ 为齿轮 1 和齿轮 2 的法向齿距。由此可见，两齿轮要想正确啮合，它们的法向齿距必须相等，即 $p_{n1}=p_{n2}$。由渐开线的性质可知，法向齿距 p_n 等于基圆齿距 p_b，因此 $p_{b1}=p_{b2}$。因为齿轮 1 的基圆齿距 $p_{b1}=\pi m_1\cos\alpha_1$，齿轮 2 的基圆齿距 $p_{b2}=\pi m_2\cos\alpha_2$，所以有

$$\pi m_1\cos\alpha_1=\pi m_2\cos\alpha_2$$

式中，m_1、m_2、α_1、α_2 分别为两个齿轮的模数和压力角。由于模数和压力角已经标准化，为了满足上式，应使

$$\begin{cases} m_1=m_2=m \\ \alpha_1=\alpha_2=\alpha \end{cases}$$

因此，渐开线直齿圆柱齿轮的正确啮合条件为：两齿轮的模数和压力角分别相等且为标准值。

一对齿轮的传动比计算公式为

$$i=\frac{\omega_1}{\omega_2}=\frac{n_1}{n_2}=\frac{d_{b2}}{d_{b1}}=\frac{d_2\cos\alpha}{d_1\cos\alpha}=\frac{mz_2}{mz_1}=\frac{z_2}{z_1}$$

2．标准直齿圆柱齿轮连续传动条件

图 2-83（a）中齿轮 1 为主动齿轮，齿轮 2 为从动齿轮，转动方向如图所示。任意一对齿廓开始啮合时，先是主动齿轮的齿根部分与从动齿轮的齿顶接触，因而起始啮合点是从动齿轮的齿顶圆与啮合线 N_1N_2 的交点 B_2。随着啮合传动的进行，啮合点的位置沿啮合线 N_1N_2 向下移动，从动齿轮齿廓上的接触点由齿顶向齿根移动，而主动齿轮齿廓上的接触点则由齿根向齿顶移动。当啮合传动进行到主动齿轮的齿顶圆与啮合线 N_1N_2 的交点 B_1 时，这对齿廓即将脱离啮

合，故 B_1 点称为终止啮合点。由任意一对轮齿的啮合过程可知：啮合点实际走过的轨迹就是啮合线 N_1N_2 上的一段 B_1B_2，故将 B_1B_2 称为实际啮合线段。

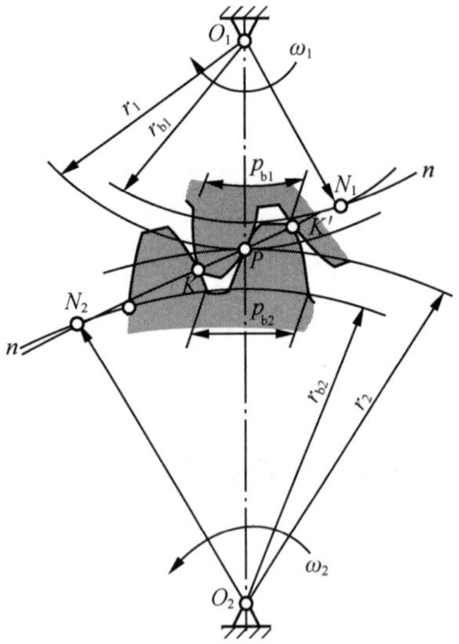

图 2-82 渐开线齿轮正确啮合条件

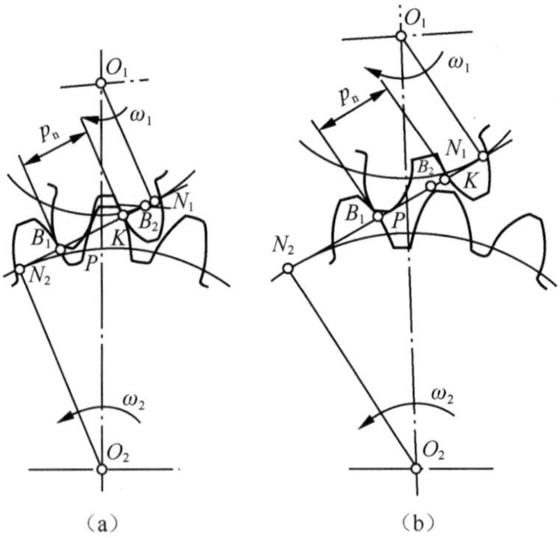

图 2-83 一对渐开线齿轮的啮合传动过程

当两齿轮的齿顶圆增大时，点 B_2 和 B_1 趋近于啮合极限点 N_1 和 N_2，但基圆内无渐开线，故线段 N_1N_2 为理论上可能的最大啮合线段，称为理论啮合线段。

由齿轮的啮合过程可知，要想使一对齿轮连续传动，就必须在前一对轮齿尚未脱离啮合时，使后一对轮齿及时进入啮合，就要求实际啮合线段 $\overline{B_1B_2}$ 大于或等于法向齿距 p_n，即 $\overline{B_1B_2} \geqslant p_n$。如图 2-83（b）所示，若实际啮合线段 $\overline{B_1B_2}$ 小于法向齿距 p_n，即 $\overline{B_1B_2} < p_n$，当前一对轮齿即将在 B_1 处脱离啮合时，后一对轮齿尚未进入啮合，将导致传动中断，从而引起轮齿间的冲击，影响齿轮传动的稳定性。

由上可知，齿轮连续传动的条件是：两齿轮的实际啮合线段 $\overline{B_1B_2}$ 大于或等于法向齿距 p_n，即 $\overline{B_1B_2} \geqslant p_n$。通常把实际啮合线段 $\overline{B_1B_2}$ 与法向齿距 p_n 的比值称为重合度。重合度用 ε 表示。齿轮连续传动的条件可表示为

$$\varepsilon = \frac{\overline{B_1B_2}}{p_n} \geqslant 1$$

齿轮传动的重合度越大，同时参与啮合的轮齿越多，传动越平稳，每对轮齿所承受的载荷越小，提高了齿轮的承载能力。

3．标准中心距

一对齿轮传动时，一个齿轮节圆上的齿槽宽与另一个齿轮节圆上的齿厚之差称为齿侧间隙。为了避免冲击，理论上要求齿轮传动的齿侧间隙为零。

由标准齿轮的定义可知：标准齿轮分度圆上的齿厚等于齿槽宽。而一对正确啮合的渐开线标准齿轮，其模数相等，故两齿轮分度圆上的齿厚和齿槽宽相等，即 $s_1 = s_2 = e_1 = e_2 = \frac{\pi m}{2}$。如图 2-84 所示，若安装时令分度圆与节圆重合（即两分度圆相切），则齿侧间隙为零。一对标准齿轮分度圆相切时的中心距称为标准中心距。标准中心距用 a 表示，即

$$a = r_1' + r_2' = r_1 + r_2 = \frac{m}{2}(z_1 + z_2)$$

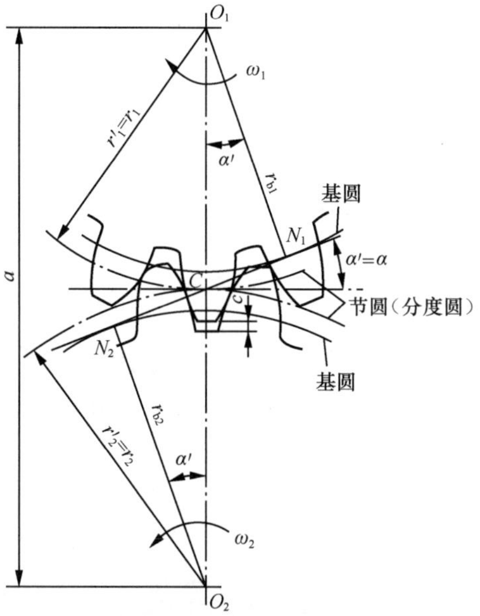

图 2-84　标准齿轮标准中心距

拓展阅读：渐开线齿轮加工

齿轮轮齿的加工方法较多，可采用切削加工、铸造、模锻、热轧、冷轧等方法，最常用的是切削加工。本项目只介绍切削加工渐开线齿轮，根据加工原理的不同可分为仿形法和展成法。

1. 仿形法

仿形法加工齿轮的原理是：采用与被切齿槽形状相同的铣刀，在轮坯上将齿槽部分的材料铣削掉，从而得到渐开线齿轮。常用的刀具有盘状铣刀和指状铣刀，如图 2-85 所示。

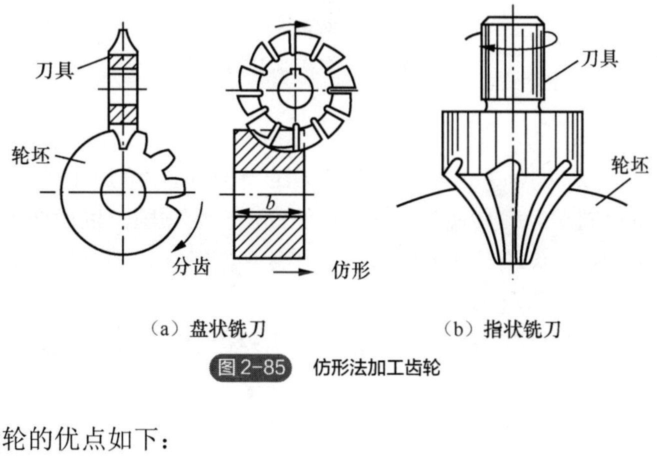

（a）盘状铣刀　（b）指状铣刀

图 2-85　仿形法加工齿轮

仿形法加工齿轮的优点如下：

① 加工方法简单。

② 不需要专门的齿轮加工设备。

仿形法加工齿轮的缺点如下：

① 齿形误差较大。由于用一组有限数目的铣刀加工相同模数、不同齿数的齿轮，因此所选铣刀不可能与要求的齿形准确吻合，加工出的齿形不够准确。

② 加工过程不连续。在加工过程中，切出一个齿槽后，利用分度机构将轮坯转过$\frac{360^\circ}{z}$再铣削第二个齿槽，直至整个齿轮加工完成，因此加工过程不连续，生产效率低。

仿形法常用于单件、修配或少量生产及齿轮精度要求不高的齿轮加工。

2. 展成法

展成法是利用一对齿轮相互啮合时，两轮的共轭齿廓曲线互为包络线的原理来加工齿廓的。用展成法加工齿轮时，只要刀具与被加工齿轮的模数和压力角相等，无论被加工齿轮的齿数是多少，都可以用同一把刀具加工。展成法是目前齿轮加工中最常用的一种方法。

展成法加工齿轮时常用的刀具有齿轮插刀、齿条插刀和齿轮滚刀，如图 2-86 所示。

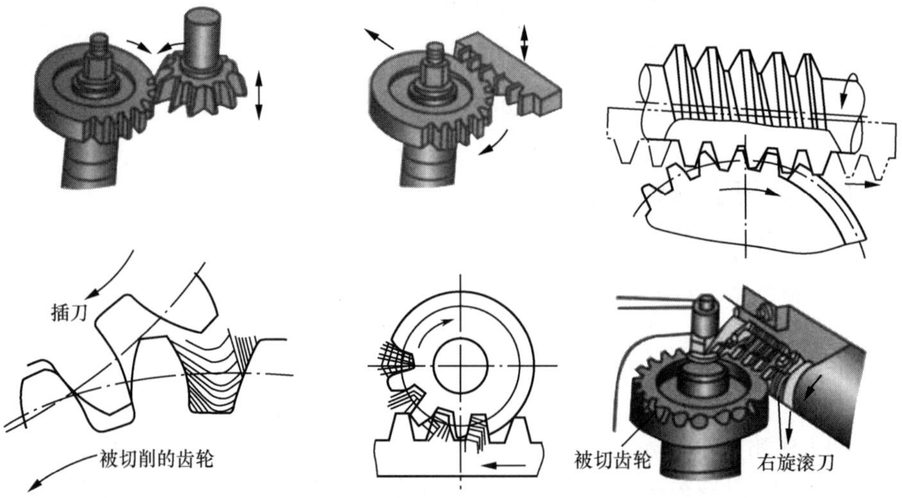

（a）齿轮插刀　（b）齿条插刀　（c）齿轮滚刀

图 2-86 展成法加工齿轮

（1）齿轮插刀

齿轮插刀形状如图 2-86（a）所示。齿轮插刀是一个齿廓为刀刃的外齿轮，刀具的模数和压力角与被加工齿轮相同，但刀具顶部比标准齿轮高出一个顶隙，以便切出顶隙部分。在加工过程中，齿轮插刀沿被加工齿轮轴线方向做上下往复切削运动，同时齿轮插刀和被加工齿轮以一定的角速比转动，直至切出全部轮齿。

因为齿轮插刀的齿廓是渐开线，所以加工出的齿轮齿廓也是渐开线。

（2）齿条插刀

齿条插刀形状如图 2-86（b）所示。齿条插刀是一个齿廓为刀刃的齿条，刀具顶部比标准齿条高出一个顶隙的距离，以便切出顶隙部分。齿条插刀加工渐开线齿轮的工作原理与齿轮插刀相同。

（3）齿轮滚刀

以上两种刀具都是间断性切削，生产效率较低。目前广泛采用的是齿轮滚刀加工，齿轮滚刀可以连续切削，生产效率较高。

齿轮滚刀形状如图 2-86（c）所示。齿轮滚刀的外形类似螺杆，其轴向剖面为齿条，齿轮滚刀转动相当于齿条在移动。齿轮滚刀在转动的同时还沿被加工齿轮的轴向移动，以便切出整个齿宽。

【项目实践】

已知内燃机中小齿轮的齿数 z_1=23，大齿轮的齿数 z_2=46，模数 m=2mm，试计算内燃机中两齿轮的几何尺寸。

（1）选取内燃机中齿轮机构的类型

由单缸内燃机结构可知，齿轮所在的轴线均平行且轮齿需要同时啮合、同时分离，所以选用标准直齿圆柱齿轮。

（2）计算大小齿轮的几何尺寸

分度圆直径：

$$d_1 = mz_1 = 2\times 23 = 46(\text{mm})$$

$$d_2 = mz_2 = 2\times 46 = 92(\text{mm})$$

齿顶圆直径：

$$d_{a1} = d_1 + 2h_a = 46 + 2\times 1\times 2 = 50(\text{mm})$$

$$d_{a2} = d_2 + 2h_a = 92 + 2\times 1\times 2 = 96(\text{mm})$$

齿根圆直径：

$$d_{f1} = d_1 - 2h_f = 46 - 2\times 1.25\times 2 = 41(\text{mm})$$

$$d_{f2} = d_2 - 2h_f = 92 - 2\times 1.25\times 2 = 87(\text{mm})$$

基圆直径：

$$d_{b1} = d_1\cos\alpha = 46\times\cos 20^\circ \approx 43.24(\text{mm})$$

$$d_{b2} = d_2\cos\alpha = 92\times\cos 20^\circ \approx 86.48(\text{mm})$$

小结

齿轮机构的分类	• 平面齿轮机构 • 空间齿轮机构
齿廓啮合基本定律	• 反映了齿廓曲线与传动比之间的关系 • 节点：连心线和公法线的交点 • 节圆：只有两个齿轮相互啮合时才有节圆，一个齿轮没有节圆

续表

渐开线的特性	● 发生线沿基圆滚过的长度，等于基圆上被滚过的弧长 ● 渐开线上任意一点的法线必与基圆相切 ● 渐开线齿廓上各点压力角不相等，离轮心 O 越远，向径 r_K 越大，压力角越大 ● 渐开线形状取决于基圆的大小 ● 基圆内无渐开线
渐开线齿廓的啮合特性	● 满足齿廓啮合基本定律 ● 正压力方向不变 ● 中心距可分性
齿轮的基本参数	● 齿数：z ● 压力角：$\alpha=20^\circ$ ● 模数：m，取标准值 ● 齿顶高系数：h_a^* ● 顶隙系数：c^*
齿轮几何尺寸的计算	● 四圆：分度圆、齿顶圆、齿根圆、基圆 ● 三高：齿顶高、齿根高、（全）齿高 ● 三弧长：齿距、齿厚、齿槽宽
一对齿轮正确啮合条件	● 模数相等 ● 压力角相等
齿轮连续传动的条件	● $\varepsilon \geqslant 1$
标准中心距	● 分度圆与节圆重合 ● 中心距 $a=\frac{m}{2}(z_1+z_2)$
渐开线齿轮加工	● 仿形法
	● 展成法

思考题

1．分度圆上压力角的变化对齿廓的形状有什么影响？
2．一对标准直齿圆柱齿轮的正确啮合条件是什么？连续传动的条件是什么？
3．所有的齿轮传动的传动比都是恒定的吗？
4．什么样的齿轮齿廓曲线能保证传动比恒定？
5．两齿轮中心距变化，什么圆发生变化？
6．一对渐开线齿轮传动，它的一对节圆做什么运动？
7．渐开线的形状取决于什么？
8．齿轮基圆一定大于齿根圆吗？
9．齿轮传动中心距略有变化，传动比变化吗？
10．齿轮的齿厚 s 和齿槽宽 e 是在哪个位置测量？
11．模数的意义是什么？

12．标准模数和标准压力角是在哪个位置测量？

13．标准齿轮有哪几个参数是标准值？

14．两直齿轮能正确啮合的条件是什么？

15．重合度ε有什么意义？

习题

填空题：

1．齿轮机构是在各种机械中应用最广泛的一种（　　）机构。

2．具有标准齿廓参数，而且分度圆上的齿厚与齿槽宽相等的齿轮称为（　　）。

3．齿廓啮合基本定律实质上反映了齿廓形状与两轮（　　）的关系。

4．齿廓啮合基本定律是：不论两齿廓在任何点接触，过接触点所作的（　　），必与（　　）交于一定点，此定点称为（　　）。

5．渐开线上各点的压力角不等，离基圆越远，其压力角越（　　）。

6．按照两轴的相对位置不同，齿轮机构可分为（　　）和（　　）。

7．在渐开线齿廓传动中，中心距改变而瞬时传动比不变的特性称为（　　）性。

8．渐开线齿廓的加工，按加工的原理不同，可分为（　　）法和（　　）法两种。

9．仿形法是利用轴剖面形状与（　　）形状相同的刀具直接加工出齿轮齿廓的。

10．用展成法加工齿轮时，有时刀具顶部将被加工齿轮根部渐开线齿廓切去一部分的现象称为（　　）。

11．渐开线直齿圆柱齿轮的正确啮合条件是（　　）。

12．渐开线直齿圆柱齿轮连续传动的条件是（　　）。

13．实际啮合线段长度与基圆齿距的比值称为（　　），用来表示齿轮（　　），它是衡量齿轮（　　）重要指标之一。

14．在齿轮中，齿顶所确定的圆称为（　　），相邻两齿之间的空间称为（　　），齿槽底部所确定的圆称为（　　）。

15．齿轮上具有标准模数和标准压力角的圆称为（　　）。

16．齿轮上分度圆直径与齿数的比值叫（　　），其单位为（　　）。

判断题（正确的打√，错误的打×）：

1．按标准中心距安装的渐开线直齿圆柱标准齿轮，其节圆与分度圆重合。（　　）

2．和标准齿轮相比，变位齿轮中分度圆齿厚已经发生了改变。（　　）

3．对相同齿数的齿轮，模数越大，其各部分尺寸越大。（　　）

4．一对直齿圆柱齿轮啮合传动，其重合度与模数无关。（　　）

5．对于单个齿轮来说，节圆就是分度圆，压力角就是啮合角。（　　）

6．具有标准模数和标准压力角的圆称为分度圆。（　　）

7．齿轮机构的传动比取决于齿廓曲线的形状。（　　）

8．渐开线齿廓能满足齿廓啮合基本定律。（　　）

9．渐开线齿廓的啮合线是一条直线。（　　）

10．相邻两齿同侧齿廓间的弧长称为齿距。（　　）

11．轮齿上齿顶圆与分度圆之间的径向高度称为齿顶高。（　　）

12．重合度的大小表明了同时参加啮合的轮齿对数的多少。 （ ）

13．用仿形法加工渐开线齿廓，其加工精度低。 （ ）

14．用展成法切削渐开线齿轮时，一把模数为 m、压力角为 α 的刀具可以切削相同模数和压力角的任何齿数的齿轮。 （ ）

15．渐开线齿廓传动具有中心距可分性。 （ ）

单项选择题：

1．在用展成法加工齿轮的常用刀具中，（ ）能连续切削，生产效率更高。

A．齿轮插刀 B．齿条插刀

C．齿轮滚刀 D．成形铣刀

2．在渐开线标准直齿圆柱齿轮中，以下四个参数中（ ）决定了齿廓的形状和齿轮的啮合性能。

A．齿数 z B．模数 m

C．压力角 α D．齿顶高系数 h_a^*

3．一对渐开线斜齿圆柱齿轮在啮合传动过程中，其齿廓上的接触线长度（ ）。

A．由小到大 B．由大到小

C．由小到大再到小 D．保持定值

4．在渐开线标准直齿圆柱齿轮中，以下四个参数中（ ）决定了轮齿的大小及齿轮的承载能力。

A．齿数 z B．模数 m C．压力角 α D．齿顶高系数 h_a^*

5．渐开线的形状取决于（ ）的大小。

A．基圆 B．分度圆 C．齿顶圆 D．齿根圆

6．一对渐开线直齿圆柱齿轮的啮合线相切于（ ）。

A．基圆 B．分度圆 C．齿顶圆 D．齿根圆

7．渐开线斜齿圆柱齿轮分度圆上的端面压力角（ ）法面压力角。

A．大于 B．小于 C．等于 D．大于或等于

8．用展成法加工齿轮时，正常齿标准渐开线齿轮不发生根切的最少齿数是（ ）。

A．17 B．14 C．10 D．20

9．渐开线齿轮齿条啮合时，其齿条相对齿轮做远离圆心的平移时，其啮合角（ ）。

A．加大 B．不变 C．减小 D．不能确定

10．在一对渐开线直齿圆柱齿轮传动时，齿廓接触处所受的法向作用力方向（ ）。

A．不断增大 B．不断减小 C．保持不变 D．不能确定

11．渐开线标准直齿圆柱齿轮齿顶圆上的压力角（ ）20°。

A．大于 B．等于 C．小于 D．无关

12．标准直齿圆柱齿轮的全齿高等于9mm，则模数等于（ ）。

A．2mm B．3mm C．4mm D．5mm

13．一个齿轮上的圆有（ ）。

A．齿顶圆和齿根圆 B．齿顶圆、分度圆、基圆和齿根圆

C．齿顶圆、节圆、基圆和齿根圆 D．齿顶圆、分度圆、基圆、节圆和齿根圆

14．渐开线上任意一点的法线必（ ）基圆。

A．相交于　　B．相切于　　C．垂直于　　D．平行于

15．一对标准直齿圆柱齿轮的齿距为 15.7mm，齿顶圆直径为 400mm，则该齿轮的齿数为（　　）。

A．82　　B．78　　C．80　　D．76

16．为了使齿轮能进入啮合，它们必须相同的是（　　）。

A．直径　　B．基圆齿距　　C．宽度　　D．模数

17．当一对渐开线齿轮制成后，即使两轮的中心距稍有改变，其角速度比仍保持原值不变的原因是（　　）。

A．压力角不变　　B．啮合角不变

C．节圆半径不变　　D．基圆半径不变

18．一对渐开线齿轮连续传动的条件是（　　）。

A．$\varepsilon > 1$　　B．$\varepsilon \leqslant 1$　　C．$\varepsilon \geqslant 1.3$　　D．$\varepsilon \geqslant 2$

19．渐开线上各点的压力角（　　），基圆上的压力角（　　）。

A．相等　　B．不相等　　C．不等于零　　D．等于零

20．一对渐开线齿轮传动的安装中心距大于标准中心距时，齿轮的节圆（　　）分度圆。

A．相切于　　B．相离于　　C．相割于　　D．等于

21．对于齿数相同的齿轮，模数越大，齿轮的几何尺寸和承载能力（　　）。

A．越大　　B．越小　　C．不变化

22．一对标准直齿圆柱齿轮传动，模数为 2mm，齿数分别为 20 和 30，则两齿轮传动的中心距为（　　）。

A．100mm　　B．200mm　　C．50mm　　D．25mm

23．机床主轴箱中的变速滑移齿轮应该用（　　）。

A．直齿圆柱齿轮　　B．斜齿圆柱齿轮

C．人字齿圆柱齿轮　　D．直齿圆锥齿轮机构

计算题：

1．有一渐开线齿轮，其基圆半径 $r_b = 50\text{mm}$，齿顶圆半径 $r_a = 55\text{mm}$，试求该齿轮的渐开线齿廓在齿顶圆处的压力角 α_a。

2．已知一渐开线标准直齿圆柱齿轮，齿数 z=25，齿顶高系数 h_a^*=1，齿顶圆直径 d_a=135mm，计算其模数大小。

3．已知一对外啮合标准直齿圆柱齿传动的传动比 i_{12}=2.5，z_1=40，$m = 5\text{mm}$，$\alpha = 20°$，$h_a^* = 1$，试求：

① 轮 2 的齿数 z_2 和这对齿轮的中心距 a；

② 两个齿轮的分度圆直径、齿顶圆直径、齿根圆直径和基圆直径；

③ 这对齿轮的齿厚、齿槽宽、齿距和基圆齿距。

4．某齿轮传动的小齿轮已丢失，但已知与之相配的大齿轮为标准齿轮，其齿数 $z_2 = 52$，齿顶圆直径 $d_a = 135\text{mm}$，标准中心距 $a = 112.5\text{mm}$。试求丢失的小齿轮的模数、齿数、分度圆直径、齿顶圆直径和齿根圆直径。

5．已知一对外啮合标准直齿圆柱齿轮传动的传动比 i=1.6，中心距 a=78mm，模数 m=3mm，压力角 α=20°。试确定这对齿轮的齿数 z_1、z_2，并计算小齿轮的分度圆直径 d_1、齿顶圆直径 d_{a1}

和齿根圆直径 d_{f1}。

6．已知一对外啮合标准直齿圆柱齿轮传动，采用标准安装，其传动比 $i=3$，模数 m=3mm，小齿轮齿数 z_1=20，试计算：

① 两齿轮轮齿的齿顶高和齿根高；

② 两齿轮轮齿的齿厚、齿槽宽和齿距；

③ 大齿轮的分度圆直径、齿顶圆直径、齿根圆直径和基圆直径；

④ 两轮的中心距。

7．有一对标准直齿圆柱齿轮传动，丢失了一个齿轮，现测得中心距 a=78mm，现有齿轮齿数为 z_1=18，压力角 $\alpha=20°$，模数 m=3mm。试确定丢失齿轮的齿数 z_2，并计算其分度圆直径 d_2、齿顶圆直径 d_{a2}、齿根圆直径 d_{f1} 和基圆直径 d_{b2}。

项目 5 汽车差速器轮系的分析及计算

本书配套资源

思维导图

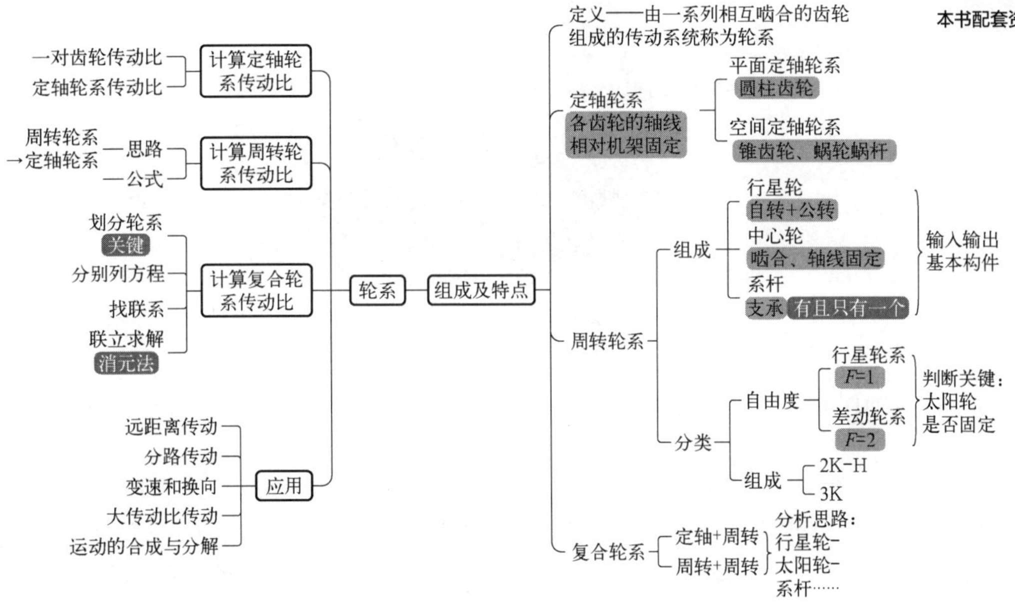

学习目标

1. 了解轮系的组成及分类；
2. 掌握定轴轮系、周转轮系以及复合轮系的传动比计算；
3. 熟悉轮系的应用。

任务目标

1. 能够正确选择轮系的类型；
2. 能够分析说明差速器工作原理，给出差速器传动比计算的过程；
3. 能够列举轮系的应用。

案例引入

汽车发动机的动力经离合器、变速器、传动轴，最后传送到驱动桥，再左右分配给半轴驱动车轮。在这条动力传送途径上，驱动桥是最后一个总成，它的主要部件是减速器和差速器。

汽车差速器主要由左右半轴齿轮、两个行星齿轮及齿轮架组成（图 2-87）。功用是当汽车转弯行驶或在不平路面上行驶时，使左右车轮以不同转速滚动，即保证两侧驱动车轮做纯滚动运动。

图 2-87 汽车差速器

【项目提出】

图 2-88 为汽车后桥差速器传动简图，齿轮 5 与传动轴固连，由发动机驱动，齿轮 4 活套在后车轮轮轴上，行星架 H 和齿轮 4 固连，齿轮 1、齿轮 3 分别与左右车轮固连。若汽车后轮中心距为 $2L$，锥齿轮齿数 $z_1=z_2=z_3$，$z_5=14$，$z_4=42$，发动机传递给传动轴的转速 $n_5=1200\text{r/min}$，方向如图所示。求：

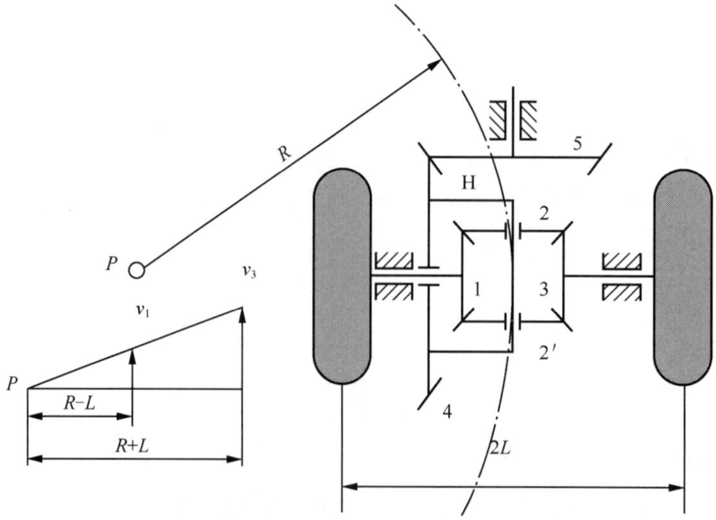

图 2-88 汽车后桥差速器传动简图

v_1—齿轮 1 速度，即左侧车轮速度；v_3—齿轮 3 速度，即右侧车轮速度

① 当汽车绕图示 P 点向左转弯时，若平均转弯半径 R=10L，求左后车轮转速 n_1 和右后车轮转速 n_3；

② 当汽车直线前进时，求两后车轮的转速 n_1 和 n_3。

任务 1 分析轮系的组成及特点

由一对齿轮组成的机构是齿轮传动的最简单形式。在实际工程应用中，为满足不同的工作需求，采用一对齿轮组成的齿轮机构往往是不够的，如图 2-89、图 2-90 所示，汽车变速器和滚齿机工作台传动系统都是由一系列相互啮合的齿轮将输入轴和输出轴连接起来，这种由一系列齿轮所组成的齿轮传动系统称为齿轮系，简称轮系。

图 2-89 汽车变速器

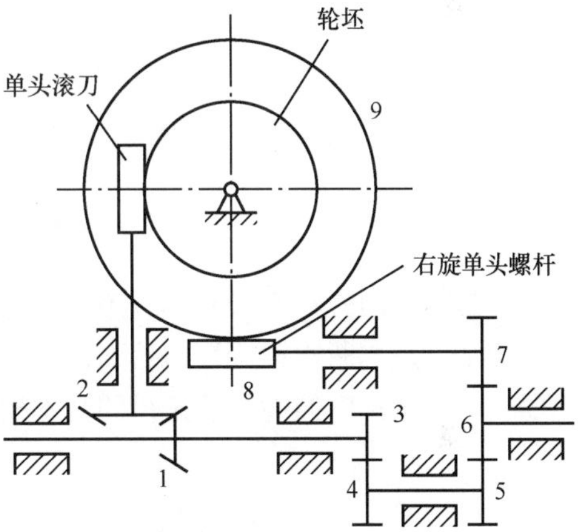

图 2-90 滚齿机工作台传动系统

根据轮系中各齿轮轴线位置是否固定，可将轮系分为：定轴轮系、周转轮系和复合轮系。

1. 定轴轮系

轮系运转时各齿轮的轴线相对机架的位置都是固定的，这种轮系称为定轴轮系。根据其齿轮轴线相对位置不同，定轴轮系可分为各轴线均平行的平面定轴轮系（图 2-91）和不均平行的空间定轴轮系（图 2-92）。

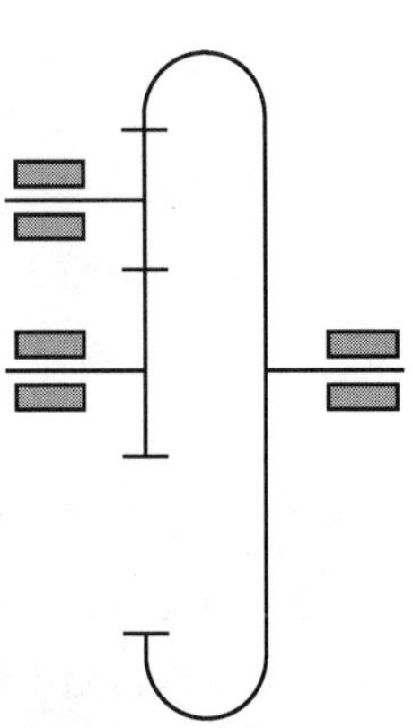

图 2-91 平面定轴轮系

2. 周转轮系

轮系运转时，若其中至少有一个齿轮的几何轴线位置不固定，而是绕着其他定轴齿轮的固定轴线转动，这种轮系称为周转轮系。

（1）周转轮系组成

如图 2-93（a）所示，齿轮 2 空套在构件 H 上，一方面绕自身轴线 O_2 转动，另一方面又随构件 H 绕 O_H 轴转动。这种轴线不固定、既自转又公转的齿轮称为行星轮。构件 H 是支承行星轮的构件，称为系杆，或称为行星架和转臂。齿轮 1 和齿轮 3 的轴线 O_1 固定，且与系杆轴线 O_H 重合，且齿轮 1 和齿轮 3 都和行星轮啮合，称为太阳轮，或称为中心轮。又如图 2-93（b）所示，齿轮 2 和齿轮 2′为行星轮，齿轮 1 和齿轮 3 为太阳轮，系杆 H 和齿轮 1、齿轮 3 轴线重合。

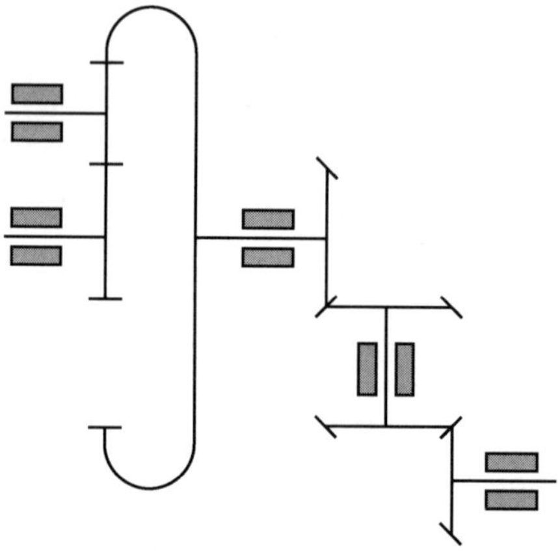

图 2-92　空间定轴轮系

一个基本的周转轮系一般由一个或少数几个行星轮、两个太阳轮和一个系杆组成，系杆有且只有一个，是判断周转轮系的重要标准。周转轮系中，一般以太阳轮或系杆作为运动输入或输出的构件，故称它们为周转轮系的基本构件。

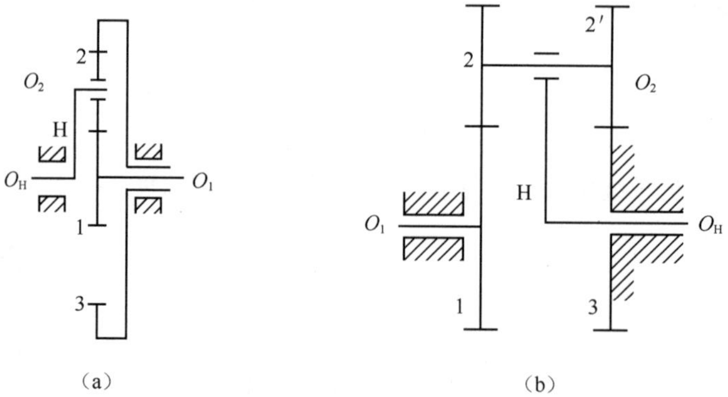

图 2-93　周转轮系

（2）周转轮系分类

根据机构自由度数的不同，周转轮系可以分成行星轮系和差动轮系。

如图 2-94（a）所示，太阳轮 1、3 都不固定，则该机构中活动构件数 n=4，低副数 P_L=4，高副数 P_H=2，则轮系的自由度为

$$F=3n-2P_L-P_H=3\times4-2\times4-2=2$$

机构自由度为 2 的周转轮系称为差动轮系，为确定该轮系的运动，需要给定轮系中两个构

件以独立运动规律。

如图 2-94（b）所示，太阳轮 3 被固定，则该机构中活动构件数 n=3，低副数 P_L=3，高副数 P_H=2，则轮系的自由度为

$$F=3n-2P_L-P_H=3\times3-2\times3-2=1$$

机构自由度为 1 的周转轮系称为行星轮系，为确定该轮系的运动，需要给定轮系中一个构件以独立运动规律。

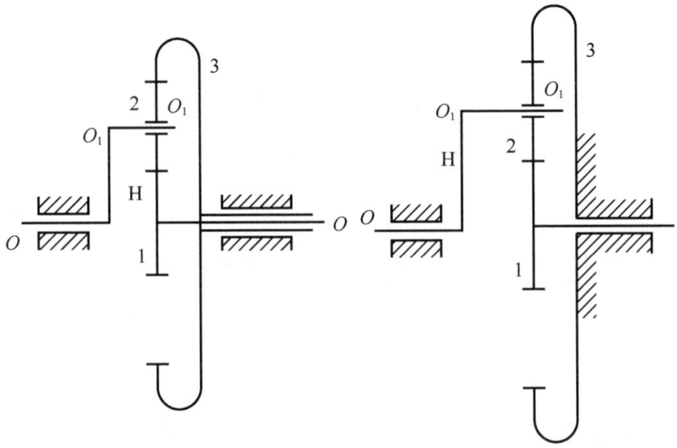

（a）差动轮系　　（b）行星轮系

图 2-94　周转轮系分类（一）

此外，周转轮系还常根据其基本构件组成的不同来进行分类。若轮系中的太阳轮以 K 来表示，行星架以 H 来表示，则图 2-95（a）所示轮系称为 2K-H 型周转轮系；图 2-95（b）所示轮系称为 3K 型周转轮系，在该轮系中，系杆 H 只起支承作用，基本构件为 3 个太阳轮。在实际机构中常用 2K-H 型周转轮系。

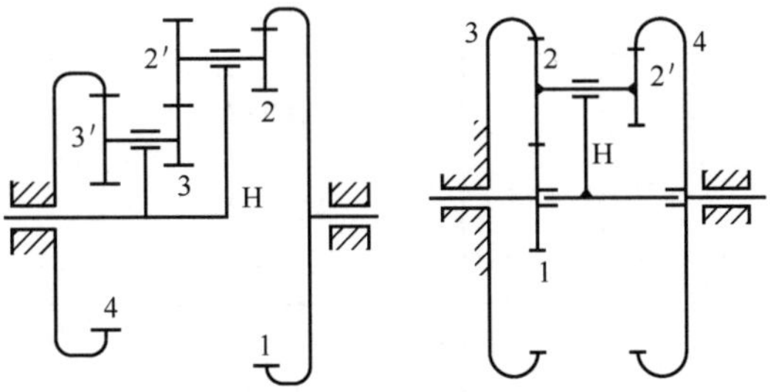

（a）2K-H型　　（b）3K型

图 2-95　周转轮系分类（二）

3. 复合轮系

将定轴轮系与周转轮系组合或将几个周转轮系组合而构成的轮系称为复合轮系，又称混合轮系，如图 2-96 所示。

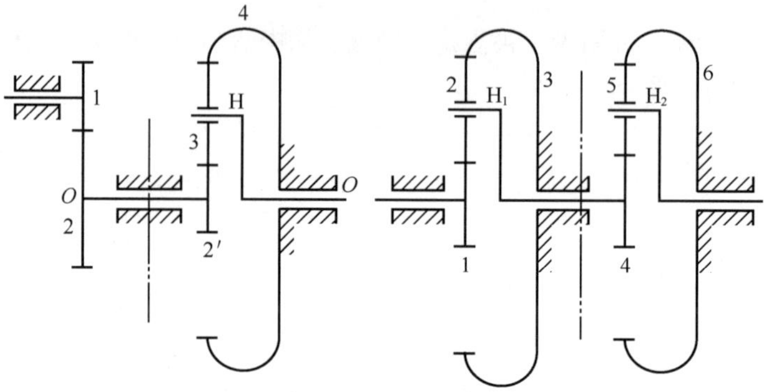

图 2-96 复合轮系

任务 2 计算定轴轮系的传动比

1. 一对齿轮传动比

由上一项目知识可知，对一对齿轮来说，无论是圆柱齿轮传动、锥齿轮传动还是蜗轮蜗杆传动，其传动比都是主、从动齿轮的角速度或转速之比，也等于二者齿数的反比。若主动齿轮为 1，从动齿轮为 2，则其传动比大小可以通过公式求得，但在工程实际应用中，除了要知道传动比的大小以外，还要在主动轮转动方向已知的情况下确定从动轮的转动方向。表 2-6 所示为一对齿轮传动过程中其传动比大小和方向。

表 2-6 一对齿轮传动比大小和方向

	类型	外啮合	内啮合
平面齿轮	简图	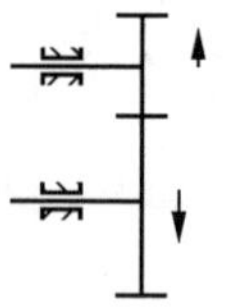	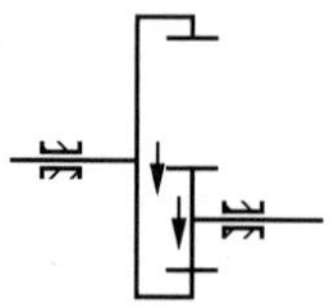
	大小	$i_{12}=\frac{\omega_1}{\omega_2}=\frac{n_1}{n_2}=-\frac{z_2}{z_1}$	$i_{12}=\frac{\omega_1}{\omega_2}=\frac{n_1}{n_2}=+\frac{z_2}{z_1}$
	方向	画箭头/ “+” “-” 转向相反，负号 “-”	画箭头/ “+” “-” 转向相同，正号 “+”
空间齿轮	类型	锥齿轮	蜗轮蜗杆
	简图	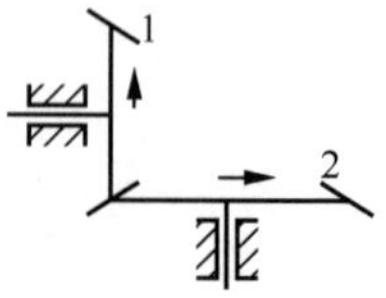	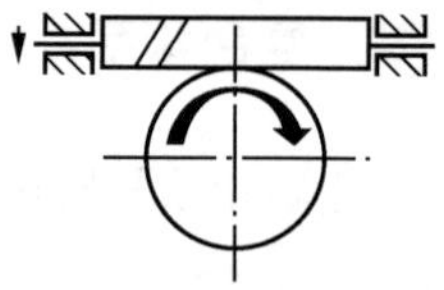

续表

	类型	外啮合	内啮合
空间齿轮	大小	$i_{12}=\dfrac{\omega_1}{\omega_2}=\dfrac{n_1}{n_2}=\dfrac{z_2}{z_1}$	$i_{12}=\dfrac{\omega_1}{\omega_2}=\dfrac{n_1}{n_2}=\dfrac{z_2}{z_1}$
	方向	画箭头 箭头相对或箭头相背	画箭头 右旋蜗杆——右手法则判断 左旋蜗杆——左手法则判断

2. 轮系传动比

对轮系来说，其传动比是指轮系中运动输入齿轮和运动输出齿轮的角速度或转速之比。若轮系中运动输入齿轮为 1，运动输出齿轮为 k，则轮系传动比 i_{1k} 大小可表示为

$$i_{1k}=\frac{\omega_1}{\omega_k}=\frac{n_1}{n_k} \tag{2-13}$$

确定一个轮系的传动比，不仅要计算传动比的大小，还要确定首末两构件的转向关系。

（1）平面定轴轮系

图 2-97 所示轮系是由圆柱齿轮组成的平面定轴轮系，由于输入、输出两轮的轴线平行，它们的转向不是相同就是相反。通常规定，转向相同时用“+”表示，转向相反时用“−”表示。

设运动从齿轮 1 输入，通过一系列齿轮啮合传动后，从齿轮 5 输出，则该轮系传动比的大小为

$$i_{15}=\frac{\omega_1}{\omega_5}=\frac{n_1}{n_5}$$

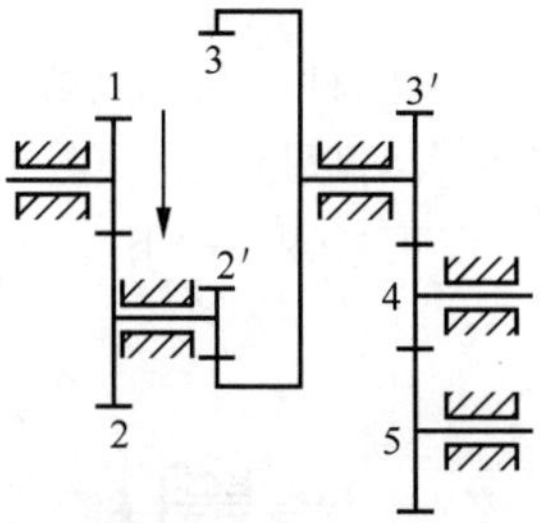

图 2-97 平面定轴轮系

通过表 2-7 分析可知，主动轮 1 和从动轮 5 之间的传动，是通过各对齿轮依次传动实现的，因此，为求得轮系的传动比 i_{15}，可将各对齿轮的传动比连乘起来，因为齿轮 2 和 2′同轴，齿轮 3 和 3′同轴，故 $n_2=n_{2'}$， $n_3=n_{3'}$，可得

$$i_{12}i_{2'3}i_{3'4}i_{45}=\frac{\omega_1}{\omega_2}\times\frac{\omega_{2'}}{\omega_3}\times\frac{\omega_{3'}}{\omega_4}\times\frac{\omega_4}{\omega_5}=\frac{\omega_1}{\omega_5}$$

即

$$i_{15}=\frac{\omega_1}{\omega_5}=i_{12}i_{2'3}i_{3'4}i_{45}=(-1)^3\frac{z_2z_3z_4z_5}{z_1z_2'z_3'z_4} \tag{2-14}$$

表 2-7 定轴轮系中齿轮啮合情况及传动比

主动轮	从动轮	啮合方式	各级传动比
1	2	外啮合（−）	$i_{12}=\dfrac{\omega_1}{\omega_2}=-\dfrac{z_2}{z_1}$
2′	3	内啮合（+）	$i_{2'3}=\dfrac{\omega_{2'}}{\omega_3}=\dfrac{z_3}{z_{2'}}$
3′	4	外啮合（−）	$i_{3'4}=\dfrac{\omega_{3'}}{\omega_4}=-\dfrac{z_4}{z_{3'}}$
4	5	外啮合（−）	$i_{45}=\dfrac{\omega_4}{\omega_5}=-\dfrac{z_5}{z_4}$

在该轮系中，齿轮 4 对齿轮 3′为从动轮，但对于齿轮 5 又为主动轮，其齿数的多少不影响传动比的大小，仅起着中间过渡和改变从动轮转向的作用，故称为惰轮。

式（2-14）说明，平面定轴轮系的传动比等于组成该轮系的各对啮合齿轮传动比的连乘积；也等于各对啮合齿轮中所有从动轮齿数的连乘积与所有主动轮齿数的连乘积之比。由于连接平行轴的内啮合齿轮转动方向相同，所以不影响传动比的符号；而外啮合齿轮的转向相反，所以轮系中有 m 对外啮合齿轮时，则从输入轴到输出轴，角速度方向经过 m 次改变，因此，这种轮系传动比的符号可用$(-1)^m$来判断，即

$$\text{定轴轮系传动比}=\frac{\omega_1}{\omega_k}=(-1)^m\frac{\text{所有从动齿轮齿数的连乘积}}{\text{所有主动齿轮齿数的连乘积}}$$

轮系传动比的正、负号也可以通过画箭头的方式来确定。

（2）空间定轴轮系

在轮系中包含锥齿轮、蜗轮蜗杆等空间齿轮机构时，该定轴轮系的轴线不都是互相平行的，这种轮系称为空间定轴轮系。如图 2-98 所示，这些齿轮轴线不相互平行。其传动比的大小仍可用式（2-14）计算，但其啮合齿轮之间的转向无所谓相同或相反，因而其转动方向不能用$(-1)^m$来确定，只能在图上画箭头确定。

如图 2-98 所示，空间定轴轮系又分为两种情况：若输入轴和输出轴轴线平行［图 2-98（a）］，则其传动比方向通过画箭头方法确定后，可以用正、负号表达输入轴和输出轴转动方向相同或相反；若输入轴和输出轴轴线不平行［图 2-98（b）］，则只能用画箭头的形式表示在图中，以判断输出轴的转动方向。

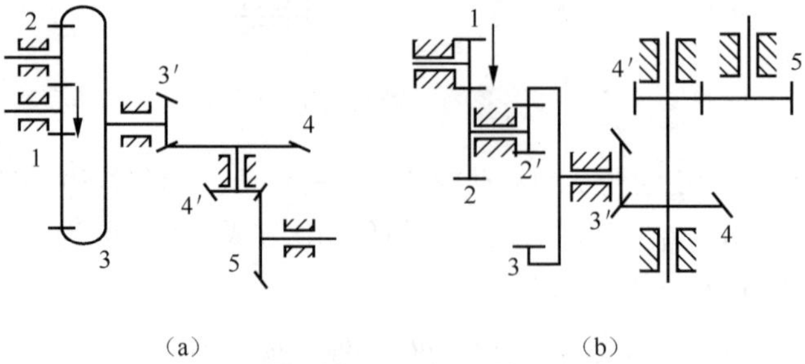

图 2-98 空间定轴轮系

[例 2-5] 如图 2-99（a）所示轮系中，已知 $z_1=2$，$z_2=52$，$z_{2'}=23$，$z_3=35$，$z_{3'}=27$，$z_4=30$，$z_{4'}=25$，$z_5=80$，$n_1=1440\,\text{r/min}$。

求轮 5 转速 n_5 的大小与方向。

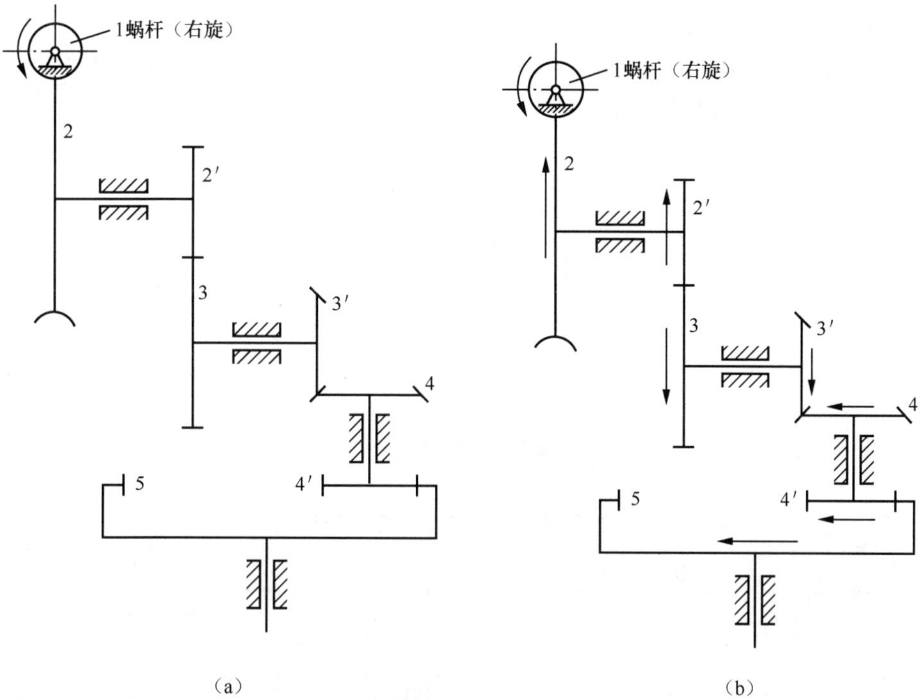

图 2-99 例 2-5 图

解： 此轮系为一空间定轴轮系，则

$$i_{15}=\frac{z_2z_3z_4z_5}{z_1z_{2'}z_{3'}z_{4'}}=\frac{52\times35\times30\times80}{2\times23\times27\times25}\approx140.7$$

因为 $i_{15}=\dfrac{n_1}{n_5}$，所以

$$n_5=\frac{n_1}{i_{15}}\approx\frac{1440}{140.7}\approx10.2(\text{r/min})$$

轮 5 的转向如图 2-99（b）所示。

由图 2-99 可知，该轮系为右旋蜗杆，采用右手法则判断，拇指伸直，其余四指握拳，令四指弯曲方向与蜗杆转动方向一致，则拇指所指即为蜗杆相对蜗轮的前进方向。因蜗杆不能轴向移动，则蜗轮上的啮合点向里运动，即蜗轮按逆时针方向转动（图示方向向上）。

任务 3　计算周转轮系的传动比

周转轮系与定轴轮系的本质区别在于周转轮系中有既自转又公转的行星轮存在，即有轴线不固定的行星轮存在，所以其传动比不能直接用定轴轮系传动比的公式进行计算。但是，如果能在保持周转轮系中各构件之间的相对运动不变的条件下，使得系杆固定不动，则该周转轮系即被转化为一个假想的定轴轮系，就可以借助此转化轮系，按定轴轮系传动比公式进行周转轮系传动比的计算，这种方法称为反转法或转化机构法。

如图 2-100（a）所示为一周转轮系，当给整个周转轮系加上一个公共角速度“$-\omega_H$”以后，其各构件的角速度变化如表 2-8 所示。

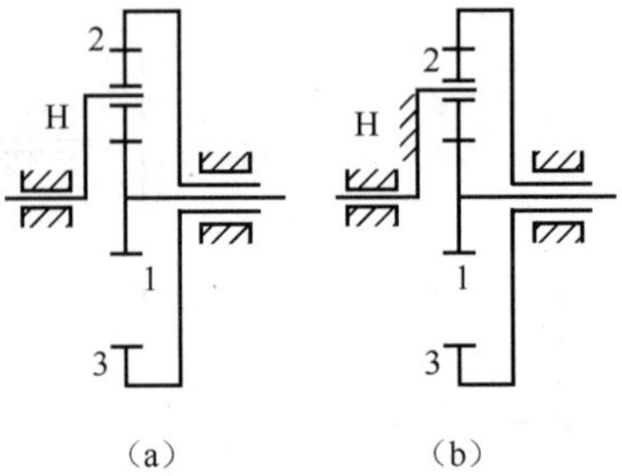

图 2-100 反转法

表 2-8 各构件的角速度变化

构件	原周转轮系角速度	转化轮系角速度
H	ω_H	$\omega_H^H=\omega_H-\omega_H=0$
1	ω_1	$\omega_1^H=\omega_1-\omega_H$
2	ω_2	$\omega_2^H=\omega_2-\omega_H$
3	ω_3	$\omega_3^H=\omega_3-\omega_H$

由表 2-8 可见，系杆 H 在转化轮系中角速度为“0”，所以该周转轮系已转化为定轴轮系（图 2-100），其传动比为

$$i_{13}^H=\frac{\omega_1^H}{\omega_3^H}=\frac{\omega_1-\omega_H}{\omega_3-\omega_H}=(-1)^1\frac{z_2z_3}{z_1z_2}=-\frac{z_3}{z_1}$$

值得注意的是：

① i_{13}^H表示转化轮系中，主动齿轮 1 和从动齿轮 3 的传动比。

② 齿数比前的“-”表示在转化轮系中齿轮 1 和齿轮 3 的转向相反。

将上式推广到一般情况，设周转轮系中两个太阳轮分别为 1 和 K，系杆为 H，则其转化轮系的传动比可表示为

$$i_{1K}^H=\frac{\omega_1^H}{\omega_K^H}=\frac{\omega_1-\omega_H}{\omega_K-\omega_H}=\pm\frac{\text{转化轮系中所有从动齿轮齿数连乘积}}{\text{转化轮系中所有主动齿轮齿数连乘积}}$$

上式中的“±”由转化轮系中 1、K 两轮的转向关系确定：在转化轮系中，齿轮 1、K 转向相同时取“+”，相反时取“-”。另外，公式中的角速度均为代数值，在计算时必须连同符号一起代入。如果已知各轮的齿数及ω_1、ω_K和ω_H中的任意两个参数，即可求出第三个参数，从而可以求出周转轮系三个基本构件中任意两个基本构件之间的传动比。

[例 2-6] 图 2-101 所示为一大传动比的减速器，z_1=100，z_2=101，$z_{2'}$=100，z_3=99，求传动比 i_{H1}。

解： 由图可知

$$i_{13}^H=\frac{n_1-n_H}{n_3-n_H}=\frac{z_2z_3}{z_1z_{2'}}=\frac{101\times99}{100\times100}=\frac{9999}{10000}$$

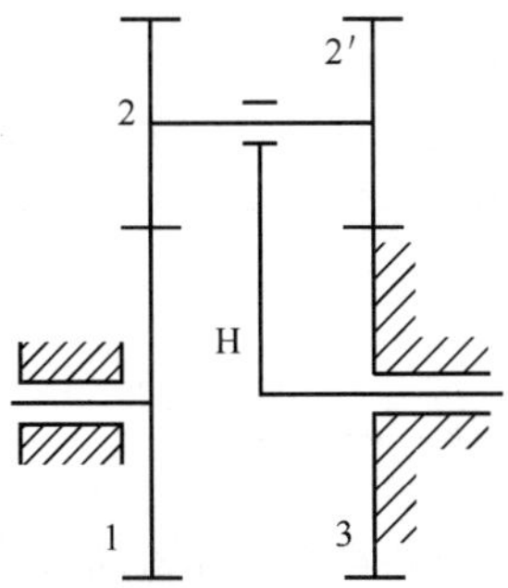

图 2-101 例 2-6 图

由于 $n_3=0$，因此可得

$$i_{1H}=1-i_{13}^{H}=1-\frac{9999}{10000}=\frac{1}{10000}$$

$$i_{H1}=\frac{n_H}{n_1}=10000$$

即系杆转 10000 转，齿轮 1 转 1 转，可见由少数几个齿轮组成的行星轮系可以获得很大的传动比。

在上例中，若将 z_1 由 100 改成 99，其余齿轮齿数不变，则有

$$i_{13}^{H}=\frac{n_1-n_H}{n_3-n_H}=\frac{z_2z_3}{z_1z_{2'}}=\frac{101\times 99}{99\times 100}=\frac{101}{100}$$

$$i_{1H}=1-i_{13}^{H}=1-\frac{101}{100}=-\frac{1}{100}$$

$$i_{H1}=\frac{n_H}{n_1}=-100$$

由此可见，行星轮系中某一齿轮齿数略微改变时，不仅会使轮系传动比的大小发生很大变化，而且轮系中各构件的转向关系也会发生变化，即从动轮的转向不仅与主动轮的转向有关，还与轮系中各轮的齿数有关。

任务 4 计算复合轮系的传动比

复合轮系是由基本周转轮系与定轴轮系组成的，或者是由几个周转轮系组成的。在计算时，不能将其整体作为一个单纯的定轴轮系或周转轮系看待，需要将其中的定轴轮系和周转轮系分开来处理。其步骤如下。

1. 正确划分轮系

正确划分的关键是找出所有的基本周转轮系。根据周转轮系的特点，首先找出轴线不固定的行星轮，支承行星轮做公转的构件就是系杆，一个周转轮系中系杆有且只有一个（但值得注

意的是，系杆不一定是杆状，可能由轮系中具有其他功用的构件所兼任）；轴线与系杆轴线重合，且与行星轮啮合的齿轮就是太阳轮。这样行星轮、系杆、太阳轮就组成了一个基本周转轮系，然后再判断是否还有其他行星轮被另一系杆支承，一系杆对应一个周转轮系。逐一找出周转轮系后，剩下的就是定轴轮系。

2. 分别列出各基本轮系传动比的方程式

根据前面所述定轴轮系和周转轮系传动比计算公式，分别列出其基本轮系传动比计算公式，在计算过程中注意正、负号。

3. 找出各基本轮系间的联系

准确找到各基本轮系间的联系是求解的关键。当齿轮固定时，其转速或角速度为零；同轴上两齿轮的转速或角速度相等。

4. 联立求解

求解时一般采用消元法。根据所求传动比确定保留的转速或角速度，其余均消元。

[例 2-7] 在图 2-102 所示的轮系中，各轮齿数为 z_1=60、z_2=15、$z_{2'}$=30、z_3=105、z_4=35、z_5=32。试求传动比 i_{15}。

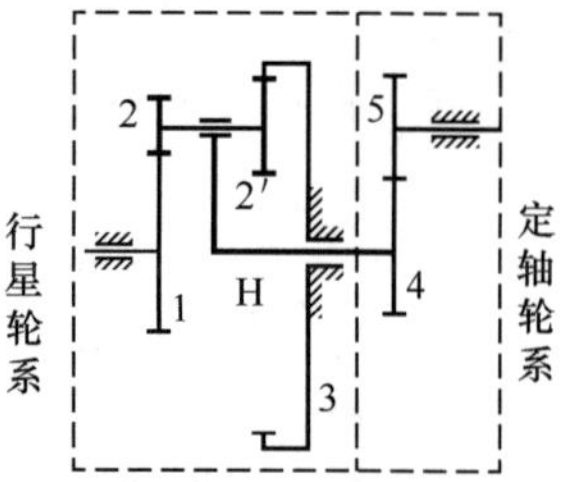

图 2-102 例 2-7 图

解：已知轮系中各轮齿数。分析该轮系组成为：齿轮 2 和 2′轴线不固定，为行星轮，系杆 H 支承其运动，齿轮 1 和 3 与系杆同轴线，且与行星轮啮合，所以 1-2-2′-3-H 组成行星轮系；剩下 4、5 轴线固定，组成定轴轮系。

然后分别列两轮系的计算方程，注意外啮合转动方向相反，应在传动比前加“–”号。即

$$i_{13}^{\mathrm{H}}=\frac{n_1-n_{\mathrm{H}}}{n_3-n_{\mathrm{H}}}=-\frac{z_2z_3}{z_1z_{2'}}=-\frac{15\times105}{60\times30}\qquad i_{45}=\frac{n_4}{n_5}=-\frac{z_5}{z_4}=-\frac{32}{35}$$

接下来，结合轮系找联系：齿轮 3 有机架符号，所以其转速为 0；齿轮 4 和系杆 H 同轴，其转速相等。即

$$n_3=0\qquad n_{\mathrm{H}}=n_4$$

最后，将两个联系代入上述两公式联立求解，即可求出传动比 i_{15}。即

$$i_{15}=\frac{n_1}{n_5}=-\frac{12}{7}$$

拓展阅读：轮系的应用

在各种机械设备中，轮系的应用非常广泛，主要有以下 5 个方面：

（1）实现较远距离两轴的传动

当输入轴和输出轴距离较远时，如果采用一对齿轮传动，则齿轮的尺寸很大，既占空间又费材料，而且制造、安装都不方便。

若改用一系列齿轮来传动，就可以克服上述缺点。

（2）实现分路传动

当输入轴转速一定时，利用轮系以输入轴的一种转速同时传动几根输出轴，获得所需的转速。如图 2-90 所示滚齿机传动示意图中，输入轴动力经过锥齿轮 1、2 传给滚刀，经过齿轮 3、4、5、6、7 和蜗杆 8、蜗轮 9 传给轮坯，两者复合运动完成齿轮的加工。某航空发动机附加系统（图 2-103）也是从 1 轴输入，可以实现 2、3、4、5、6 等多轴输出。

图 2-103 某航空发动机附加系统

（3）实现变速和换向传动

输入轴的转速和转向不变，利用轮系可使输出轴得到若干种转速或改变输出轴的转向。例如，汽车变速器（图 2-104）可以在汽车行驶过程中实现变速和倒车变向功能，车床走刀丝杠三星轮换向机构（图 2-105）可以实现换向功能。

图 2-104 汽车变速器中的轮系

图 2-105 车床走刀丝杠三星轮换向机构

（4）实现大传动比传动

当需要较大传动比时，若采用一对齿轮传动，则会造成大、小齿轮径向尺寸相差悬殊，导致机构外廓尺寸庞大且小齿轮易损坏。

如果传动比很大，通过定轴轮系（图 2-106）实现，轴和齿轮数量增多，结构复杂。

但采用行星轮系（图 2-107）时，少数齿轮可以得到很大传动比，比定轴轮系紧凑、轻便。

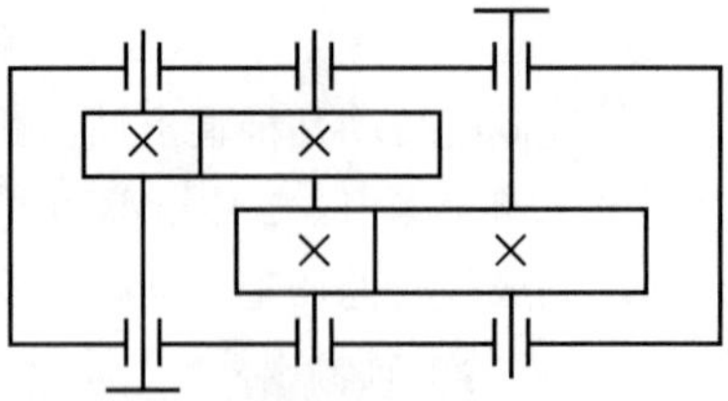

图2-106 定轴轮系

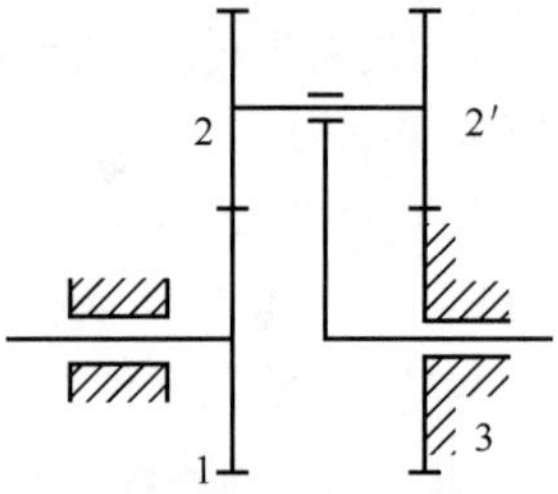

图2-107 行星轮系

（5）实现运动的合成与分解

因为差动轮系有两个自由度，所以给定三个基本构件中任意两个的运动后，第三个构件的运动才能确定，这就意味着，第三个构件的运动为另两个基本构件的运动合成。这种运动合成广泛应用于机床、计算机构和补偿调整机构中。

利用差动轮系也可以实现运动的分解，即将差动轮系中已知的一个独立运动分解为两个独立运动。如图 2-108 所示的汽车后桥差速器中，发动机通过传动轴驱动齿轮 5，齿轮 4 上固连着行星架 H，其上装有行星轮 2。齿轮 1、2、3、H 组成一差动轮系。当汽车直线行驶时左右轮转速相同，而当汽车转弯行驶时，根据需要分配给左右两车轮合适转速。

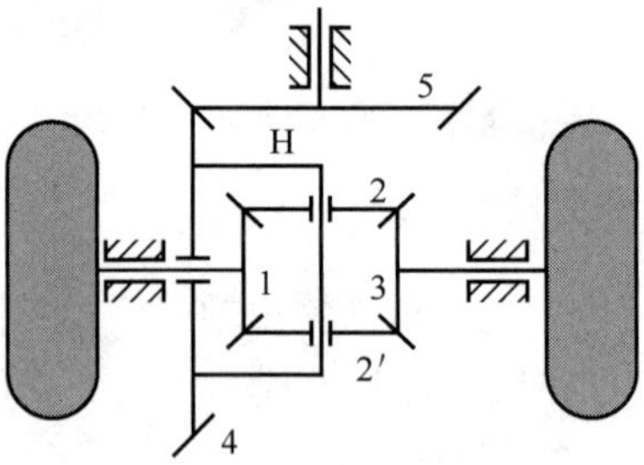

图2-108 汽车后桥差速器

【项目实践】

图 2-88 为汽车后桥差速器传动简图，齿轮 5 与传动轴固连，由发动机驱动，齿轮 4 活套在后车轮轮轴上，行星架 H 和齿轮 4 固连，齿轮 1、齿轮 3 分别与左右车轮固连。若汽车后轮中心距为 $2L$，锥齿轮齿数 $z_1=z_2=z_3$，$z_5=14$，$z_4=42$，发动机传递给传动轴的转速 $n_5=1200\text{r/min}$，方向如图 2-88 所示。求：

① 当汽车绕图示 P 点向左转弯时，若平均转弯半径 $R=10L$，求左后车轮转速 n_1 和右后车轮转速 n_3；

② 当汽车直线前进时，求两后车轮的转速 n_1 和 n_3。

解：

（1）分析轮系组成

由图 2-88 可知，锥齿轮 2 和 2′大小相等并空套在系杆 H 上，轴线位置不固定，为行星轮；系杆 H 固连在齿轮 4 上，且轮 2 和 2′作用相同，分析时仅需要考虑一个行星轮，与行星轮 2 相啮合的锥齿轮 1、3 为太阳轮，齿轮 1、2、3 和系杆 H 组成差动轮系。发动机的动力通过传动轴驱动锥齿轮 5，再带动锥齿轮 4，齿轮 5 和 4 组成空间定轴轮系。因此，组成汽车差速器的轮系为一空间复合轮系。

（2）分别列出各基本轮系传动比的方程式

$$i_{54}=\frac{n_5}{n_4}=\frac{z_4}{z_5}=\frac{42}{14}=3$$

$$i_{13}^{\mathrm{H}}=\frac{n_1-n_{\mathrm{H}}}{n_3-n_{\mathrm{H}}}=-\frac{z_3}{z_1}=-1$$

（3）找出各基本轮系间的联系

由图 2-88 可知，系杆 H 固连在齿轮 4 上，所以，$n_{\mathrm{H}}=n_4$。

（4）联立求解

① 当汽车绕图示 P 点向左转弯时，求左、右后车轮的转速 n_1、n_3。

当汽车绕图示 P 点向左转弯时，为使车轮和地面之间不发生滑动以减少轮胎磨损，右车轮的转速要比左车轮的转速高。若汽车后轮中心距为 $2L$，转弯半径为 R，由于两后轮的转速与弯道半径成正比，所以：

$$\frac{n_1}{n_3}=\frac{R-L}{R+L}$$

在定轴轮系中，齿轮 5 的转速 n_5=1200r/min，则齿轮 4 的转速 $n_4=n_{\mathrm{H}}$=400r/min。

在差动轮系中，$n_4=n_{\mathrm{H}}$，$z_1=z_3$，且齿轮 1 和齿轮 3 在转化轮系中的转向相反，则 $n_1+n_3=2n_{\mathrm{H}}$=800r/min。

由项目条件可知，平均转弯半径 $R=10L$，所以 n_1=360r/min，n_3=440r/min。计算结果均为正值，表明两后车轮转速方向与锥齿轮 4 转速方向相同。

② 当汽车直线前进时，求左、右后车轮的转速 n_1、n_3。

当汽车直线行驶时，左、右两车轮滚过的距离相等，所以两后车轮的转速相等，即 $n_1=n_3$，代入公式可得

$$n_1=n_3=400\text{r/min}$$

此时齿轮 1、2、3 和 4 如同固连的一个整体，一起随齿轮 4 转动，$n_1=n_3=n_4$，行星轮 2 不绕自身轴线回转。

小结

定轴轮系	● 轮系运转时各齿轮的轴线相对机架的位置都是固定的 ● 定轴轮系按轴线是否均平行可分为：平面定轴轮系和空间定轴轮系
周转轮系	● 定义：轮系运转时，其中至少有一个齿轮的几何轴线位置不固定，而是绕着某一固定轴线旋转 ● 组成：一个基本的周转轮系一般由一个或少数几个行星轮、两个太阳轮和一个系杆组成，系杆有且只有一个，是判断周转轮系的重要标准 ● 基本构件：一般以太阳轮或系杆作为运动输入或输出的构件，故称它们为周转轮系的基本构件 ● 按自由度分类可分为：自由度为 1 的行星轮系和自由度为 2 的差动轮系 ● 按组成分类可分为：2K-H 型轮系和 3K 型轮系

续表

复合轮系	• 将定轴轮系与周转轮系组合或将几个周转轮系组合而构成的轮系
定轴轮系传动比计算	• $i_{1k}=\frac{\omega_1}{\omega_k}=(-1)^m\frac{\text{所有从动齿轮齿数的连乘积}}{\text{所有主动齿轮齿数的连乘积}}$
周转轮系传动比计算	• $i_{1K}^{H}=\frac{\omega_1^{H}}{\omega_K^{H}}=\frac{\omega_1-\omega_H}{\omega_K-\omega_H}=\pm\frac{\text{转化轮系中所有从动齿轮齿数连乘积}}{\text{转化轮系中所有主动齿轮齿数连乘积}}$
复合轮系传动比计算	• 正确划分轮系 • 分别列基本轮系的传动比计算方程 • 找联系 • 联立求解
轮系的功用	• 实现较远距离两轴的传动 • 实现分路传动 • 实现变速和换向传动 • 实现大传动比传动 • 实现运动的合成与分解

思考题

1. 如何确定轮系的转向关系?
2. 何谓“惰轮”? 它在轮系中有何作用?
3. 行星轮系和差动轮系有何区别?
4. 定轴轮系末端齿轮的转向怎样判别?
5. 计算周转轮系传动比时，为什么要用转化机构法?
6. 轮系分几种?
7. 定轴轮系有什么特征?
8. 周转轮系有什么特征?

习题

判断题（正确的打√，错误的打×）:

1. 行星轮系中从动轮的转向不仅与主动轮的转向有关，还与轮系中各轮的转向有关。 (　　)
2. 如果定轴轮系中各个齿轮轴线不全平行，则称为空间定轴轮系。 (　　)
3. 在周转轮系中，自由度为1的轮系称为行星轮系。 (　　)
4. 定轴轮系和行星轮系的主要区别在于系杆是否转动。 (　　)
5. 利用定轴轮系可以实现运动的合成。 (　　)

填空题:

1. 在轮系中，只改变从动轮转向，对传动比大小无影响的齿轮叫（　　）。
2. 汽车变速箱利用了轮系的（　　）功用。

3．滚齿机是利用轮系（　　　　）的功用来实现轮坯与滚刀展成运动的。

4．在周转轮系中，将常作为运动输入和输出的构件（　　　　）和（　　　　）称为基本构件。

5．汽车后桥差速器利用了轮系的（　　　　）功用。

6．定轴轮系根据各齿轮轴线位置是否平行，可分为（　　　　）和（　　　　）两种基本类型。

7．在周转轮系中，既绕自身轴线自转又随构件H绕定轴公转的齿轮称为（　　　　），将支撑行星轮的构件H称为（　　　　）。

8．根据自由度数目不同，可将周转轮系分为（　　　　）和（　　　　）轮系。

计算题：

1．在图2-109所示的电动卷扬机减速器中，已知各轮的齿数为$z_1=24$，$z_2=33$，$z_{2'}=21$，$z_3=78$，$z_{3'}=18$，$z_4=30$，$z_5=78$，试计算传动比i_{15}。

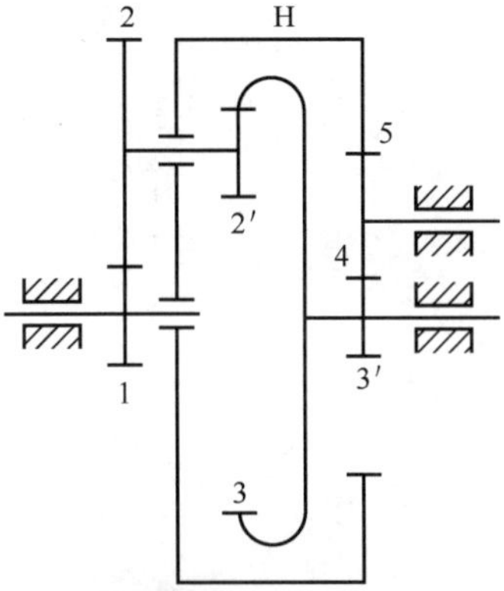

图2-109　计算题1图

2．在图2-110所示的轮系中，已知各轮齿数为$z_1=60$、$z_2=15$、$z_{2'}=30$、$z_3=105$、$z_4=35$、$z_5=32$。试求传动比i_{15}。

3．在图2-111所示的轮系中，已知$z_1=z_3=20$、$z_2=40$、$z_4=30$、$z_5=80$，试求传动比i_{1H}。

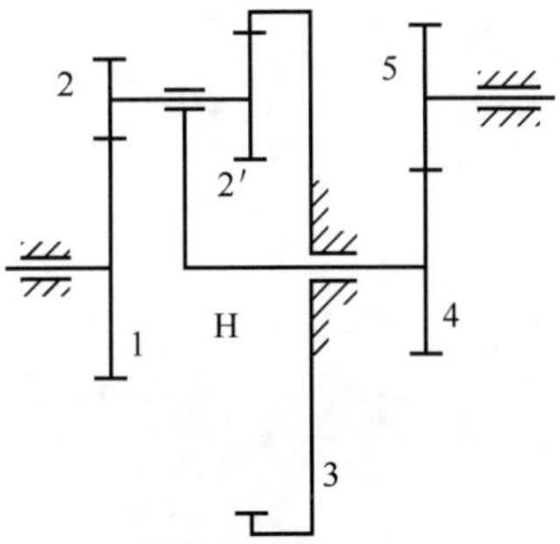

图2-110　计算题2图

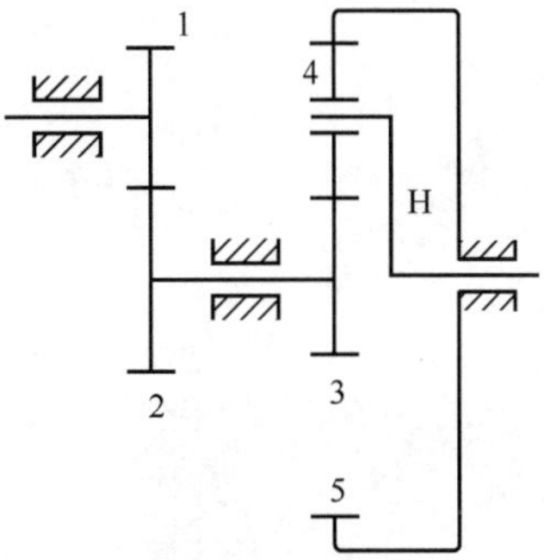

图2-111　计算题3图

4．如图2-112所示，已知各轮齿数为$z_1=18$、$z_2=z_3=24$、$z_{3'}=30$、$z_4=15$、$z_5=60$、$z_{2'}=18$，试求传动比i_{1H}。

5．在如图2-113所示的轮系中，已知各轮的齿数$z_1=z_{2'}=28$，$z_2=z_3=23$，$z_H=90$，

$z_4=18$。计算传动比 i_{14}，判断转动方向是否相同。

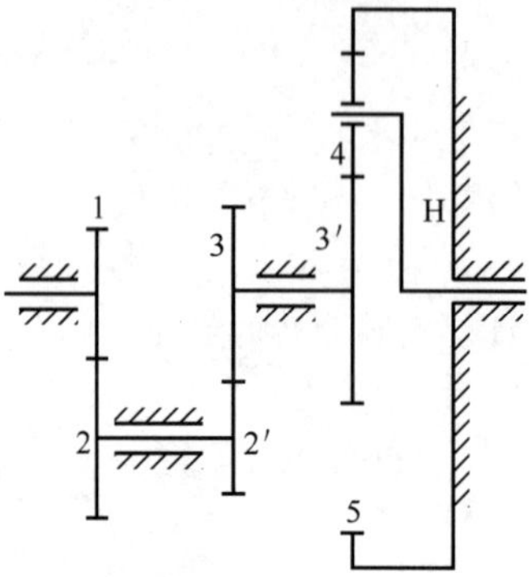

图 2-112 计算题 4 图

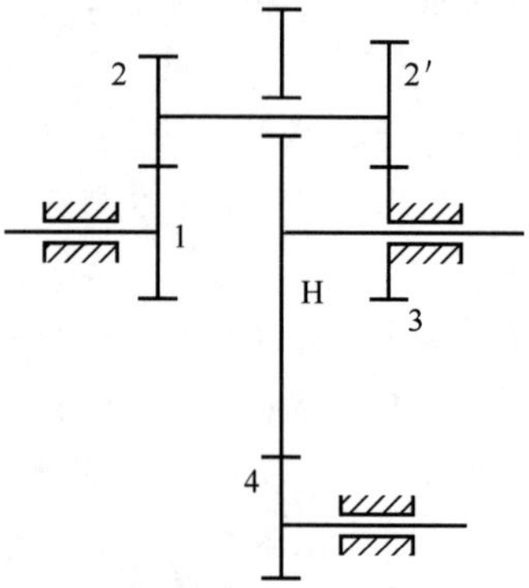

图 2-113 计算题 5 图

模块3

通用零部件

项目 1　带式输送机传动装置的总体设计

本书配套资源

思维导图

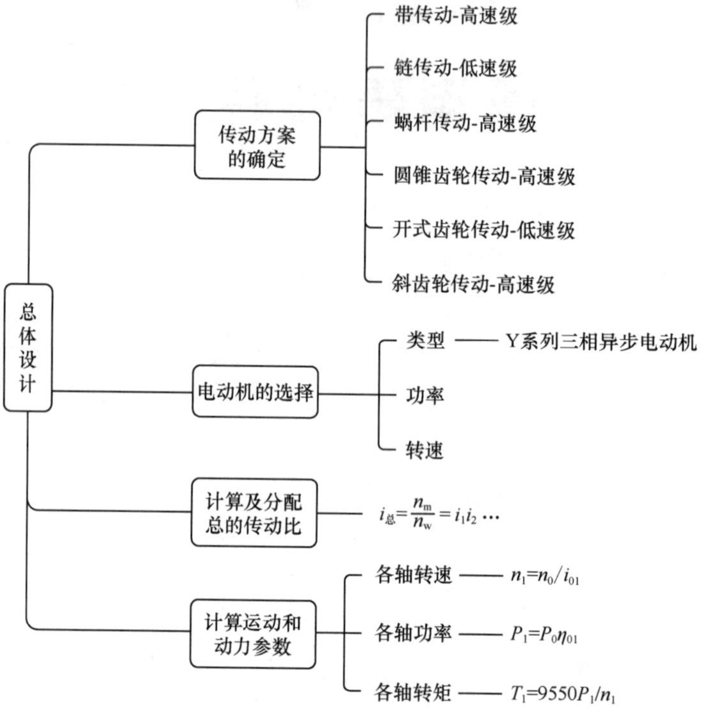

学习目标

1. 熟悉减速器的类型；
2. 熟悉减速器传动方案的选择原则；
3. 掌握减速器的总体设计步骤。

任务目标

1. 能表述减速器的类型；
2. 合理选择减速器传动方案；
3. 学会正确选择电动机的型号；
4. 能合理进行总传动比的分配；
5. 能独立进行运动和动力参数的计算，完成项目实践。

案例引入

图 3-1 所示就是我们常见的粮食收割、输送机器。这些农用机械的运用，有效地提高了粮食生产的效率，减轻了农民的劳动强度。党的二十大报告中也指出我国是农业大国，现阶段的主要目标是向着农业强国的方向发展，而其中关键就是发展智慧农业、智能农机等诸多领域。作为机械类专业的学生，也要尽自己所能为国家的发展尽一份力。本项目即以粮食输送机为背景展开介绍。

图 3-1　农用机械收割、输送粮食

【项目提出】

减速器指的是在原动机和各输送机之间独立的封闭传动装置。接下来通过工作简图（图 3-2）来分析一下减速器的工作原理。

首先，动力由原动机也就是电动机提供，电动机所在的轴称为 0 轴。电动机将运动传递给带传动。

之后，带传动将运动传递给输入轴，即 1 轴。这里要注意，在输入轴的两端有两个零件，起到支撑轴的作用，称为轴承，一般都是成对使用的。

然后，运动通过输入轴传递给小齿轮，再由小齿轮传递给大齿轮，通过大齿轮传递到输出轴，即 2 轴上，在输出轴的两端也有一对轴承。

最后，通过联轴器将输出轴的运动传递给输送机所在的轴，即 3 轴。这里联轴器指的是轴与轴之间的连接，在输送机的轴两端同样有一对轴承。

以上就是单级圆柱齿轮减速器的工作原理。

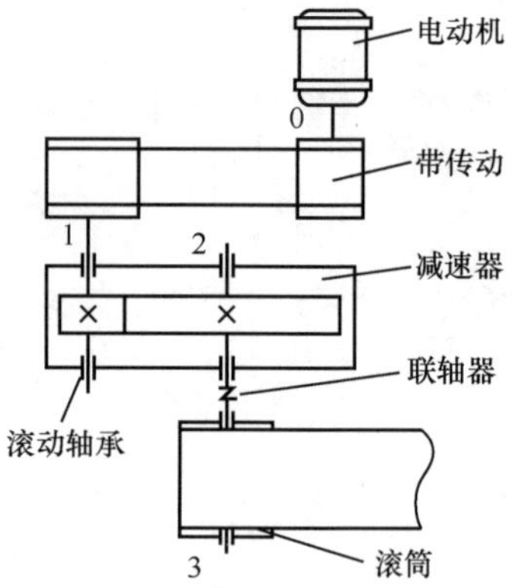

图 3-2　单级圆柱齿轮减速器的工作原理

在分析完单级圆柱齿轮减速器的工作原理之后，提出本项目：已知带式输送机输送带的有效拉力 F=2000N，输送带速度 v=1.3m/s，输送带带轮直径 D=180mm，输送机单向运转，载荷平稳，工作寿命为 8 年，两班制。试对单级圆柱齿轮减速器进行总体设计。

任务 1　确定减速器的传动方案

在输送机和电动机之间存在着一个桥梁，这个桥梁就是传动方案，生产生活中常见的传动方案有：带传动、链传动、蜗杆传动、圆锥齿轮传动、开式齿轮传动和斜齿轮传动。下面我们就来分析一下每种传动方案的特点和应用场合。

1. 带传动

带传动是利用张紧在带轮上的柔性带进行运动或动力传递的一种机械传动方案。其特点如下：

① 带传动属于摩擦传动，其传动平稳。

② 由于带传动的材料具有一定弹性，所以能起到缓冲吸振的作用，传动噪声小。

③ 带传动具有弹性滑动现象，导致带传动的传动比不准确。

根据带传动的上述特点，一般机械中将带传动布置在高速级。

2. 链传动

链传动是通过链条将具有特殊齿形的主动链轮的运动和动力传递到具有特殊齿形的从动链轮的一种传动方式。其特点如下：

① 由于链传动没有打滑和弹性滑动的现象，所以其平均传动比恒定。

② 工作可靠，效率高，适应高温、潮湿、多尘、有污染等恶劣的工作条件。

③ 由于链传动在运转时会产生附加动载荷、振动、冲击和噪声，所以其运动不均匀，有冲击。

根据链传动的上述特点，一般机械中将链传动布置在低速级。

3．蜗杆传动

蜗杆传动由蜗杆和蜗轮组成，一般蜗杆为主动件。蜗杆和螺纹一样有右旋和左旋之分，分别称为右旋蜗杆和左旋蜗杆。其特点如下：

① 蜗杆传动的传动比大，结构紧凑，且蜗杆传动结构紧凑，体积小、重量轻。

② 蜗杆传动平稳，无噪声，因此工作平稳，冲击、振动、噪声都比较小。

③ 蜗杆的螺旋升角很小时，蜗杆只能带动蜗轮转动，而蜗轮不能带动蜗杆转动，因此蜗杆传动具有自锁性。

④ 蜗杆传动效率低，发热量大，齿面容易磨损，成本高。

根据蜗杆传动的上述特点，一般机械中将蜗杆传动布置在高速级，且在中、小功率及间歇运动的场合中使用。

4．圆锥齿轮传动

圆锥齿轮传动是由一对圆锥齿轮组成的相交轴间的齿轮传动，其特点如下：

① 圆锥齿轮传动的齿轮齿面是斜面，因此在传动过程中，齿轮的接触点会逐渐向轴线方向移动，因此圆锥齿轮传动效率更高、传动平稳，减少了噪声和振动，承载能力强。

② 由于圆锥齿轮传动的齿面是斜面，所以其加工制造较为困难，因此，在设计圆锥齿轮时，需要限制其传动比，减小其直径和模数。

根据圆锥齿轮传动的上述特点，一般机械中将圆锥齿轮传动布置在高速级。

5．开式齿轮传动

开式齿轮传动，是齿轮传动中的一种，指齿轮传动没有防尘罩或机壳，齿轮完全暴露在外面。其特点如下：

① 一般开式齿轮传动的工作环境较差。

② 润滑不良等原因，常导致开式齿轮磨损严重。

根据开式齿轮传动的上述特点，一般机械中将开式齿轮传动布置在低速级。

6．斜齿轮传动

斜齿轮是齿轮传动中常用的一种齿轮，在传动中能够伴随着轴的方向变化而改变垂直传递角。它的主要组成部分包括齿面、齿根、齿顶和齿面倾角等。其特点如下。

① 由于斜齿轮的齿面是斜的，可以有效地减小齿轮传动时出现的噪声和振动。

② 斜齿轮传动的平稳性较好。

根据斜齿轮传动的上述特点，一般机械中，当为二级齿轮传动时，将斜齿轮传动布置在高速级。

任务 2　合理选择电动机

电动机的种类和结构形式要根据电源的种类（直流或交流）、工作条件（温度、空间位置等）、负荷性质与大小、启动特性和过载情况等来选择。

1．电动机类型的选择

由于一般生产单位均用三相电源，故无特殊要求时都采用三相交流电动机。其中以三相异步电动机应用最多，常用 Y 系列电动机。经常启动、制动和正反转的场合，要求电动机具有较小的转动惯量和较大的过载能力，因此，应选用冶金及起重用三相异步电动机，常用 YZ 型（鼠笼式）或 YZR 型（绕线式）。电动机结构有开启式、防护式、封闭式和防爆式等，可根据防护要求选择。

2．电动机功率的选择

电动机功率选择是否合适，对电动机的工作性能和经济性都有影响。功率过小时不能保证输送机的正常工作，或使电动机因超载而过早损坏；若功率选得过大，电动机的价格高，能力不能充分发挥，经常不在满载下运转，效率和功率因数都很低，造成浪费。

电动机功率的选择一共可以分为 4 个步骤来进行，具体步骤如下：

（1）确定输送带所需功率

根据给定条件即有效拉力 F_w 以及输送带的速度 v_w，输送带所需的功率 P_w 可以通过式（3-1）进行求解。

$$P_w = \frac{F_w v_w}{1000} \tag{3-1}$$

式中，F_w 为输送带的有效拉力，N；v_w 为输送带的速度，m/s；P_w 为输送带所需功率，kW。

（2）查找各级传动效率

想要求解电动机的工作功率，就需要找到电动机的工作功率和输送机所需功率之间的联系，而这个联系就是各级传动的效率。可查表 3-1 找到各级传动的效率。

表 3-1　机械传动效率概略值

类别	传动形式	效率 η	单级传动比范围	
			最大	常用
圆柱齿轮传动	7 级精度（稀油润滑）	0.98	10	3～5
	8 级精度（稀油润滑）	0.97		
	9 级精度（稀油润滑）	0.96		
	开式传动（脂润滑）	0.94～0.96	15	4～6

续表

类别	传动形式	效率 η	单级传动比范围	
			最大	常用
圆锥齿轮传动	7 级精度（稀油润滑）	0.97	6	2～3
	8 级精度（稀油润滑）	0.94～0.97	6	2～3
	开式传动（脂润滑）	0.92～0.95	6	4
带传动	V 带传动	0.96	7	2～4
链传动	滚子链（开式）	0.90～0.93	7	2～4
	滚子链（闭式）	0.95～0.97		
蜗杆传动	自锁	0.40～0.45	开式 100 闭式 80	15～16 10～40
	单头	0.70～0.75		
	双头	0.75～0.82		
	四头	0.82～0.92		
一对滚动轴承	球轴承	0.99		
	滚子轴承	0.98		
一对滑动轴承	润滑不良	0.94		
	正常润滑	0.97		
	液体摩擦	0.99		
联轴器	齿式联轴器	0.99		
	弹性联轴器	0.99～0.995		
运输滚筒		0.96		

（3）确定电动机的工作功率

电动机的工作功率主要根据输送机的功率来选取。电动机的工作功率 P_0 通过式（3-2）计算得到。

$$P_0=\frac{P_{\mathrm{w}}}{\eta_{总}} \tag{3-2}$$

式中，P_0 为电动机的工作功率，kW；$\eta_{总}$ 为总效率，即各级传动效率的乘积。

在计算总效率时，应注意以下几点：

① 各运动副或传动副效率的概略值，可参见表 3-1 机械传动效率概略值和传动比范围。表中 η 数值是效率的范围，情况不明确时可取中间值；在工作条件差、加工精度低、维护不良时，应取低值，反之取高值。

② 动力每经过一个传动副或运动副，就发生一次损失，故在计算效率时，不要遗漏。

③ 轴承的效率均是对一对轴承而言。

（4）确定电动机的额定功率

对于负荷稳定（或变化很小）、长期连续运转的机械，可按照电动机的额定功率选择，而不必校验电动机的发热。额定功率记为 P_{ed}，选择电动机时需要在表 3-2 中选择合适的值，同时应保证：

$$P_{\mathrm{ed}}>P_0 \tag{3-3}$$

表 3-2　Y 系列三相异步电动机技术数据

电动机型号	额定功率 /kW	满载转速 /（r/min）	起动转矩/额定转矩	最大转矩/额定转矩
同步转速 3000r/min				
Y801-2	0.75	2825	2.2	2.2
Y802-2	1.1	2825	2.2	2.2
Y90S-2	1.5	2840	2.2	2.2
Y90L-2	2.2	2840	2.2	2.2
Y100L-2	3	2880	2.2	2.2
Y112M-2	4	2890	2.2	2.2
Y132S1-2	5.5	2900	2.0	2.2
Y132S2-2	7.5	2900	2.0	2.2
Y160M1-2	11	2930	2.0	2.2
Y160M2-2	15	2930	2.0	2.2
Y160L-2	18.5	2930	2.0	2.2
Y180M-2	22	2940	2.0	2.2
Y200L1-2	30	2950	2.0	2.2
Y200L2-2	37	2950	2.0	2.2
Y225M-2	45	2970	2.0	2.2
同步转速 1500r/min				
Y801-4	0.55	1390	2.2	2.2
Y90S-4	1.1	1400	2.2	2.2
Y90L-4	1.5	1400	2.2	2.2
Y100L1-4	2.2	1420	2.2	2.2
Y100L2-4	3	1420	2.2	2.2
Y112M-4	4	1440	2.2	2.2
Y132S-4	5.5	1440	2.2	2.2
Y132M-4	7.5	1440	2.2	2.2
Y160M-4	11	1460	2.2	2.2
Y160L-4	15	1460	2.2	2.2
Y180M-4	18.5	1470	2.0	2.2
Y180L-4	22	1470	2.0	2.2
Y200L-4	30	1470	2.0	2.2
Y225S-4	73	1480	1.9	2.2
Y225M-4	45	1480	1.9	2.2
Y250M-4	55	1480	2.0	2.2
同步转速 1000r/min				
Y90S-6	0.75	910	2.0	2.0

续表

电动机型号	额定功率/kW	满载转速/（r/min）	起动转矩/额定转矩	最大转矩/额定转矩
同步转速 1000r/min				
Y90L-6	1.1	910	2.0	2.0
Y100L-6	1.5	940	2.0	2.0
Y112M-6	2.2	940	2.0	2.0
Y132S-6	3	960	2.0	2.0
Y132M1-6	4	960	2.0	2.0
Y132M2-6	5.5	960	2.0	2.0
Y160M-6	7.5	970	2.0	2.0
Y160L-6	11	970	2.0	2.0
Y180L-6	15	970	1.8	2.0
Y200L1-6	18.5	970	1.8	2.0
Y200L2-6	22	970	1.8	2.0
Y225M-6	30	980	1.7	2.0
Y250M-6	37	980	1.8	2.0
Y280S-6	45	980	1.8	2.0
同步转速 750r/min				
Y132S-8	2.2	710	2.0	2.0
Y132M-8	3	710	2.0	2.0
Y160M1-8	4	720	2.0	2.0
Y160M2-8	5.5	720	2.0	2.0
Y160L-8	7.5	720	2.0	2.0
Y180L-8	11	730	1.7	2.0
Y200L-8	15	730	1.8	2.0
Y225S-8	18.5	730	1.7	2.0
Y225M-8	22	730	1.8	2.0
Y250M-8	30	730	1.8	2.0
Y280S-8	37	740	1.8	2.0
Y280M-8	45	740	1.8	2.0

注：Y 系列电动机的型号由四部分组成。其中，第一部分为汉语拼音字母 Y，表示异步电动机；第二部分为数字，表示机座中心高（机座不带底脚时，与机座带底脚时相同）；第三部分英文字母为机座长度代号（S 代表短机座，M 代表中机座，L 代表长机座），字母后的数字为铁芯长度代号；第四部分横线后的数字为电动机的极数。例如，电动机型号 Y132S2-2 表示异步电动机，机座中心高为 132mm，短机座，极数为 2。

3．电动机转速的选择

选择电动机时，除了选择合适的电动机系列及功率外，尚需确定适当的转速。选择转速的步骤与选择功率的步骤较为类似，分为以下 4 步。

（1）确定输送机的转速

根据给定条件即输送带所需的转速 v_w，以及带轮的直径 D，输送机的转速 n_w 可以通过式（3-4）进行求解。

$$n_w = \frac{v_w \times 60 \times 1000}{\pi D} \tag{3-4}$$

式中，n_w 为输送机的转速，r/min；D 为带轮的直径，mm。

（2）查找各级传动效率

想要求解电动机的转速，就需要找到电动机的转速和输送机转速之间的联系，而这个联系就是各级传动的传动比。可查表 3-1 找到各级传动的传动比。

（3）确定电动机转速的范围

电动机的转速主要根据输送机的转速来选取。电动机的转速 n_0 通过式（3-5）计算得到。

$$n_0 = n_w i_{总} \tag{3-5}$$

式中，n_0 为电动机的转速，r/min；$i_{总}$ 为总的传动比，即各级传动比的乘积。

通过表 3-1 查到的各级传动比都是在一个范围内，没有具体的大小，因此，这里求解出的电动机的转速也是一个范围值。

（4）确定电动机型号

电动机的型号可以通过表 3-2 查到。在找到具体型号之前，需要确定电动机的同步转速的大小。这里因为功率相同的同类电机，可以有不同的转速，如三相异步电动机的同步转速有 3000r/min、1500r/min、1000r/min 及 750r/min 四种。一般说来，高速电动机的磁极对数少，结构较简单，外廓尺寸小，价格低。但电动机转速相对工作机转速过高时，势必使传动比增大，致使传动装置复杂，外廓尺寸增大，制造成本提高。而选用的电动机转速过低时，优缺点刚好相反。因此，在确定电动机转速时，应分析比较，权衡利弊，按最佳方案选择。本项目中，一般建议取同步转速为 1000r/min 或 1500r/min，个别任务可取 750r/min。

在确定完电动机的同步转速之后，根据确定的电动机的额定功率就可以得到电动机的满载转速和型号。

注意：在之后的计算过程中，需要用到满载转速进行计算，而不是用同步转速计算。

任务 3　计算及分配总的传动比

传动装置的总传动比可根据电动机的满载转速 n_m 和工作机轴的转速 n_w，由式（3-6）算出。

$$i_{总} = n_m / n_w \tag{3-6}$$

然后将总传动比合理地分配给各级传动，总传动比等于各级传动比的连乘积：

$$i_{总} = i_1 i_2 \cdots \tag{3-7}$$

当设计多级传动的传动装置时，分配传动比是一个重要的步骤。往往由于传动比分配不当，而产生尺寸不紧凑、结构不协调、成本高、维护不便等问题。欲做到较合理地分配传动比，应注意以下几点：

① 各级传动比均应在合理的范围内，以符合各种传动形式的特点，使结构紧凑、工艺合理。各种传动的传动比荐用值列于表3-1。

② 传动装置中各级传动间应尺寸协调、结构匀称。

例如，当选用带传动和齿轮传动作为传动方案时，从结构紧凑的角度考虑，带传动额定传动比不宜过大，这是因为当带轮的外圆半径大于减速器的中心高时，加工制造较为困难。

任务4 计算运动和动力参数

计算运动和动力参数包括计算各轴的转速、功率以及转矩三部分。

在选出电动机型号、分配传动比之后，应将传动装置中各轴的传递功率、转速、转矩计算出来，为传动零件和轴的设计计算提供依据。计算时应注意：

① 各轴的转速可根据电动机的满载转速及传动比进行计算。

② 各轴的功率和转矩均按输入处计算，计算过程中有两种方法：其一是按工作机的需要计算；其二是按电动机的额定功率计算。

计算时，将传动装置中各轴从高速到低速依次定为0轴、Ⅰ轴、Ⅱ轴等（电动机为0轴）。相邻两轴间的传动比为 i_{01}，i_{12}，i_{23}, …；相邻两轴间的传动效率为 η_{01}，η_{12}，η_{23}，…；各轴的输入功率为 P_0，P_1，P_2, …；各轴的转速为 n_0，n_1，n_2，…；各轴的输入转矩为 T_0，T_1，T_2, …。

各轴的转速如式（3-8）所示。

$$n=\begin{cases} n_0 \\ n_1 = n_0 / i_{01} \\ n_2 = n_1 / i_{12} \\ n_3 = n_2 / i_{23} \\ \quad\cdots\cdots \end{cases} \tag{3-8}$$

各轴的功率如式（3-9）所示。

$$P=\begin{cases} P_0 \\ P_1 = P_0 \eta_{01} \\ P_2 = P_1 \eta_{12} \\ P_3 = P_2 \eta_{23} \\ \quad\cdots\cdots \end{cases} \tag{3-9}$$

各轴的转矩如式（3-10）所示。

$$T=\begin{cases} T_0 = 9550 P_0 / n_0 \\ T_1 = 9550 P_1 / n_1 = T_0 i_{01} \eta_{01} \\ T_2 = 9550 P_2 / n_2 = T_1 i_{12} \eta_{12} \\ T_3 = 9550 P_3 / n_3 = T_2 i_{23} \eta_{23} \\ \quad\cdots\cdots \end{cases} \tag{3-10}$$

【项目实践】

已知带式输送机输送带的有效拉力 F=2000N，输送带速度 v=1.3m/s，输送带带轮直径 D=180mm，运输机单向运转，载荷平稳，工作寿命为 8 年，两班制。试对单级圆柱齿轮减速器进行总体设计。

分析：根据题意，首先确定传动方案，然后合理地选择电动机，之后计算及分配总的传动比，最后计算各轴运动和动力参数。

解：

（1）传动方案的确定

根据不同传动方案的特点，由于电动机的转速较高，我们应该选择一个能够起到缓冲减振作用、运动平稳的传动装置，因此高速级选择了带传动；由于减速器要求传动比较为准确，传动效率较高，因此低速级选择了齿轮传动。

（2）电动机的选择

① 电动机类型的选择　根据使用要求，选择最为常用的 Y 系列三相异步电动机。

② 电动机功率的选择

a．输送机所需功率的确定：

$$P_{\mathrm{w}}=\frac{F_{\mathrm{w}}v_{\mathrm{w}}}{1000}=\frac{2000\times1.3}{1000}=2.6(\mathrm{kW})$$

b．通过查表 3-1 确定各级传动的效率：

带传动的效率 $\eta_{带}$=0.96；

球轴承的效率 $\eta_{轴承}$=0.99；

直齿圆柱齿轮传动的效率 $\eta_{齿轮}$=0.97；

联轴器效率 $\eta_{联}$=0.99；

滚筒的效率 $\eta_{滚筒}$=0.99。

电动机工作功率的确定：

$$\begin{aligned}P_0&=P_{\mathrm{w}}/\eta_{总}\\&=P_{\mathrm{w}}/(\eta_{带}\eta_{轴承}^3\eta_{齿轮}\eta_{联}\eta_{滚筒})\\&=2.6/(0.96\times0.99^3\times0.97\times0.99\times0.96)\\&\approx3.03(\mathrm{kW})\end{aligned}$$

电动机额定功率的确定：查表 3-2，找到额定功率为 4kW。

c．电动机转速的选择：

输送机转速的确定：

$$n_{\mathrm{w}}=\frac{v_{\mathrm{w}}\times60\times1000}{\pi D}\approx\frac{1.3\times60\times1000}{3.14\times180}\approx138.00(\mathrm{r/min})$$

通过查表 3-1 确定各级传动的传动比：

带传动的传动比 $i_{带}$=2～4；

直齿圆柱齿轮传动的传动比 $i_{齿轮}$=3～5。

电动机转速范围的确定：

$$n_0=n_{\mathrm{w}}i_{总}\approx138.00\times(6\sim20)=828\sim2760(\mathrm{r/min})$$

电动机型号的确定：通过查表 3-2 发现同步转速为 1000r/min 和 1500r/min 都在所需范围内，从成本以及结构尺寸的角度来考虑，选择同步转速为 1000r/min 的电动机。结合上一步确定的额定功率为 4kW，因此选择了同步转速为 1000r/min、满载转速为 960r/min 的电动机，型号为 Y132M1-6。

③ 总传动比的计算和分配

a．总传动比的计算：

$$i_{总}=n_0/n_w\approx 960/138\approx 6.96$$

b．总传动比的分配：

取 $i_{带}=2$，计算得到 $i_{齿轮}=i_{总}/i_{带}\approx 6.96/2=3.48$。

④ 运动和动力参数的计算　见表 3-3。

表 3-3　运动和动力参数的计算

各轴名称	各轴转速	各轴功率	各轴转矩
电动机轴 0	n_0=960r/min	$P_0\approx$3.03kW	$T_0=9550P_0/n_0\approx$30.14N·m
高速轴 1	$n_1=n_0/i_{带}$=960/2=480(r/min)	$P_1=P_0\eta_{带}\approx$3.03×0.96≈2.91（kW）	$T_1=9550P_1/n_1\approx$57.89N·m
低速轴 2	$n_2=n_1/i_{齿轮}\approx$480/3.48≈137.93(r/min)	$P_2=P_1\eta_{轴承}\eta_{齿轮}\approx$2.91×0.99×0.97 ≈2.79(kW)	$T_2=9550P_2/n_2\approx$193.17N·m
滚筒轴 3	$n_3=n_2\approx$137.93r/min	$P_3=P_2\eta_{轴承}\eta_{联}$ ≈2.79×0.99×0.99≈2.73(kW)	$T_3=9550P_3/n_3\approx$189.02N·m

小结

传动方案的确定	• 带传动：高速级 • 链传动：低速级 • 蜗杆传动：高速级 • 圆锥齿轮传动：高速级 • 开式齿轮传动：低速级 • 斜齿轮传动：双级齿轮传动时，高速级
电动机的选择	• 电动机类型的选择 • 电动机功率的选择 • 电动机转速的选择
计算及分配总的传动比	• 计算总传动比 • 分配传动比
计算运动和动力参数	• 各轴转速 • 各轴功率 • 各轴转矩

思考题

1．试说明单级圆柱齿轮减速器的总体设计步骤是什么。

2．试说明各种传动方案的特点和应用场合是什么。

3．电动机的类型应该如何进行选择？

4．计算及分配总的传动比时，注意事项有哪些？

习题

填空题：

1．圆柱齿轮传动常用的传动比范围为（　　）。

2．带传动常用的传动比范围为（　　）。

3．电动机的功率应（　　）工作机的功率。

4．减速器是原动机和工作机之间的独立的闭式（　　）装置。

5．带传动为摩擦传动，传动平稳，能缓冲吸振，因此，应布置在（　　）。

6．链传动靠链轮齿啮合工作，但运动不均匀，有冲击，故应布置在（　　）。

7．蜗杆传动平稳，但传动效率低，当和齿轮传动同时应用时，应布置在（　　）。

8．圆锥齿轮传动由于圆锥齿轮加工比较困难，应放在传动的（　　）。

9．开式齿轮传动的工作环境一般较差，润滑不良，磨损严重，应布置在（　　）。

10．斜齿轮传动的平稳性较直齿轮传动好，当采用双级齿轮传动时，斜齿轮常放在（　　）。

设计计算题：

1．图 3-3 为一用于带式输送机上的单级直齿圆柱齿轮减速器简图。已知减速器的总效率 $\eta=0.88$、输送机的有效拉力 $F=950\text{N}$、输送带速度 $v=2.5\text{m/s}$，试计算工作机的功率 P_w 及减速器中所需电动机的功率 P_0。

2．图 3-4 为一用于带式输送机上的单级直齿圆柱齿轮减速器简图。已知电动机的同步转速为 $n=1000\text{r/min}$、满载转速 $n_m=960\text{r/min}$，单级圆柱齿轮减速器中带传动的传动比 $i_1=2$，齿轮传动的传动比 $i_2=3.48$，试计算总的传动比和减速器输出轴的转速 n_2。

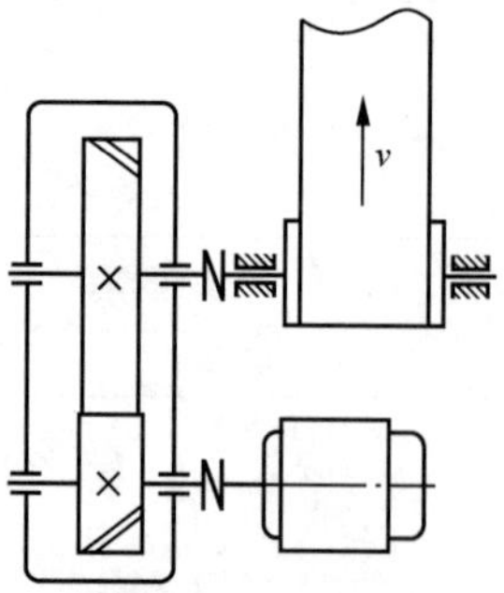

图 3-3　设计计算题 1 图

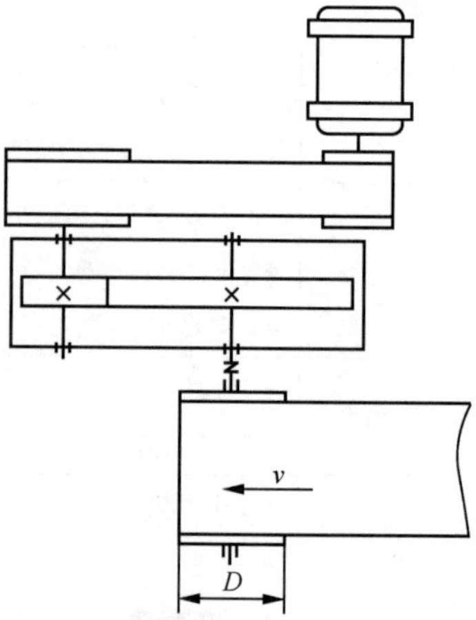

图 3-4　设计计算题 2 图

3．图 3-5 为一用于带式输送机上的单级直齿圆柱齿轮减速器简图。已知减速器的总效率 $\eta=0.85$、输送机的有效拉力 $F=800\text{N}$、输送带速度 $v=3.0\text{m/s}$，试计算工作机的功率 P_w 及减速器中所需电动机的功率 P_0。

4．图 3-6 为一用于带式输送机上的单级直齿圆柱齿轮减速器简图。已知电动机的同步转速为 $n = 1500\text{r/min}$、满载转速 $n_m = 1420\text{r/min}$，单级圆柱齿轮减速器中带传动的传动比 $i_1 = 2.5$，齿轮传动的传动比 $i_2 = 4.56$，试计算总的传动比和工作机的转速 n_w。

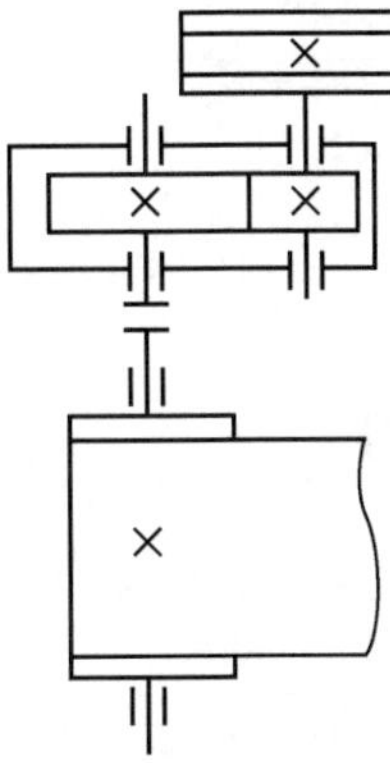

图 3-5 设计计算题 3 图

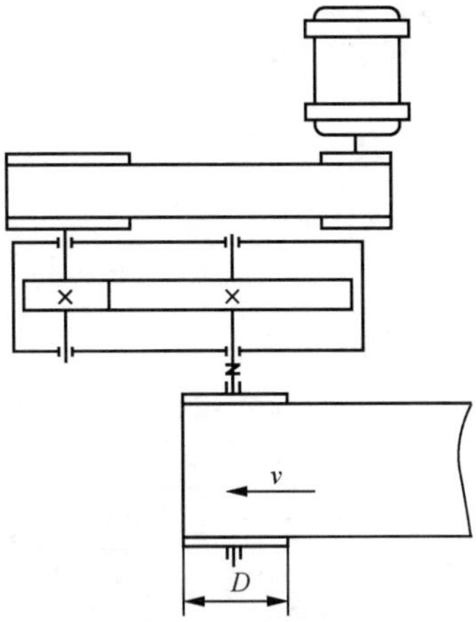

图 3-6 设计计算题 4 图

5．图 3-7 为一用于带式输送机上的单级直齿圆柱齿轮减速器简图。已知电动机的满载转速 $n_m = 960\text{r/min}$、输送带带轮直径 D=500mm、输送带速度 v=2.9m/s，试计算工作机的转速 n_w 和减速器总的传动比 $i_总$。

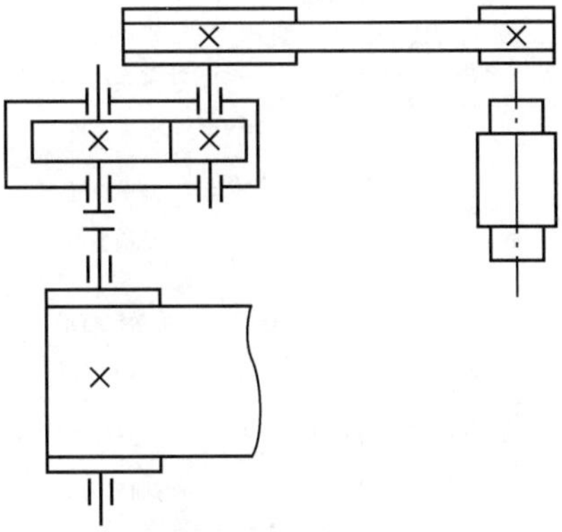

图 3-7 设计计算题 5 图

项目 2　带式输送机中 V 带传动设计

本书配套资源

思维导图

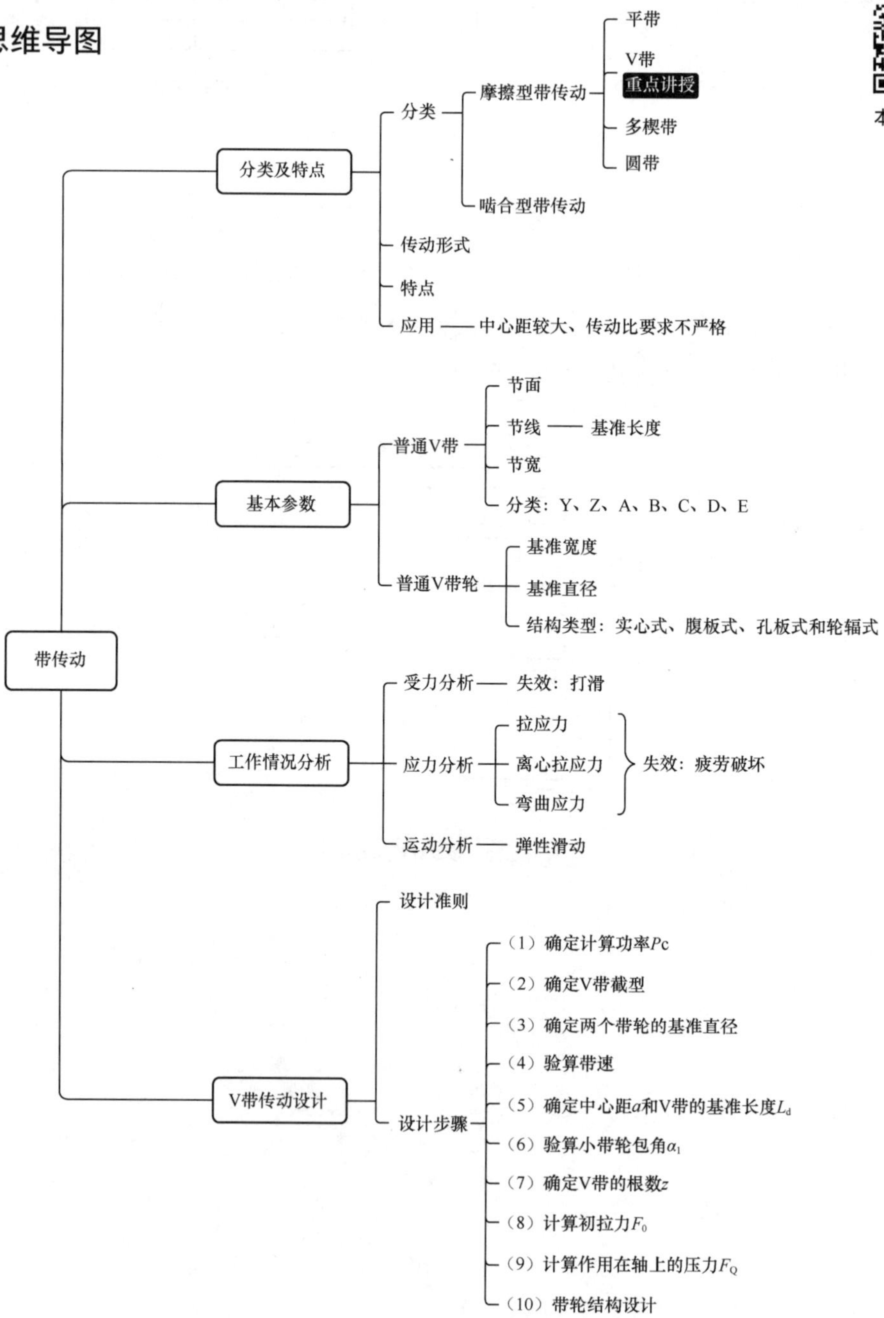

学习目标

1. 了解 V 带传动工作原理及分类；
2. 熟悉普通 V 带和 V 带轮的基本参数；
3. 掌握带传动工作情况分析；
4. 重点掌握普通 V 带传动的设计。

任务目标

1. 能够描述 V 带传动工作原理及分类；
2. 能够确定普通 V 带和 V 带轮的型号；
3. 能够对带传动进行力分析和应力分析，理解弹性滑动和打滑现象；
4. 能够掌握普通 V 带传动设计的方法。

案例引入

带传动在工作过程中发生过载时，会出现打滑现象，防止损坏其他零件，对机械结构起到保护作用，但如果操作不当，也会导致严重事故的发生。因此，在设计时，应严谨认真；在使用时，应严格管理现场安全，加强企业安全风险辨识管控，同时还要增强员工安全生产意识，从而减少事故的发生。

带传动利用挠性带传递运动和动力，它由主动轮、从动轮和传动带组成。

根据工作原理的不同，带传动分为摩擦型带传动和啮合型带传动。如图 3-8 所示，摩擦型带传动在安装时，带被张紧在带轮上，产生的初拉力使得带与带轮之间产生压力。主动轮转动时，通过摩擦力带动从动轮一起同向转动。如图 3-9 所示，啮合型带传动靠带上的齿和带轮上的齿相互啮合传递运动和动力，也称为同步带传动。本项目只介绍摩擦型带传动。

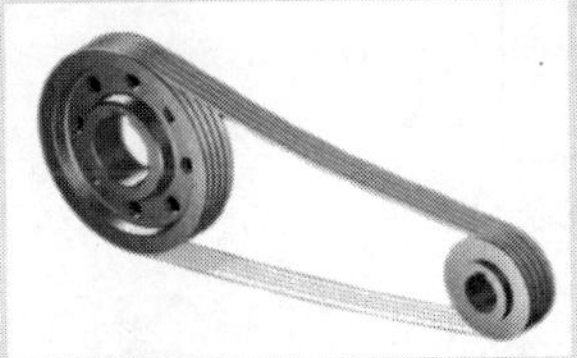

图 3-8 摩擦型带传动

图 3-9 啮合型带传动

【项目提出】

如图 3-10 所示，设计单级减速器中的 V 带传动。已知功率 P_0=3.03kW，转速 n_0=960r/min，传动比 $i_{带}$=2，运输机单向运转，载荷平稳，工作寿命为 8 年，两班制。（注：本项目中默认小带轮是主动轮。）

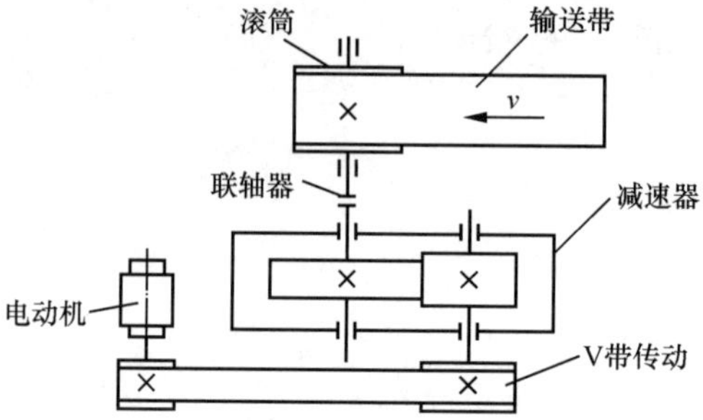

图 3-10 单级减速器

任务 1 分析带传动的分类及特点

1. 摩擦型带传动的分类

按截面形状的不同，摩擦型带传动可以分为平带、V 带、多楔带和圆带。

（1）平带

如图 3-11 所示，平带的截面形状为矩形，靠带与带轮接触面产生的摩擦力来传递运动和动力，因此平带的工作面为带的内表面。平带较薄，具有结构简单、制造方便、传递效率高、使用寿命长等特点，适用于远距离传动。平带用于交叉或半交叉传动。如图 3-12 所示，平带可用于大理石切割机中。

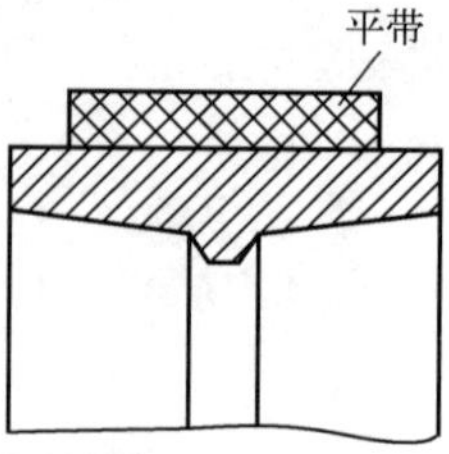

图 3-11 平带截面形状

（2）V 带

如图 3-13 所示，V 带的截面形状为等腰梯形，V 带的工作面为两侧面。V 带传动的工作能力比平带高，允许的传动比较大，结构较紧凑，因此 V 带传动的应用比平带传动广泛得多。V

带传动适用于较小中心距和较大传动比的场合，但 V 带磨损较大，价格较贵，传动效率较低。V 带可用于拖拉机中。V 带已经标准化。V 带传动是应用最广泛的摩擦型带传动。V 带可以分为窄 V 带、普通 V 带和联组 V 带，本项目中我们重点介绍普通 V 带。

图 3-12　平带的应用

根据楔形摩擦原理，在相同的初拉力或相同的正压力 F_Q 作用下，V 带传动产生的摩擦力近似为平带传动产生摩擦力的 3 倍，因此 V 带传动的工作能力比平带强。

（3）多楔带

如图 3-14 所示，多楔带以平带为基体，内表面具有等距纵向楔，工作面为楔的侧面，兼具平带和 V 带的优点，柔性好，摩擦力大，传递的功率大，可缓解多根 V 带长短不一致而使各带受力不均的问题。多楔带主要用于传递功率较大、结构紧凑的场合。

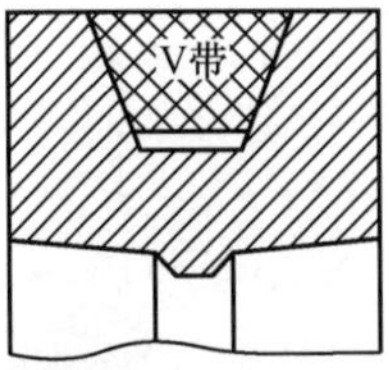

图 3-13　V 带截面形状

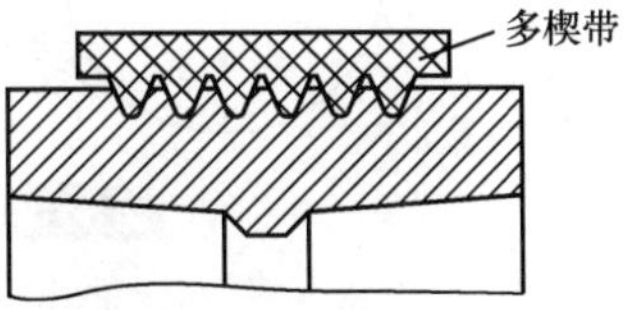

图 3-14　多楔带截面形状

（4）圆带

如图 3-15 所示，圆带的截面形状为圆形，结构简单，传动能力很低，仅用于轻载机械及仪表装置中。如图 3-16 所示，圆带可用于缝纫机中。

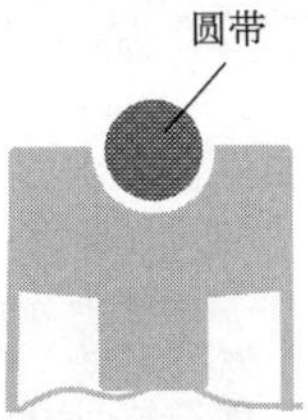

图 3-15　圆带截面形状

图 3-16　圆带的应用

2．带的传动形式

带的传动形式可分为开口传动、交叉传动和半交叉传动。

开口传动是指穿过带轮的两个轴相互平行，此时两个带轮的转动方向相同。交叉传动是指两个轴仍然平行，但是此时两个轮的转动方向是相反的，如图 3-17 所示。半交叉传动是指两个轴的位置为空间交错，由于带要沿着带轮的切线方向进入到带轮上，因此半交叉传动只能用在单向传动中，如图 3-18 所示。

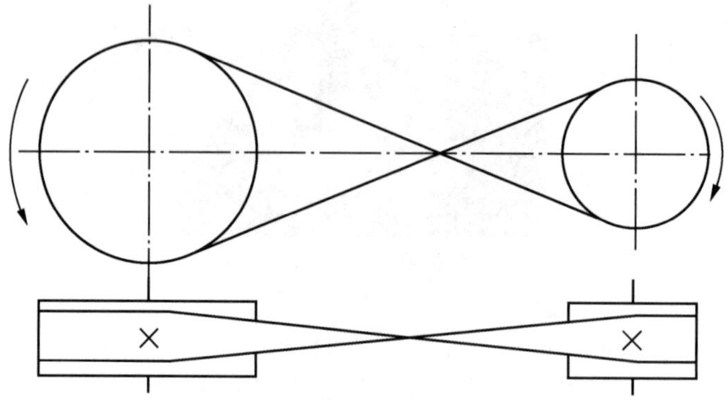

图 3-17　交叉传动

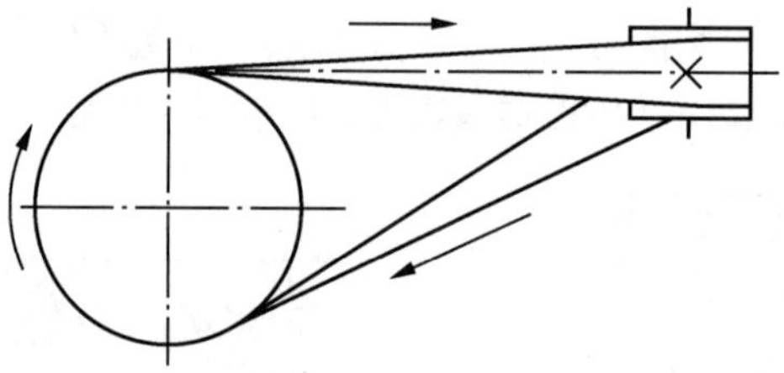

图 3-18　半交叉传动

3．带传动的特点

带传动的优点如下：

① 带传动结构简单，成本低，使用维护方便。

② 由于传动带为弹性体，因此带传动可以缓冲吸振，降低噪声，工作平稳。

③ 过载时带与带轮间会发生打滑，对后续其他零件起到保护的作用。

带传动的缺点如下：

① 带的寿命短，在有油的条件下工作会进一步缩短带的寿命。

② 由于带的弹性滑动，带传动不能保证准确的传动比。

③ 带传动外廓尺寸较大，传动效率较低。

④ 摩擦型带传动需要张紧，会导致作用在轴及轴承上的载荷较大。

4．带传动的应用

通常，带传动多用于中小功率的传动。在一般机械传动中，V 带传动应用最广，带速一般在 5～25m/s 之间，传动比 $i \leqslant 7$，传动效率较低。

任务 2　选择普通 V 带和 V 带轮的基本参数

1. 普通 V 带

如图 3-19 所示，普通 V 带由顶胶、底胶、承载层和包布四部分组成。其中，主要受载区域称为承载层。按承载层结构的不同，普通 V 带可分为帘布芯 V 带和绳芯 V 带两种。帘布芯 V 带制造方便，承载能力高。绳芯 V 带柔韧性好，抗弯强度高，适用于转速较高、载荷不大和带轮直径较小、要求结构紧凑的场合。承载层的上侧为顶胶，在带弯曲时顶胶承受拉伸作用。在承载层的下侧为底胶，在带弯曲时底胶承受压缩作用。V 带的最外层为包布，包布主要起到保护 V 带的作用。

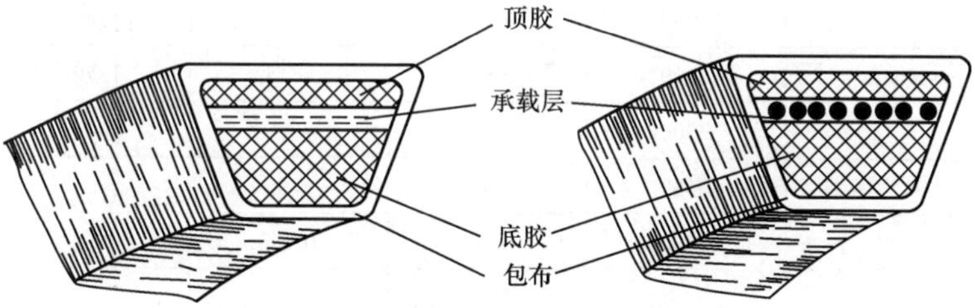

图 3-19　V 带的结构

如图 3-20 所示，当 V 带绕在带轮上时，带中保持原有长度不变的周线称为节线。由全部节线组成的面称为节面；带的节面宽度称为节宽，用 b_p 表示。带向内弯曲时，节宽保持不变。

V 带的节线长度称为基准长度，用 L_d 表示。普通 V 带的基准长度系列见表 3-4。

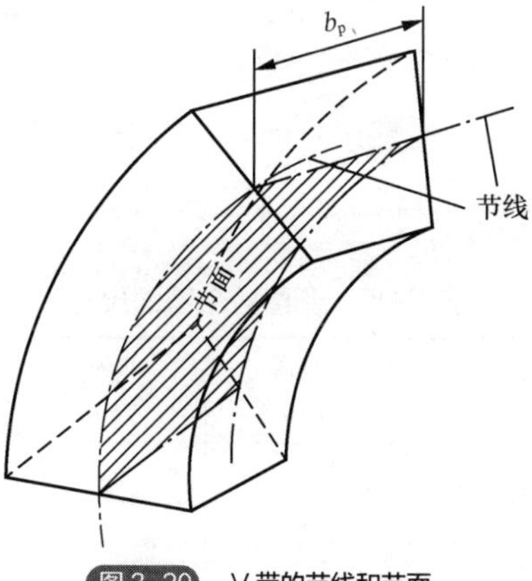

图 3-20　V 带的节线和节面

表 3-4　普通 V 带的基准长度系列　　单位：mm

截面型号						
Y	Z	A	B	C	D	E
200	406	630	930	1565	2740	4660
224	475	700	1000	1760	3100	5040
250	530	790	1100	1950	3330	5420
280	625	890	1210	2195	3730	6100
315	700	990	1370	2420	4080	6850
355	780	1100	1560	2715	4620	7650
400	920	1250	1760	2880	5400	9150
450	1080	1430	1950	3080	6100	12230
500	1330	1550	2180	3520	6840	13750
	1420	1640	2300	4060	7620	15280
	1540	1750	2500	4600	9140	16800
		1940	2700	5380	10700	
		2050	2870	6100	12200	
		2200	3200	6815	13700	
		2300	3600	7600	15200	
		2480	4060	9100		
		2700	4430	10700		
			4820			
			5370			
			6070			

如图 3-21 所示，普通 V 带为标准件，GB/T 11544—2012 规定：根据截面尺寸的不同，普通 V 带可以分为 Y、Z、A、B、C、D、E 共 7 种型号，其中 Y 型普通 V 带的截面尺寸最小，E 型普通 V 带的截面尺寸最大。

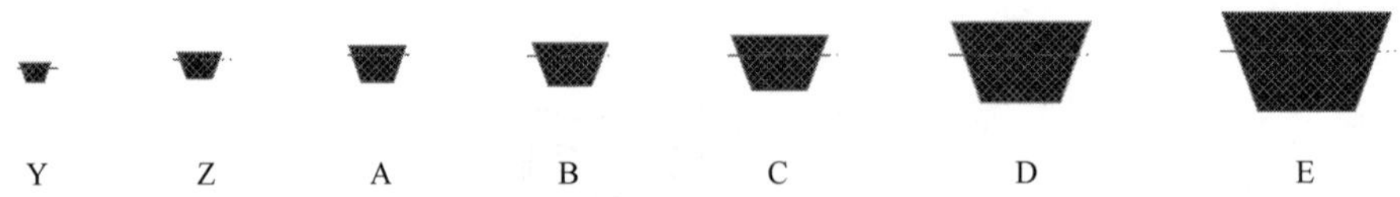

图 3-21　普通 V 带的型号

普通 V 带已经标准化，其截面尺寸如表 3-5 所示。

表 3-5　普通 V 带截面尺寸

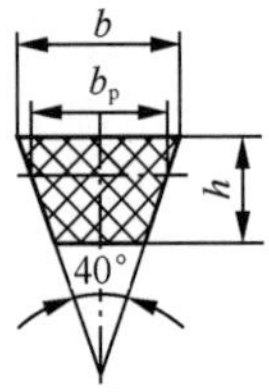

型号	节宽 b_p/mm	顶宽 b/mm	高度 h/mm	单位长度质量 q/(kg/m)
Y	5.3	6	4	0.023
Z	8.5	10	6	0.060
A	11	13	8	0.105

续表

型号	节宽 b_p/mm	顶宽 b/mm	高度 h/mm	单位长度质量 q/(kg/m)
B	14	17	11	0.170
C	19	22	14	0.300
D	27	32	19	0.630
E	32	38	23	0.970

普通 V 带的带高与节宽之比约为 0.7，带的楔角 $\alpha = 40^\circ$。

V 带的标记由带的型号、基准长度和标准标号组成，V 带的标记通常压印在带的顶面。

2．普通 V 带轮

普通 V 带轮常用的材料有铸铁、钢、铸铝和工程塑料。

普通 V 带轮由轮缘、轮辐和轮毂组成。

在普通 V 带轮上，轮槽的截面宽度与 V 带节宽 b_p 相等之处的宽度称为基准宽度，用 b_d 表示。带轮上轮槽的截面宽度与 V 带节宽 b_p 相等之处的圆周直径称为 V 带轮的基准直径，用 d_d 表示。为了限制带的弯曲应力，对不同型号的普通 V 带轮，限制了最小基准直径。最小基准直径 d_{dmin} 可以由表 3-6 确定。

表 3-6　V 带轮的最小基准直径　　单位：mm

带的型号	Y	Z	A	B	C	D	E
d_{dmin}	20	50	75	125	200	355	500

在确定普通 V 带轮基准直径时，应在满足最小基准直径的条件下，在基准直径系列中取值。V 带轮的基准直径系列见表 3-7。

表 3-7　V 带轮的基准直径系列　　单位：mm

带的型号	基准直径 d_d
Y	20，22.4，25，28，31.5，35.5，40，45，50，56，80，90，100，112，125
Z	50，56，63，71，75，80，90，100，112，125，132，140，150，160，180，200，224，250，280，315，355，400，500，630
A	75，80，85，90，95，100，106，112，118，125，132，140，150，160，180，200，224，250，280，315，355，400，450，500，560，630，710，800
B	125，132，140，150，160，180，200，224，250，280，315，355，400，450，500，560，600，630，710，750，800，900，1000，1120
C	200，212，224，236，250，265，280，300，315，335，355，400，450，500，560，600，630，710，750，800，900，1000，1120，1250，1400，1600，2000
D	355，375，400，425，450，475，500，560，600，630，710，750，800，900，1000，1060，1120，1250，1400，1500，1600，1800，2000
E	500，530，560，600，630，670，710，800，900，1000，1120，1250，1400，1500，1600，1800，2000，2240，2500

普通 V 带轮的常用结构类型包括实心式带轮、腹板式带轮、孔板式带轮和轮辐式带轮，如图 3-22 所示。

（a）实心式带轮　（b）腹板式带轮　（c）孔板式带轮　（d）轮辐式带轮

图 3-22　普通 V 带轮结构类型

当带轮基准直径 $d_d \leqslant 2.5d$（d 为轴的直径，单位为 mm）时，采用实心式带轮；当带轮基准直径 $d_d \leqslant 350$mm 时，采用腹板式带轮或孔板式带轮；当带轮基准直径 $d_d > 350$mm 时，采用轮辐式带轮。

普通 V 带轮的结构设计过程如下：

① 根据带轮的基准直径选择带轮的结构类型；

② 根据带的型号确定带轮轮槽尺寸，见表 3-8；

③ 带轮的其他结构尺寸参照经验公式计算，如图 3-23 所示；

④ 绘制零件图，按照工艺要求标注技术条件等。

表 3-8　普通 V 带轮的轮槽尺寸　　单位：mm

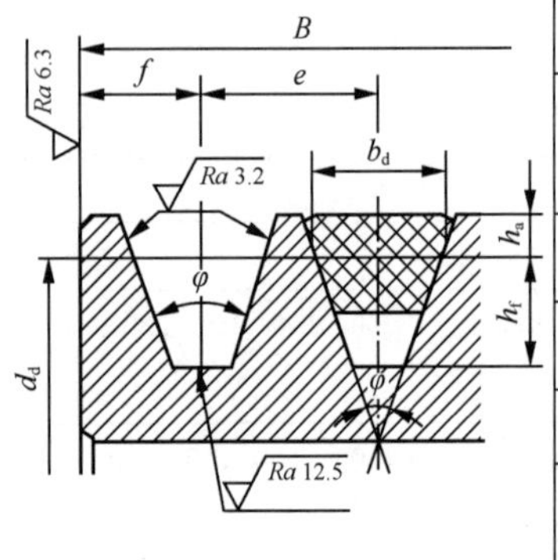

项目	符号			Y	Z	A	B	C	D	E
基准下槽深	h_{fmin}			4.7	7，9	8.7，11	10.8，14	14.3，19	19.9	23.4
基准上槽深	h_{amin}			1.6	2.0	2.75	3.5	4.8	8.1	9.6
槽间距	e			8±0.3	12±0.3	15±0.3	19±0.4	25.5±0.5	37±0.6	44.5±0.7
第一槽对称面至端面的距离	f_{min}			6	7	9	11.5	16	23	28
基准宽度	b_d			5.3	8.5	11.0	14.0	19.0	27.0	32.0
最小轮缘宽	δ_{min}			5	5.5	6	7.5	10	12	15
带轮宽	B			$B=(z-1)e+2f$，z 为轮槽数						
轮槽角与基准直径	φ	32°	d_d	≤60	—	—	—	—	—	—
		34°		—	≤80	≤118	≤190	≤315	—	—
		36°		>60	—	—	—	—	≤475	≤600
		38°		—	>80	>118	>190	>315	>475	>600

图 3-23 中，$d_1=(1.8\sim2)d_0$；$L=(1.5\sim2)d_0$；$S=(0.2\sim0.3)B$；$S_1\geqslant0.5S$；$h_1=290\sqrt{\dfrac{P}{nA}}$（mm），$P$ 为传递的功率（单位：kW），n 为带轮的转速（单位：r/min），A 为轮辐数；$a_1=0.14h_1$；$a_2=0.8a_1$；$f_1=0.2h_1$；$f_2=0.2h$。

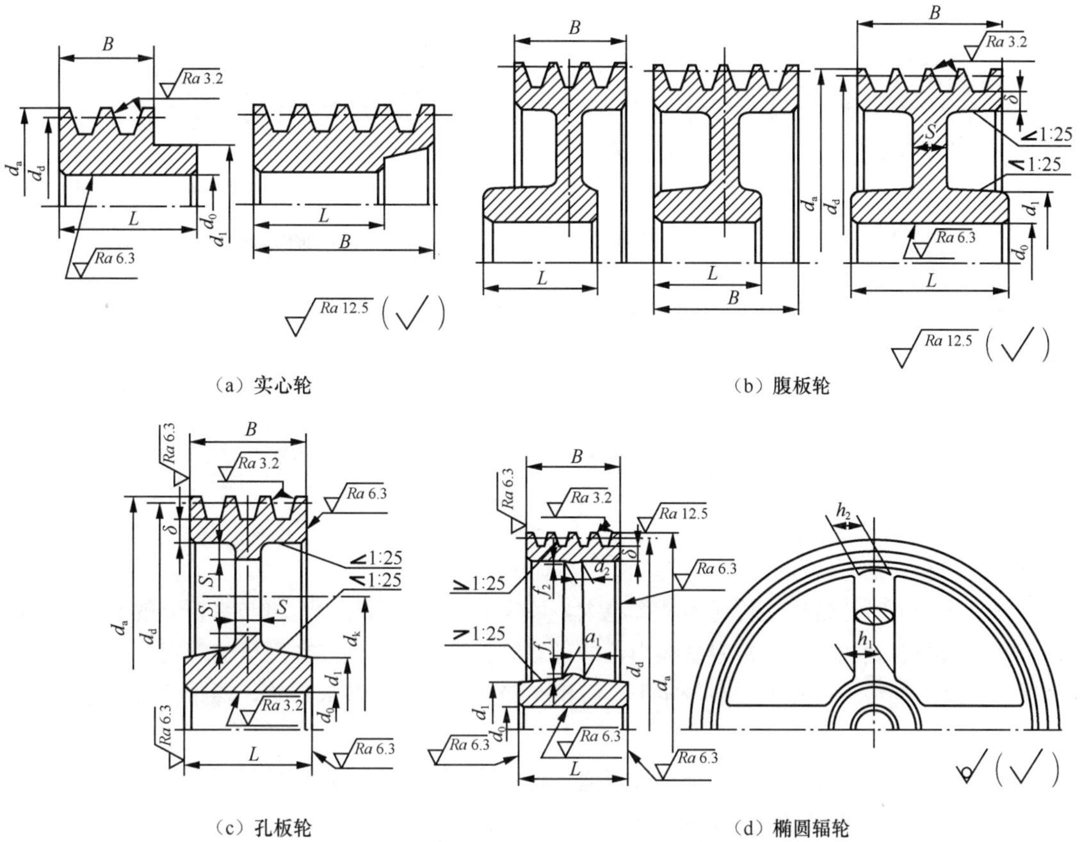

（a）实心轮 （b）腹板轮

（c）孔板轮 （d）椭圆辐轮

图 3-23 V 带轮的典型结构

任务 3 分析 V 带传动的工作情况

V 带传动的工作情况分析包括受力分析、应力分析和运动分析。

1. 带传动的受力分析

图 3-24 所示为带传动尚未工作时的状态，传动带安装时需要紧套在带轮上，传动带由于张紧而使上、下两边受到相同的拉力，这个拉力称为初拉力，用 F_0 表示。图 3-25 为带传动工作时的状态，主动带轮 1 以转速 n_1 转动，在摩擦力作用下，驱动从动带轮 2 以转速 n_2 转动。此时，进入主动带轮一边的传动带进一步被拉紧，拉力由 F_0 增大至 F_1，F_1 称为紧边拉力；绕出主动带轮一边的传动带被放松，拉力由 F_0 降低至 F_2，F_2 称为松边拉力。这样就形成了紧边和松边。

假设传动带的总长度不变，那么紧边拉力的增量 F_1-F_0 应该等于松边拉力的减少量 F_0-F_2，即

$$F_1+F_2=2F_0 \tag{3-11}$$

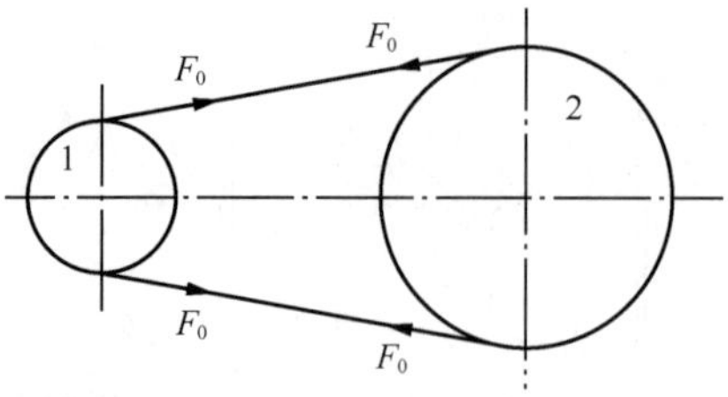

图 3-24 带传动的受力分析：尚未工作状态

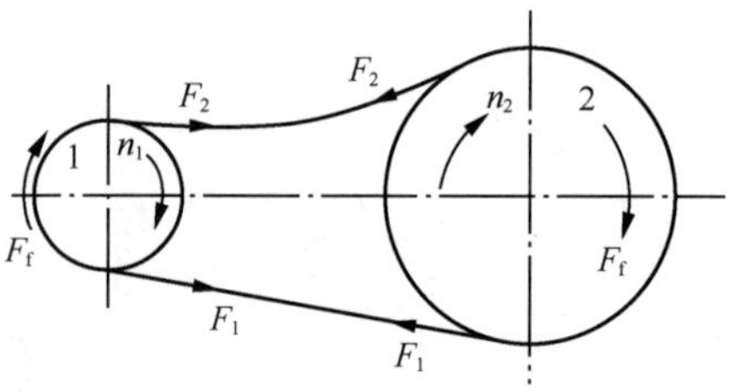

图 3-25 带传动的受力分析：工作状态

紧边拉力 F_1 与松边拉力 F_2 之差 F_1-F_2 称为带传动的有效拉力，即为带所能传递的圆周力，用 F 表示：

$$F=F_1-F_2 \tag{3-12}$$

带传动的有效拉力 F（单位：N）与带传动传递的功率 P（单位：kW）、速度 v（单位：m/s）的关系为

$$P=\frac{Fv}{1000} \tag{3-13}$$

当带速一定时，带传动传递的功率越大，所需的有效拉力越大，带与带轮间的摩擦力就越大。带传动的有效拉力超过极限摩擦力，即过载时，带与带轮间产生显著的相对滑动，这种现象称为打滑。打滑一般发生在小带轮上。打滑是带传动的一种失效形式，在带传动工作时应当避免打滑。

当带有打滑趋势时，摩擦力达到极限值，带的有效拉力也达到了最大值。此时紧边拉力 F_1 与松边拉力 F_2 的关系可由式（3-14）表示。

$$\frac{F_1}{F_2}=e^{f\alpha} \tag{3-14}$$

式中，f 为带与带轮接触面间的摩擦因数，对于 V 带为当量摩擦因数 f_V；α 为小带轮的包角，rad。

将式（3-11）、式（3-12）和式（3-14）联立求解，可得带传动的最大有效拉力 F_{max} 为

$$F_{max}=2F_0\frac{e^{f\alpha_1}-1}{e^{f\alpha_1}+1} \tag{3-15}$$

通过分析可以发现，带传动所能传递的最大有效拉力与初拉力 F_0、包角 α_1、摩擦因数 f 有关。

① 初拉力 F_0 越大，传动带与带轮间的正压力越大，传动时摩擦力越大，最大有效拉力 F_{max} 也越大。但是初拉力 F_0 过大，将使带的磨损加剧，缩短带的工作寿命。

② 包角 α_1 越大，带与带轮间的总摩擦力越大，最大有效拉力 F_{max} 也越大，从而提高带的传动能力。

③ 摩擦因数 f 越大，摩擦力越大，最大有效拉力 F_{max} 也越大，从而提高带的传动能力。

2. 带传动的应力分析

传动带在工作过程中产生以下三种应力。

（1）拉应力

由于传动带在工作过程中松、紧边的拉力是不同的，因此松、紧边的拉应力也是不同的。紧边拉应力 σ_1、松边拉应力 σ_2 为

$$\begin{cases} \sigma_1 = \dfrac{F_1}{A} \\ \sigma_2 = \dfrac{F_2}{A} \end{cases} \tag{3-16}$$

式中，A 为带的截面面积，mm^2。

（2）离心拉应力

传动带在带轮上做圆周运动时产生离心力，离心力作用于带的全长，离心力产生的离心拉应力为

$$\sigma_c = \frac{qv^2}{A} \tag{3-17}$$

式中 σ_c——离心拉应力，MPa；

q——单位长度带的质量，见表 3-5，kg/m；

v——带速，m/s。

离心拉应力与带速的平方成正比，说明离心拉应力受到带速的影响较大。在工作过程中为了保证离心拉应力不至于过大，需要对带速进行限制，带速为 5～25m/s。

（3）弯曲应力

传动带绕上带轮的部分产生弯曲应力。弯曲应力为

$$\sigma_b \approx \frac{Eh}{d_d} \tag{3-18}$$

式中 σ_b——弯曲应力，MPa；

E——带材料的弹性模量，MPa；

h——带的厚度，mm；

d_d——带轮的基准直径，mm。

由式（3-18）可知，传动带越厚，带轮基准直径越小，传动带所受的弯曲应力就越大。因此，传动带绕过小带轮产生的弯曲应力 σ_{b1} 大于绕过大带轮产生的弯曲应力 σ_{b2}。为了保证传动带的工作寿命，限制了带轮的最小基准直径，最小基准直径可以通过查表 3-6 确定。

带传动工作时带的应力分布如图 3-26 所示。不同截面上的应力大小用该处引出的径向线段的长度表示。

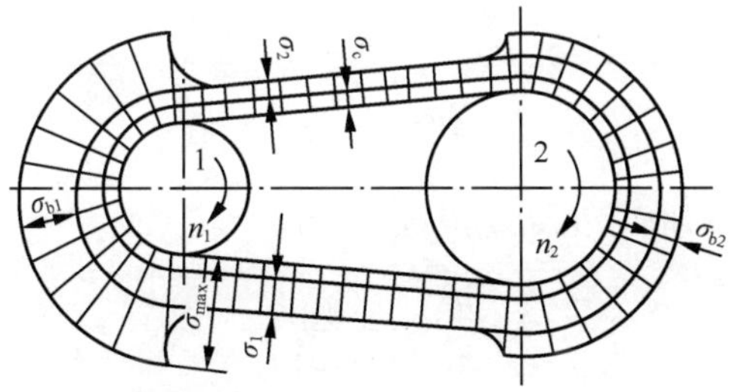

图 3-26 带传动工作时带的应力分布图

传动带某一个截面上的应力随着带工作过程中位置的不同而发生变化，在连续工作过程中，带受变应力作用，会产生“疲劳破坏”，这是带传动的另一种失效形式。最大应力发生在紧边刚刚绕上小带轮处，其值为

$$\sigma_{max} = \sigma_1 + \sigma_{b1} + \sigma_c \tag{3-19}$$

3. 带传动的运动分析

如图 3-27 所示，带传动工作过程中，对传动带在小、大带轮上的运动情况进行分析，见表 3-9。传动带是弹性体，在拉力作用下会发生弹性变形。带的弹性变形引起带与带轮间的微量滑动，称为带传动的弹性滑动。因为带传动工作过程中总是存在松边和紧边，即松、紧边拉力差总是存在的，所以弹性滑动总是存在的。弹性滑动是带传动的固有特性，是不可避免的。

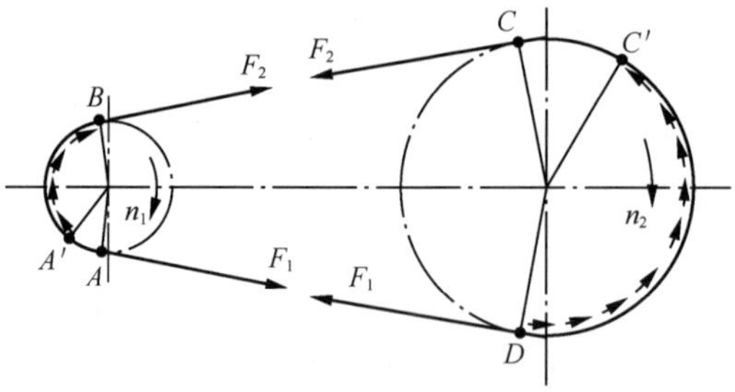

图 3-27 带传动的弹性滑动

表 3-9 传动带在小、大带轮上运动情况

带轮	带的拉力变化	带的弹性变形量	带相对于带轮的运动	速度	后果
小带轮	$A \to B$：$F_1 \to F_2$	减少	带相对于小带轮向后退缩	$v_{带} < v_1$	$v_2 < v_{带} < v_1$
大带轮	$C \to D$：$F_2 \to F_1$	增加	带相对于大带轮向前伸长	$v_{带} > v_2$	

注：v_1 为小带轮的线速度；v_2 为大带轮的线速度；$v_{带}$ 为带的速度。

传动带在 A 点绕上小带轮时，带的速度等于小带轮的线速度；传动带在 B 点绕出小带轮时，带的速度低于小带轮的线速度。传动带在 C 点绕上大带轮时，带的速度等于大带轮的线速度；传动带在 D 点绕出大带轮时，带的速度高于大带轮的线速度。传动带在连续工作过程中，带速没有发生变化，但是大带轮的线速度 v_2 小于小带轮的线速度 v_1。带轮线速度的相对变化量用滑动率 ε 来评价：

$$\varepsilon = \frac{v_1 - v_2}{v_1} \tag{3-20}$$

考虑弹性滑动时，带传动的实际传动比为

$$i = \frac{n_1}{n_2} = \frac{d_{d2}}{(1-\varepsilon)d_{d1}} \tag{3-21}$$

通常滑动率 $\varepsilon = 1\% \sim 2\%$，一般工程计算可以忽略弹性滑动的影响，则带传动的传动比为

$$i = \frac{n_1}{n_2} \approx \frac{d_{d2}}{d_{d1}} \tag{3-22}$$

弹性滑动是导致摩擦型带传动的传动比不准确及传动效率较低的根本原因。

由于弹性滑动和打滑都存在带和带轮的相对滑动，为了便于理解，从现象、产生的原因和结论三个方面对弹性滑动和打滑进行了对比，见表 3-10。

表 3-10 弹性滑动和打滑的区别

项目	弹性滑动	打滑
现象	局部带在局部带轮面上发生的滑动	整个带在整个带轮面上发生的滑动
产生的原因	带两边的拉力差	超载
结论	不可避免	可避免

任务 4 V 带传动的设计

1. 带传动的设计准则

带传动的主要失效形式是打滑和带的疲劳破坏。因此，带传动的设计准则是保证带传动不打滑，并且带具有一定的疲劳强度和使用寿命。

2. 普通 V 带传动的设计

给定了带传动的名义功率 P、小带轮的转速 n_1、大带轮的转速 n_2、带传动的传动比 i、工作条件和空间限制条件，下面进行普通 V 带传动的设计。

（1）确定计算功率 P_c

考虑 V 带传动的使用场合和工况条件，引入工况系数 K_A 对名义功率 P 进行修正，得到的结果称为计算功率，用 P_c 表示。计算功率 P_c 的计算公式为

$$P_c = K_A P \tag{3-23}$$

式中 K_A——工况系数，见表 3-11；

P——名义功率，kW。

表 3-11 带传动工况系数 K_A

工况	适用范围	载荷类型					
		空、轻载启动			重载启动		
		每天工作时间/h					
		<10	10～16	>16	<10	10～16	>16
载荷变动微小	液体搅拌机、通风机和鼓风机（$P\leqslant7.5$kW）、离心机水泵和压缩机、轻型输送机	1.0	1.1	1.2	1.1	1.2	1.3
载荷变动小	带式输送机（不均匀载荷）、通风机（$P>7.5$kW）、发电机、金属切削机床、印刷机、冲床、压力机、旋转筛、木工机械	1.1	1.2	1.3	1.2	1.3	1.4

续表

工况	适用范围	载荷类型					
		空、轻载启动			重载启动		
		每天工作时间/h					
		<10	10～16	>16	<10	10～16	>16
载荷变动较大	制砖机、斗式提升机、往复式水泵和压缩机、起重机、摩擦机、冲剪机床、橡胶机械、振动筛、纺织机械、重型输送机、木材加工机械	1.2	1.3	1.4	1.4	1.5	1.6
载荷变动很大	破碎机、摩擦机、卷扬机、橡胶压延机、压出机	1.3	1.4	1.5	1.5	1.6	1.7

注：1．空、轻载启动适用于电动机（交流启动、△启动、直流并励）、四缸以上的内燃机，以及装有离心式离合器、液力联轴器的动力机。

2．重载启动适用于电动机（联机交流启动、直流复励或串励），以及四缸以下的内燃机。

3．在反复启动、正反转频繁、工作条件恶劣等场合，K_A 应取为表值的 1.2 倍。

（2）确定 V 带截型

根据计算功率 P_c 和小带轮转速 n_1，按图 3-28 选择 V 带截型。图中以粗斜实线划分 V 带型号区域，若确定的坐标点临近两种型号的交界线，可以对两种型号的 V 带同时计算，最后选择较好的 V 带型号。

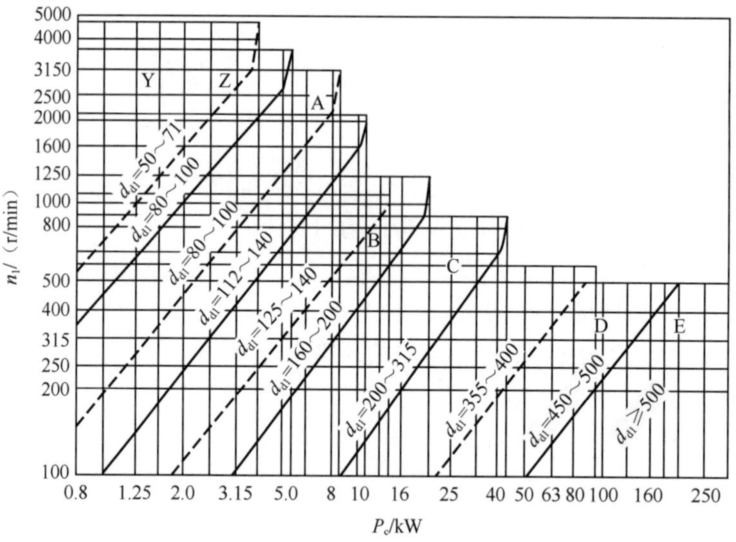

图 3-28 普通 V 带选型图（d_{d1} 单位：mm）

（3）确定两个带轮的基准直径

带轮基准直径越小，结构越紧凑，但带的弯曲应力越大，带的使用寿命越短，带速越低，导致带的传动能力不足；带轮基准直径越大，传动尺寸越大，结构不紧凑。一般取小带轮基准直径 $d_{d1} \geqslant d_{dmin}$，比规定的最小基准直径略大些，并且小带轮基准直径 d_{d1} 取标准值，见表 3-7。V 带轮的最小基准直径 d_{dmin} 见表 3-6。

大带轮基准直径 $d_{d2} \approx id_{d1}$，并且大带轮基准直径 d_{d2} 取标准值，见表 3-7。

（4）验算带速

小带轮基准直径 d_{d1} 选择是否合理，可以通过带速 v 来验证。带速 v 的计算公式为

$$v = \frac{\pi d_{d1} n_1}{60 \times 1000} \tag{3-24}$$

式中　d_{d1}——小带轮基准直径，mm；

n_1——小带轮转速，r/min。

由 $P = \frac{Fv}{1000}$ 可知，当传递功率一定时，带速 v 过低，所需有效拉力 F 大，导致带的根数增多；带速 v 过高，离心力增大，带和带轮间的压力减小，从而降低了传动能力。因此，带速 v 一般在 5～25m/s 内为宜。若带速 v 不符合上述要求，应重新选择小带轮基准直径 d_{d1}。

（5）确定中心距 a 和 V 带的基准长度 L_d

中心距较小时，结构较紧凑，带长较短，单位时间内带绕过带轮的次数增加，带易发生疲劳破坏；中心距较大时，外廓尺寸较大，容易引起带的颤振，降低带传动的工作能力。因此，一般初步确定中心距 a_0 为

$$0.7(d_{d1} + d_{d2}) \leqslant a_0 \leqslant 2(d_{d1} + d_{d2}) \tag{3-25}$$

按式（3-25）在范围内初步确定一个中心距 a_0 后，由几何关系初步计算 V 带的基准长度 L_{d0} 为

$$L_{d0} = 2a_0 + \frac{\pi}{2}(d_{d1} + d_{d2}) + \frac{(d_{d2} - d_{d1})^2}{4a_0} \tag{3-26}$$

按式（3-26）计算得到基准长度 L_{d0}，由基准长度 L_{d0} 和 V 带截型，查表 3-4，选取相近值作为 V 带的基准长度 L_d。

V 带传动的实际中心距 a 为

$$a \approx a_0 + \frac{L_d - L_{d0}}{2} \tag{3-27}$$

考虑安装、调整或补偿等因素，实际中心距的调整范围应控制在

$$a_{min} = a - 0.015L_d$$
$$a_{max} = a + 0.03L_d$$

（6）验算小带轮包角 α_1

确定的中心距 a 是否合理，可以通过小带轮包角 α_1 来验证。小带轮包角 α_1 计算公式为

$$\alpha_1 = 180^\circ - \frac{d_{d2} - d_{d1}}{a} \times 57.3^\circ \tag{3-28}$$

小带轮包角 α_1 是影响带传动工作能力的重要参数之一，一般要求 $\alpha_1 \geqslant 120^\circ$。若小带轮包角 α_1 过小，可以增大中心距；若中心距不可调，可增设张紧轮。

（7）确定 V 带的根数 z

单根普通 V 带所能传递的最大功率称为基本额定功率，用 P_1 表示。基本额定功率 P_1 是通过试验得到的，试验条件为：包角 $\alpha = 180^\circ$，特定基准长度，载荷平稳，抗拉体材质为化纤。基本额定功率 P_1 可通过查表 3-12 确定。

表 3-12　单根普通 V 带的基本额定功率（包角 $\alpha=\pi$、特定基准长度、载荷平稳时）　单位：kW

型号	小带轮基准直径/mm	小带轮转速/（r/min）															
		200	400	800	950	1200	1450	1600	1800	2000	2400	2800	3200	3600	4000	5000	6000
Z	50	0.04	0.06	0.10	0.12	0.14	0.16	0.17	0.19	0.20	0.22	0.26	0.28	0.30	0.32	0.34	0.31
	56	0.04	0.06	0.12	0.14	0.17	0.19	0.20	0.23	0.25	0.30	0.33	0.35	0.37	0.39	0.41	0.40
	63	0.05	0.08	0.15	0.18	0.22	0.25	0.27	0.30	0.32	0.37	0.41	0.45	0.47	0.49	0.50	0.48
	71	0.06	0.09	0.20	0.23	0.27	0.30	0.33	0.36	0.39	0.46	0.50	0.54	0.58	0.61	0.62	0.56
	80	0.10	0.14	0.22	0.26	0.30	0.35	0.39	0.42	0.44	0.50	0.56	0.61	0.64	0.67	0.66	0.61
	90	0.10	0.14	0.24	0.28	0.33	0.36	0.40	0.44	0.48	0.54	0.60	0.64	0.68	0.72	0.73	0.56
A	75	0.15	0.26	0.45	0.51	0.60	0.68	0.73	0.79	0.84	0.92	1.00	1.04	1.08	1.09	1.02	0.80
	90	0.22	0.39	0.68	0.77	0.93	1.07	1.15	1.25	1.34	1.50	1.64	1.75	1.83	1.87	1.82	1.50
	100	0.26	0.47	0.83	0.95	1.14	1.32	1.42	1.58	1.66	1.87	2.05	2.19	2.28	2.34	2.25	1.80
	112	0.31	0.56	1.00	1.15	1.39	1.61	1.74	1.89	2.04	2.30	2.51	2.68	2.78	2.83	2.64	1.96
	125	0.37	0.67	1.19	1.37	1.66	1.92	2.07	2.26	2.44	2.74	2.98	3.15	3.26	3.28	2.91	1.87
	140	0.43	0.78	1.41	1.62	1.96	2.28	2.45	2.66	2.87	3.22	3.48	3.65	3.72	3.67	2.99	1.37
	160	0.51	0.94	1.69	1.95	2.36	2.73	2.54	2.98	3.42	3.80	4.06	4.19	4.17	3.98	2.67	—
	180	0.59	1.09	1.97	2.27	2.74	3.16	3.40	3.67	3.93	4.32	4.54	4.58	4.40	4.00	1.81	—
B	125	0.48	0.84	1.44	1.64	1.93	2.19	2.33	2.50	2.64	2.85	2.96	2.94	2.80	2.61	1.09	
	140	0.59	1.05	1.82	2.08	2.47	2.82	3.00	3.23	3.42	3.70	3.85	3.83	3.63	3.24	1.29	
	160	0.74	1.32	2.32	2.66	3.17	3.62	3.86	4.15	4.40	4.75	4.89	4.80	4.46	3.82	0.81	
	180	0.88	1.59	2.81	3.22	3.85	4.39	4.68	5.02	5.30	5.67	5.76	5.52	4.92	3.92	—	
	200	1.02	1.85	3.30	3.77	4.50	5.13	5.46	5.83	6.13	6.47	6.43	5.95	4.98	3.47	—	
	224	1.19	2.17	3.86	4.42	5.26	5.97	6.33	6.73	7.02	7.25	6.95	6.05	4.47	2.14	—	
	250	1.37	2.50	4.46	5.10	6.04	6.82	7.20	7.63	7.87	7.89	7.14	5.60	5.12	—	—	
	280	1.58	2.89	5.13	5.85	6.90	7.76	8.13	8.46	8.60	8.22	6.80	4.26	—	—	—	
C	200	1.39	2.41	4.07	4.58	5.29	5.84	6.07	6.28	6.34	6.02	5.01	3.23				
	224	1.70	2.99	5.12	5.78	6.71	7.45	7.75	8.00	8.06	7.57	6.08	3.57				
	250	2.03	3.62	6.23	7.04	8.21	9.08	9.38	9.63	9.62	8.75	6.56	2.93				
	280	2.42	4.32	7.52	8.49	9.81	10.72	11.06	11.22	11.04	9.50	6.13	—				
	315	2.84	5.14	8.92	10.05	11.53	12.46	12.72	12.67	12.14	9.43	4.16	—				
	355	3.36	6.05	10.46	11.73	13.31	14.12	14.19	13.73	12.59	7.98	—	—				
	400	3.91	7.06	12.10	13.48	15.04	15.53	15.24	14.08	11.95	4.34	—	—				
	450	4.51	8.20	13.80	15.23	16.59	16.47	15.57	13.29	9.64	—	—	—				

注：为了精简篇幅，表中未列出 Y 型、D 型和 E 型的数据，且分档也较粗。

当带传动实际使用条件与试验条件不相符时，应对基本额定功率 P_1 值进行修正。因此，单根普通 V 带在实际工作条件下可传递的额定功率 $[P_1]$ 计算公式为

$$[P_1]=(P_1+\Delta P_1)K_\alpha K_L \tag{3-29}$$

式中　P_1——单根 V 带所能传递的基本额定功率，kW；

ΔP_1——当$i\neq1$时，单根普通 V 带的额定功率增量，见表 3-13，kW；

K_α——当包角$\alpha\neq180°$时的包角修正系数，见表 3-14；

K_L——当普通 V 带的基准长度不等于试验规定的特定基准长度时的带长修正系数，见表 3-15。

表 3-13　单根普通 V 带的额定功率增量 ΔP_1　　单位：kW

型号	主动带轮转速 n_1/(r/min)	传动比 i									
		1.00~1.01	1.02~1.04	1.05~1.08	1.09~1.12	1.13~1.18	1.19~1.24	1.25~1.34	1.35~1.50	1.51~1.99	≥2.00
Z	400	0.00	0.00	0.00	0.00	0.00	0.00	0.00	0.00	0.01	0.01
	700	0.00	0.00	0.00	0.00	0.00	0.00	0.01	0.01	0.01	0.02
	800	0.00	0.00	0.00	0.00	0.01	0.01	0.01	0.01	0.02	0.02
	950	0.00	0.00	0.00	0.01	0.01	0.01	0.01	0.02	0.02	0.02
	1200	0.00	0.00	0.01	0.01	0.01	0.01	0.02	0.02	0.02	0.03
	1450	0.00	0.00	0.01	0.01	0.01	0.02	0.02	0.02	0.02	0.03
	1600	0.00	0.01	0.01	0.01	0.01	0.02	0.02	0.02	0.03	0.03
	2000	0.00	0.01	0.01	0.02	0.02	0.02	0.02	0.03	0.03	0.04
	2400	0.00	0.01	0.02	0.02	0.02	0.03	0.03	0.03	0.04	0.04
	2800	0.00	0.01	0.02	0.02	0.03	0.03	0.03	0.04	0.04	0.04
A	400	0.00	0.01	0.01	0.02	0.02	0.03	0.03	0.04	0.04	0.05
	700	0.00	0.01	0.02	0.03	0.04	0.05	0.06	0.07	0.08	0.09
	800	0.00	0.01	0.02	0.03	0.04	0.05	0.06	0.08	0.09	0.10
	950	0.00	0.01	0.03	0.04	0.05	0.06	0.07	0.08	0.10	0.11
	1200	0.00	0.02	0.03	0.05	0.07	0.08	0.10	0.11	0.13	0.15
	1450	0.00	0.02	0.04	0.06	0.08	0.09	0.11	0.13	0.15	0.17
	1600	0.00	0.02	0.04	0.06	0.09	0.11	0.13	0.15	0.17	0.19
	2000	0.00	0.03	0.06	0.08	0.11	0.13	0.16	0.19	0.22	0.24
	2400	0.00	0.03	0.07	0.10	0.13	0.16	0.19	0.23	0.26	0.29
	2800	0.00	0.04	0.08	0.11	0.15	0.19	0.23	0.26	0.30	0.34
B	400	0.00	0.01	0.03	0.04	0.06	0.07	0.08	0.10	0.11	0.13
	700	0.00	0.02	0.05	0.07	0.10	0.12	0.15	0.17	0.20	0.22
	800	0.00	0.03	0.06	0.08	0.11	0.14	0.17	0.20	0.23	0.25
	950	0.00	0.03	0.07	0.10	0.13	0.17	0.20	0.23	0.26	0.30
	1200	0.00	0.04	0.08	0.13	0.17	0.21	0.25	0.30	0.34	0.38
	1450	0.00	0.05	0.10	0.15	0.20	0.25	0.31	0.36	0.40	0.46
	1600	0.00	0.06	0.11	0.17	0.23	0.28	0.34	0.39	0.45	0.51

续表

型号	主动带轮转速 n_1/(r/min)	传动比 i									
		1.00~1.01	1.02~1.04	1.05~1.08	1.09~1.12	1.13~1.18	1.19~1.24	1.25~1.34	1.35~1.50	1.51~1.99	≥2.00
B	2000	0.00	0.07	0.14	0.21	0.28	0.35	0.42	0.49	0.56	0.63
	2400	0.00	0.08	0.17	0.25	0.34	0.42	0.51	0.59	0.68	0.76
	2800	0.00	0.10	0.20	0.29	0.39	0.49	0.59	0.69	0.79	0.89
C	200	0.00	0.02	0.04	0.06	0.08	0.10	0.12	0.14	0.16	0.18
	300	0.00	0.03	0.06	0.09	0.12	0.15	0.18	0.21	0.24	0.26
	400	0.00	0.04	0.08	0.12	0.16	0.20	0.23	0.27	0.31	0.35
	500	0.00	0.05	0.10	0.15	0.20	0.24	0.29	0.34	0.39	0.44
	600	0.00	0.06	0.12	0.18	0.24	0.29	0.35	0.41	0.47	0.53
	700	0.00	0.07	0.14	0.21	0.27	0.34	0.41	0.48	0.55	0.62
	800	0.00	0.08	0.16	0.23	0.31	0.39	0.47	0.55	0.63	0.71
	950	0.00	0.09	0.19	0.27	0.37	0.47	0.56	0.65	0.74	0.83
	1200	0.00	0.12	0.24	0.35	0.47	0.59	0.70	0.82	0.94	1.06
	1450	0.00	0.14	0.28	0.42	0.58	0.71	0.85	0.99	1.14	1.27
D	200	0.00	0.07	0.14	0.21	0.28	0.35	0.42	0.49	0.56	0.63
	300	0.00	0.10	0.21	0.31	0.42	0.52	0.62	0.73	0.83	0.94
	400	0.00	0.14	0.28	0.42	0.56	0.70	0.83	0.97	1.11	1.25
	500	0.00	0.17	0.35	0.52	0.70	0.87	1.04	1.22	1.39	1.56
	600	0.00	0.21	0.42	0.62	0.83	1.04	1.25	1.46	1.67	1.88
	700	0.00	0.24	0.49	0.73	0.97	1.22	1.46	1.70	1.95	2.19
	800	0.00	0.28	0.56	0.83	1.11	1.39	1.67	1.95	2.22	2.50
	950	0.00	0.33	0.66	0.99	1.32	1.60	1.92	2.31	2.64	2.97
	1200	0.00	0.42	0.84	1.25	1.67	2.09	2.50	2.92	3.34	3.75
	1450	0.00	0.51	1.01	1.51	2.02	2.52	3.02	3.52	4.03	4.53
E	200	0.00	0.14	0.28	0.41	0.55	0.69	0.83	0.96	1.10	1.24
	300	0.00	0.21	0.41	0.62	0.83	1.03	1.24	1.45	1.65	1.86
	400	0.00	0.28	0.55	0.83	1.00	1.38	1.65	1.93	2.20	2.48
	500	0.00	0.34	0.64	1.03	1.38	1.72	2.07	2.41	2.75	3.10
	600	0.00	0.41	0.83	1.24	1.65	2.07	2.48	2.89	3.31	3.72
	700	0.00	0.48	0.97	1.45	1.93	2.41	2.89	3.38	3.86	4.34
	800	0.00	0.55	1.10	1.65	2.21	2.76	3.31	3.86	4.41	4.96
	950	0.00	0.65	1.29	1.95	2.62	3.27	3.92	4.58	5.23	5.89

表 3-14 包角修正系数 K_α

包角 α/(°)	180	170	160	150	140	130	120	110	100	90
K_α	1.00	0.98	0.95	0.92	0.89	0.86	0.82	0.78	0.74	0.69

表 3-15 带长修正系数 K_L

基准长度 L_d/mm	截面型号						
	Y	Z	A	B	C	D	E
200	0.81	—	—	—	—	—	—
224	0.82	—	—	—	—	—	—
250	0.84	—	—	—	—	—	—

续表

基准长度 L_d/mm	截面型号						
	Y	Z	A	B	C	D	E
280	0.87	—	—	—	—	—	—
315	0.89	—	—	—	—	—	—
355	0.92	—	—	—	—	—	—
400	0.96	—	—	—	—	—	—
405	—	0.87	—	—	—	—	—
450	1.00	—	—	—	—	—	—
475	—	0.90	—	—	—	—	—
500	1.02	—	—	—	—	—	—
530	—	0.93	—	—	—	—	—
625	—	0.96	—	—	—	—	—
630	—	—	0.81	—	—	—	—
700	—	0.99	0.83	—	—	—	—
780	—	1.00	——	—	—	—	—
790	—	—	0.85	—	—	—	—
890	—	—	0.87	—	—	—	—
920	—	1.04	—	—	—	—	—
930	—	—	—	0.83	—	—	—
990	—	—	0.89	—	—	—	—
1000	—	—	—	0.84	—	—	—
1080	—	1.07	—	—	—	—	—
1100	—	—	0.91	0.86	—	—	—
1210	—	—	—	0.87	—	—	—
1250	—	—	0.93	—	—	—	—
1330	—	1.13	—	—	—	—	—
1370	—	—	—	0.90	—	—	—
1420	—	1.14	—	—	—	—	—
1430	—	—	0.96	—	—	—	—
1540	—	1.54	—	—	—	—	—
1550	—	—	0.98	—	—	—	—
1560	—	—	—	0.92	—	—	—
1565	—	—	—	—	0.82	—	—
1640	—	—	0.99	—	—	—	—
1750	—	—	1.00	—	—	—	—
1760	—	—	—	0.94	0.85	—	—
1940	—	—	1.02	—	—	—	—
1950	—	—	—	0.97	0.87	—	—
2050	—	—	1.04	—	—	—	—
2180	—	—	—	0.99	—	—	—

续表

基准长度 L_d/mm	截面型号						
	Y	Z	A	B	C	D	E
2195	—	—	—	—	0.90	—	—
2200	—	—	1.06	—	—	—	—
2300	—	—	1.07	1.01	—	—	—
2420	—	—	—	—	0.92	—	—
2480	—	—	1.09	—	—	—	—
2500	—	—	—	1.03	—	—	—
2700	—	—	1.10	1.04	—	—	—
2715	—	—	—	—	0.94	—	—
2740	—	—	—	—	—	0.82	—
2870	—	—	—	1.05	—	—	—
2880	—	—	—	—	0.95	—	—
3080	—	—	—	—	0.97	—	—
3100	—	—	—	—	—	0.86	—
3200	—	—	—	1.07	—	—	—
3330	—	—	—	—	—	0.87	—
3520	—	—	—	—	0.99	—	—
3600	—	—	—	1.09	—	—	—
3730	—	—	—	—	—	0.90	—
4060	—	—	—	1.13	1.02	—	—
4080	—	—	—	—	—	0.91	—
4430	—	—	—	1.15	—	—	—
4600	—	—	—	—	1.05	—	—
4620	—	—	—	—	—	0.94	—
4660	—	—	—	—	—	—	0.91
4820	—	—	—	1.17	—	—	—
5040	—	—	—	—	—	—	0.92
5370	—	—	—	1.20	—	—	—
5380	—	—	—	—	1.08	—	—
5400	—	—	—	—	—	0.97	—
5420	—	—	—	—	—	—	0.94
6070	—	—	—	1.24	—	—	—
6100	—	—	—	—	1.11	0.99	0.96
6815	—	—	—	—	1.14	—	—
6840	—	—	—	—	—	1.02	—
6850	—	—	—	—	—	—	0.99
7600	—	—	—	—	1.17	—	—
7620	—	—	—	—	—	1.05	—
7650	—	—	—	—	—	—	1.01

续表

基准长度 L_d/mm	截面型号						
	Y	Z	A	B	C	D	E
9100	—	—	—	—	1.21	—	—
9140	—	—	—	—	—	1.08	—
9150	—	—	—	—	—	—	1.05
10700	—	—	—	—	1.24	1.13	—
12200	—	—	—	—	—	1.16	—
12230	—	—	—	—	—	—	1.11
13700	—	—	—	—	—	1.19	—
13750	—	—	—	—	—	—	1.15
15200	—	—	—	—	—	1.21	—
15280	—	—	—	—	—	—	1.17
16800	—	—	—	—	—	—	1.19

为了保证带传动不打滑，并且带具有一定的疲劳强度和使用寿命，必须保证每根 V 带所传递的功率不超过它所能传递的额定功率，则有

$$z \geqslant \frac{P_c}{[P_1]} = \frac{P_c}{(P_1 + \Delta P_1) K_\alpha K_L} \tag{3-30}$$

式中　z ——带的根数；

P_c ——计算功率，kW；

$[P_1]$ ——单根普通 V 带在实际工作条件下可传递的额定功率，kW。

普通 V 带的根数 z 应取正整数。为了保证每根普通 V 带受力均匀，普通 V 带根数不宜过多，应满足 $z \leqslant z_{max}$ 。普通 V 带传动允许的最多使用根数 z_{max} 见表 3-16。

表 3-16　普通 V 带传动允许的最多使用根数

V 带型号	Y	Z	A	B	C	D	E
z_{max}	1	2	5	6	8	8	9

若普通 V 带的根数 $z > z_{max}$ ，应改选普通 V 带截型或加大带轮基准直径后重新设计。

（8）计算初拉力 F_0

适当的初拉力是保证带传动正常工作的重要因素之一。初拉力过小，带传动易发生打滑现象；初拉力过大，降低 V 带的寿命，增大轴和轴承上的作用力。

单根普通 V 带合适的初拉力 F_0 计算公式为

$$F_0 = 500 \frac{P_c}{zv} \left(\frac{2.5}{K_\alpha} - 1 \right) + qv^2 \tag{3-31}$$

式中　P_c ——计算功率，kW；

z——普通 V 带的根数；

v ——普通 V 带速度，m/s；

K_α ——当包角 $\alpha \neq 180^\circ$ 时的包角修正系数；

q——单位长度带的质量，kg/m。

（9）计算作用在轴上的压力 F_Q

为了设计支承带轮的轴和轴承，需要计算作用在轴上的压力 F_Q。如图 3-29 所示，一般多用初拉力 F_0 近似求解作用在轴上的压力 F_Q，即

$$F_Q = 2zF_0 \sin\frac{\alpha_1}{2} \tag{3-32}$$

式中　F_0——初拉力，N；

z——普通 V 带的根数；

α_1——小带轮包角。

（10）带轮结构设计

根据带轮的基准直径和带轮转速等已知条件，确定带轮结构类型、材料、结构尺寸，绘制带轮零件图。

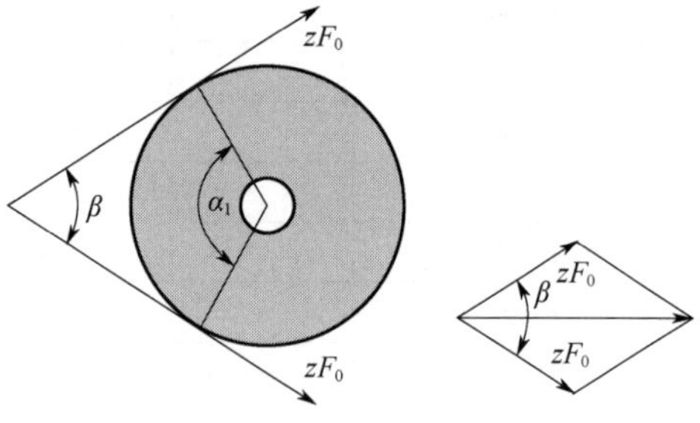

图 3-29　普通 V 带作用在轴上的压力

【项目实践】

设计单级减速器中的 V 带传动。已知功率 P_0=3.03kW，转速 n_0=960r/min，传动比 $i_{带}$=2，运输机单向运转，载荷平稳，工作寿命为 8 年，两班制。

（1）确定计算功率 P_c

原动机为电动机，载荷平稳，两班制，查表 3-11 可得工况系数 $K_A = 1.2$，则计算功率 $P_c = K_A P_0 = 1.2 \times 3.03 = 3.636(\text{kW})$。

（2）确定 V 带截型

根据计算功率 $P_c = 3.636\text{kW}$ 和小带轮的转速 n_0=960r/min，查图 3-28 选用 A 型普通 V 带。

（3）确定两个带轮的基准直径

查表 3-6 可知，A 型普通 V 带最小带轮直径 $d_{dmin} = 75\text{mm}$，查表 3-7 可选小带轮基准直径 $d_{d1} = 100\text{mm}$，大带轮基准直径 $d_{d2} = i_{带} d_{d1} = 2 \times 100 = 200(\text{mm})$，查表 3-7 确定大带轮的基准直径 $d_{d2} = 200\text{mm}$。

（4）验算带速

$$v_{带} = \frac{\pi d_{d1} n_0}{60 \times 1000} \approx \frac{3.14 \times 100 \times 960}{60000} = 5.02(\text{m/s})$$

5m/s＜ $v_{带} \approx 5.02\text{m/s}$ ＜25m/s，带速满足设计要求。

（5）确定中心距 a 和 V 带的基准长度 L_d

将大、小带轮基准直径代入公式 $0.7(d_{d1} + d_{d2}) \leqslant a_0 \leqslant 2(d_{d1} + d_{d2})$，可得 $0.7 \times (100 + 200)\text{mm} \leqslant a_0 \leqslant 2 \times (100 + 200)\text{mm}$，计算得 $210\text{mm} \leqslant a_0 \leqslant 600\text{mm}$，为使结构紧凑，取 $a_0 = 400\text{mm}$。

初步计算 V 带的基准长度 L_{d0}：

$$\begin{aligned} L_{d0} &= 2a_0 + \frac{\pi}{2}(d_{d1} + d_{d2}) + \frac{(d_{d2} - d_{d1})^2}{4a_0} \\ &\approx 2 \times 400 + \frac{3.14}{2} \times 300 + \frac{100^2}{4 \times 400} \\ &= 1277.25(\text{mm}) \end{aligned}$$

查表3-4可得普通V带的基准长度 $L_d = 1250\text{mm}$ 。

计算实际中心距 a：

$$a = a_0 + \frac{L_d - L_{d0}}{2} = 400 + \frac{(1250 - 1277.25)}{2} = 386.375(\text{mm})$$

（6）验算小带轮包角 α_1

$$\alpha_1 = 180° - \frac{d_{d2} - d_{d1}}{a} \times 57.3° = 180° - \frac{200 - 100}{386.375} \times 57.3° \approx 165.17° > 120°$$

小带轮包角合格。

（7）确定V带的根数 z

查表3-12可得单根V带的基本额定功率 $P_1 = 0.96\text{kW}$，查表3-13可得额定功率增量 $\Delta P_1 = 0.11\text{kW}$，查表3-14可得小带轮包角修正系数 $K_\alpha = 0.96$，查表3-15可得带长修正系数 $K_L = 0.93$ 。

V带的根数：

$$z \geqslant \frac{P_c}{(P_1 + \Delta P_1)K_\alpha K_L} \approx \frac{3.636}{(0.96 + 0.11) \times 0.96 \times 0.93} \approx 3.81$$

取普通V带的根数 $z = 4$ 。

（8）计算初拉力 F_0

$$F_0 = 500 \times \frac{P_c}{vz}\left(\frac{2.5}{K_\alpha} - 1\right) + qv^2 \approx 500 \times \frac{3.636}{5.02 \times 4} \times \left(\frac{2.5}{0.96} - 1\right) + 0.1 \times 5.02^2 \approx 147.76(\text{N})$$

（9）计算作用在轴上的压力 F_Q

$$F_Q = 2zF_0 \sin\frac{\alpha_1}{2} \approx 2 \times 4 \times 147.76 \times \sin\frac{164.14°}{2} \approx 1170.78(\text{N})$$

（10）带轮结构设计

电动机型号为Y132M1-6，外形如图3-30所示。查表3-17可得电动机伸出轴轴径 $D = 38\text{mm}$ 。$2.5D = 2.5 \times 38 = 95(\text{mm})$，$95\text{mm} < d_{d1} = 100\text{mm} < 350\text{mm}$，小带轮采用腹板式。查表3-9可得，$e = 15\text{mm} \pm 0.3\text{mm}$，$f_{\min} = 9\text{mm}$，取 $f = 10\text{mm}$，则小带轮轮毂宽为 $L_1 = (1.5～2)D = (1.5～2) \times 38 = 57～76(\text{mm})$，取 $L_1 = 70\text{mm}$，小带轮轮缘宽 $B_1 = (z-1)e + 2f = (4-1) \times 15 + 2 \times 10 = 65(\text{mm})$ 。

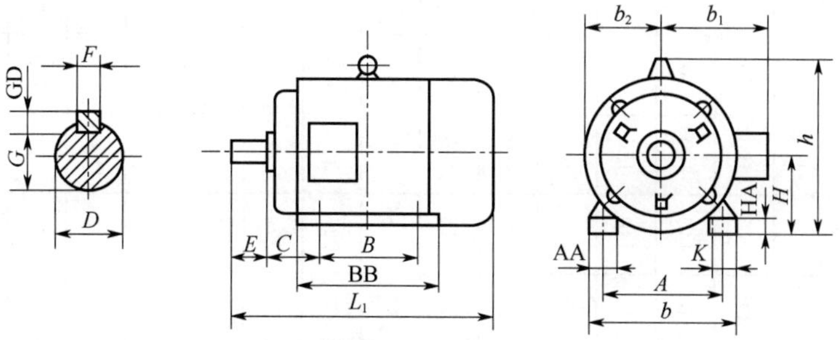

图3-30　电动机外形

因为 $95\text{mm} < d_{d2} = 200\text{mm} < 350\text{mm}$，所以大带轮采用腹板式。大带轮轮缘宽可与小带轮轮缘宽相同，即 $B_2 = B_1 = 65\text{mm}$ 。大带轮轮毂宽可与轴的结构设计同步进行。

表 3-17　Y 机座带底脚、端盖无凸缘电动机的安装及外形尺寸

型号	尺寸/mm																					
	H	A	B	C	D		E		$F\times$GD		G		K	b	b_1	b_2	h	AA	BB	HA	L_1	
					2 极	4,6,8,10 极	2 极	4,6,8,10 极	2 极	4,6,8,10 极	2 极	4,6,8,10 极									2 极	4,6,8,10 极
Y80	80	125	100	50	19		40		6×6		15.5		10	160	150	85	170	34	130	10	285	
Y90S	90	140	100	56	24		50		8×7		20		10	180	155	90	190	36	130	12	310	
Y90L	90	140	125	56	24		50		8×7		20		10	180	155	90	190	36	155	12	335	
Y100L	100	160	140	63	28		60		8×7		24		12	205	180	105	245	40	176	14	380	
Y112M	112	190	140	70	28		60		8×7		24		12	245	190	115	265	50	180	15	400	
Y132S	132	216	140	89	38		80		10×8		33		12	280	210	135	315	60	200	18	475	
Y132M	132	216	178	89	38		80		10×8		33		12	280	210	135	315	60	238	18	515	
Y160L	160	254	254	108	42		110		12×8		37		15	325	255	165	385	70	314	20	645	
Y180M	180	279	241	121	48		110		14×9		42.5		15	355	285	180	430	70	311	22	670	
Y180L	180	279	279	121	48		110		14×9		42.5		15	355	285	180	430	70	349	22	710	
Y200L	200	318	305	133	55		110		16×10		49		19	395	310	200	475	70	379	25	775	
Y225S	225	356	286	149	55	60	110	140	16×10	18×11	49	53	19	435	345	225	530	75	368	28	368	820
Y225M	225	356	311	149	55	60	110	140	16×10	18×11	49	53	19	435	345	225	530	75	393	28	815	845
Y250M	250	406	349	168	60	65	140		18×11		53	58	24	490	385	250	575	80	455	30	930	
Y280S	280	457	368	190	65	75	140		18×11	20×12	58	67.5	24	545	410	280	640	85	530	35	1000	
Y280M	280	475	419	190	65	75	140		18×11	20×12	58	67.5	24	545	410	280	640	85	581	35	1000	

小结

带传动的分类	• 摩擦型带传动（平带、V带、多楔带、圆带） • 啮合型带传动（传动比准确）
带传动应用	• 中心距较大、传动比要求不严格的场合
普通V带	• 分类：Y、Z、A、B、C、D、E • 概念：节面、节线、节宽 • 参数：节宽、基准长度
普通V带轮	• 参数：基准宽度、基准直径 • 结构类型：实心式、腹板式、孔板式、轮辐式
带传动工作情况分析	• 受力分析：打滑（失效，可避免） • 应力分析：拉应力、离心拉应力、弯曲应力，疲劳破坏（失效） • 运动分析：弹性滑动（固有属性，不能避免）
普通V带传动的设计	• 设计准则 • 设计步骤

思考题

1．带传动有何特点？在哪些情况下宜采用带传动？

2．在张紧力相同的情况下，为什么V带传动较平带传动能够传递更大的功率？

3．V带的楔角是40°，为什么带轮槽角分别为32°、34°、36°、38°？

4．为了提高带传动的工作能力，将带轮与带接触表面加工得粗糙些以增大摩擦力，这样做是否合适？为什么？

5．什么是滑动率？滑动率如何计算？

6．带传动中，包角取得过小对传动有何影响？如何增大包角？

7．传动参数如小带轮的基准直径d_{d1}、传动比i、中心距a、带的基准长度L_d和带速v的数值对带传动的工作能力有什么影响？

8．V带传动在不打滑的条件下所能传递的最大圆周力与哪些因素有关？

9．单根V带所能传递的功率是根据哪些条件得来的？

10．如何判别带传动的紧边与松边？带传动的有效圆周力F与紧边拉力F_1、松边拉力F_2有什么关系？

11．当与其他传动一起使用时，带传动一般应放在高速级还是低速级？为什么？

12．普通V带有哪几种型号？每种型号的尺寸与传递功率怎样？

13．带传动是靠什么传递运动的？

14．带传动为什么不能保证准确的传动比？

15．带轮的材料选择受什么限制？

16．带在带轮上打滑是在什么情况下？

17．带传动初拉力F_0越大，圆周力F越大。F_0能无限大吗？

18．V带传动中为什么弹性滑动不可避免？
19．带传动中打滑将产生什么后果？
20．带传动中若降低弯曲应力，带轮是增大还是减小？
21．带传动中为什么要对速度进行限制？
22．V带型号的选择依据什么参数？
23．V带设计中为什么要限制带的最多使用根数？

习题

判断题（正确的打√，错误的打×）：

1．机械传动是绝大多数机器中不可缺少的重要组成部分。（ ）
2．带传动中，如果包角偏小，可考虑增大带轮的直径来增大带轮的包角。（ ）
3．带传动的设计准则是保证带在要求的工作期限内不发生过度磨损。（ ）
4．为了保证V带的工作面与带轮轮槽工作面之间的紧密贴合，轮槽的夹角应略小于带的楔角。（ ）
5．V带型号是根据计算功率和主动轮的转速来选定的。（ ）
6．带传动中紧边与小带轮相切处，带中应力最大。（ ）
7．带速越高，带的离心力越大，不利于传动。（ ）
8．在多级传动中，应将带传动设置在高速级。（ ）
9．带传动中，影响传动效果的是大齿轮的包角。（ ）
10．带传动中，带轮直径越大，带的弯曲应力就越小。（ ）
11．弹性滑动现象是带传动中不可避免的。（ ）
12．在带传动中，若传动比不变而增大中心距，可以增加小带轮的包角。（ ）
13．在带传动中，若中心距不变而增大传动比，会减小带轮的包角。（ ）
14．离心拉应力存在于带的全长范围内。（ ）
15．小带轮上的弯曲应力一定大于大带轮上的弯曲应力。（ ）
16．对于V带来说，基准直径就是带轮槽宽尺寸等于带的节宽处的直径。（ ）
17．圆带多用于小功率传动。（ ）

单项选择题：

1．带传动正常工作时不能保证准确的传动比，是因为（ ）。
A．带的材料不符合胡克定律　B．带在带轮上打滑
C．带的弹性滑动　D．带容易磨损

2．带传动在工作时，假定小带轮为主动轮，带内应力的最大值发生在带（ ）。
A．进入大带轮处　B．离开大带轮处
C．紧边进入小带轮处　D．离开小带轮处

3．带传动工作时，带中的应力有（ ）个。
A．一　B．二　C．三　D．四

4．平带、V带传动主要依靠（ ）传递运动和动力。
A．带的紧边拉力　B．带的松边拉力
C．带和带轮接触面间的摩擦力　D．带的预紧力

5．下列普通V带传动中，（　　）带的截面尺寸最小。

A．Y型　　B．A型　　C．B型　　D．E型

6．带传动工作中产生弹性滑动的原因是（　　）。

A．带的预紧力不够　　B．带的松边和紧边拉力不等

C．带和带轮间摩擦力不够　　D．带绕过带轮时有离心力

7．V带传动中，选取小带轮基准直径的依据是（　　）。

A．带的型号　　B．带的速度　　C．主动轮的转速　　D．传动比

8．能缓冲吸振，并能起到过载安全保护作用的传动是（　　）。

A．带传动　　B．链传动　　C．齿轮传动　　D．蜗杆传动

9．（　　）的成本较高，不适用于轴间较大距离的传动。

A．带传动　　B．链传动　　C．齿轮传动　　D．摩擦轮传动

10．带传动属于摩擦传动，适当的（　　）是保证带传动正常工作的重要因素。

A．摩擦力　　B．正压力　　C．张紧力　　D．摩擦因数

11．带传动中传动比较准确的是（　　）。

A．平带　　B．V带　　C．圆带　　D．同步带

12．平带传动是依靠（　　）来传递运动的。

A．主轴的动力　　B．主动轮的转矩

C．带与带轮之间的摩擦力　　D．以上均不是

13．V带的型号和（　　）都压印在胶带的外表面。

A．计算长度　　B．标准长度　　C．假想长度　　D．实际长度

14．为使V带的两侧工作面与轮槽工作面能紧密贴合，轮槽的夹角θ必须比40°略（　　）。

A．大一些　　B．小一点　　C．一样大　　D．可以随便

15．与平带传动相比，V带传动的优点是（　　）。

A．传动效率高　　B．带的寿命长

C．带的价格便宜　　D．承载能力大

16．选择V带型号主要取决于（　　）。

A．带传递的功率和小带轮转速　　B．带的线速度

C．带的紧边拉力　　D．带的松边拉力

17．中心距一定的带传动中，小带轮上包角的大小主要由（　　）决定。

A．小带轮的直径　　B．大带轮的直径

C．两带轮直径之和　　D．两带轮直径之差

18．两带轮直径一定时，减小中心距将引起（　　）。

A．带的弹性滑动加剧　　B．带传动效率降低

C．带工作噪声增大　　D．小带轮上的包角减小

19．带传动的中心距过大会导致（　　）。

A．带的寿命缩短　　B．带的弹性滑动加剧

C．带的工作噪声增大　　D．带在工作时出现颤动

20．设计V带传动时，为防止（　　），应限制小带轮的最小直径。

A．带的离心力过大　　B．小带轮上的包角过小

C．带内的弯曲应力过大　　D．带的长度过长

21．一定型号V带内的弯曲应力与（　　）成反比关系。

A．带的线速度　　B．带轮的直径

C．带轮上的包角　　D．传动比

22．一定型号V带中的离心拉应力与带的线速度（　　）。

A．成正比　　B．成反比　　C．的平方成正比　　D．的平方成反比

23．一定型号的V带传动中，当小带轮转速一定时，其所能传递的功率增量取决于（　　）。

A．小带轮的包角　　B．大带轮上的包角

C．传动比　　D．带的线速度

24．与V带传动相比，同步带传动的突出优点是（　　）。

A．传递功率大　　B．传动比准确

C．传动效率高　　D．带的制造成本低

25．带轮的结构形式选择主要取决于（　　）。

A．带的截面尺寸　　B．传递的功率

C．带轮的线速度　　D．带轮的直径

26．当摩擦因数与初拉力一定时，带传动在打滑前所能传递的最大有效拉力随（　　）的增大而增大。

A．带轮的宽带　　B．带的线速度

C．大带轮上的包角　　D．小带轮上的包角

27．在同样的条件下，普通V带的传动能力较平带约大三倍，是因为（　　）。

A．普通V带没有接头　　B．普通V带的材料比平带好

C．普通V带是靠楔形面工作　　D．普通V带材料与轮接触面的摩擦因数较大

填空题：

1．带传动的主要失效形式是（　　）和（　　）。

2．普通V带传动中，带轮的最小直径取决于（　　）。

设计计算题：

1．已知一条V带传动的主动轮基准直径 $d_1=100\text{mm}$，从动轮基准直径 $d_2=400\text{mm}$，中心距 a_0 约为 485mm，主动轮装在转速 $n_1=1450\text{r/min}$ 的电动机上，三班制工作，载荷平稳，采用两根基准长度 $L_\text{d}=1800\text{mm}$ 的A型普通V带。试求该传动所能传递的功率。

2．设计一输送机用的普通V带传动。已知电动机的额定功率 $P=3\text{kW}$，转速 $n_1=960\text{r/min}$，传动比 $i=2.5$，传动中心距 $a=400\text{mm}$，两班制工作。

3．设计一减速机用的普通V带传动。动力机为Y系列三相异步电动机，功率 $P=7\text{kW}$，转速 $n_1=1420\text{r/min}$，减速机工作平稳，其转速 $n_2=700\text{r/min}$，每天工作8小时，希望中心距大约为 600mm。

附：工况系数 $K_\text{A}=1.0$，选用A型V带，单根A型V带的基本额定功率 $P_0=1.30\text{kW}$，功率增量 $\Delta P_1=0.17\text{kW}$，包角系数 $K_\alpha=0.98$，长度系数 $K_L=1$，单位长度带的质量 $q=0.1\text{kg/m}$，取主动轮基准直径 $d_1=112\text{mm}$。

项目 3　带式输送机中齿轮传动设计

本书配套资源

思维导图

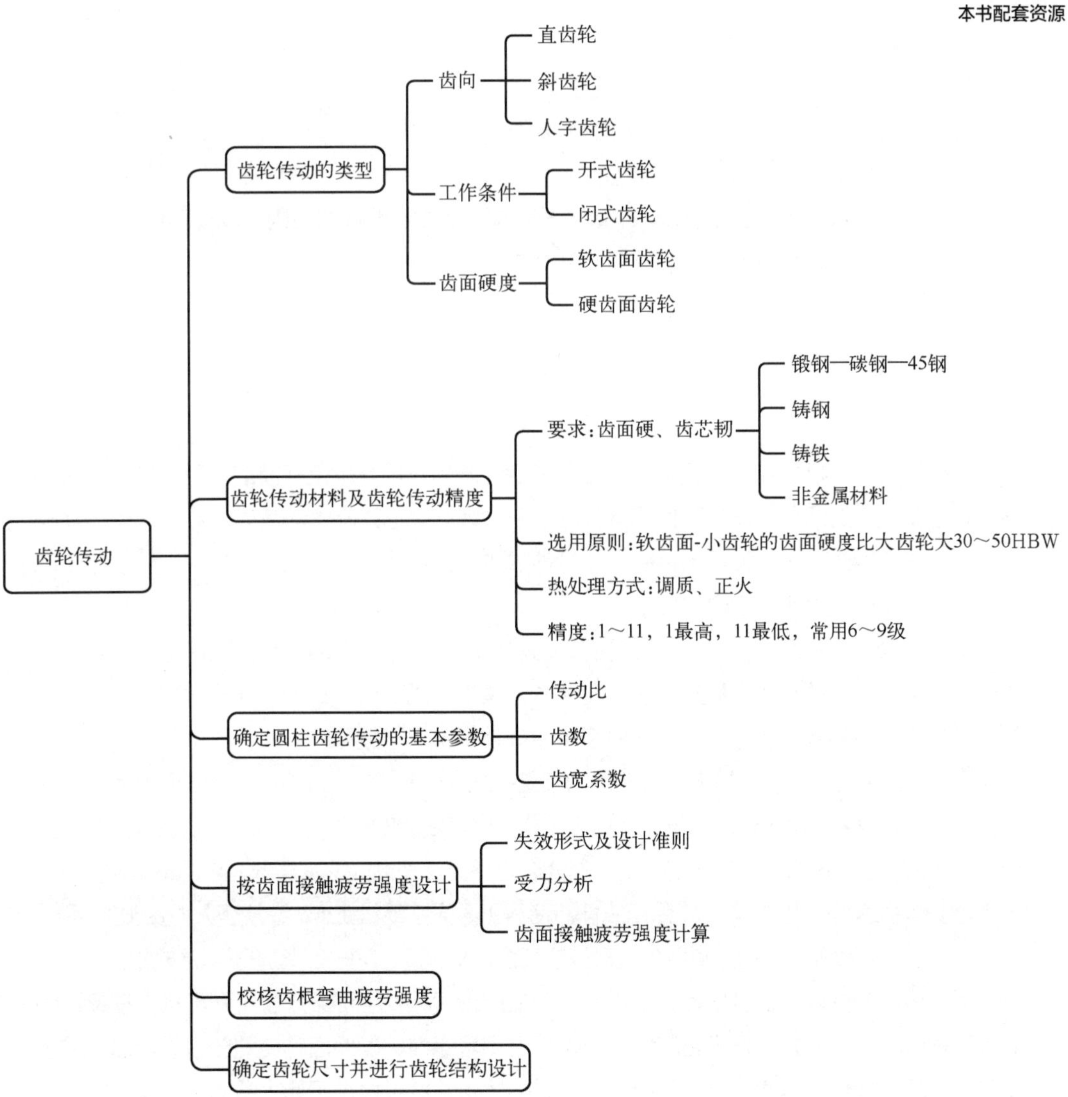

学习目标

1. 熟悉齿轮传动的失效形式和设计准则；
2. 了解齿轮常用材料及许用应力的计算；
3. 掌握直齿圆柱齿轮的强度计算与设计方法；
4. 掌握齿轮结构类型的选用及尺寸的计算；
5. 掌握斜齿圆柱齿轮的受力分析。

任务目标

1. 能分析齿轮传动的失效形式和设计准则；
2. 会对齿轮常用材料及许用应力进行选择；
3. 能够对斜齿圆柱齿轮进行受力分析；
4. 会运用直齿圆柱齿轮的强度计算与设计方法及参数的选用原则，完成项目实践；
5. 会合理选择齿轮结构类型并进行尺寸的计算。

案例引入

齿轮传动作为机械传动的重要方式，在工业生产中发挥着举足轻重的作用。它能够实现不同转速和扭矩之间的转换，确保机械系统的平稳运行。通过精确的齿轮配合，齿轮传动能够实现高精度的动力传递和运动控制，为各种机械装备提供可靠的动力支持，广泛应用于汽车、船舶、航空、机床等各个领域。

某制造公司的生产线，依赖一套精密的齿轮传动装置来实现自动化生产流程。这套装置承载着传递动力、调整速度和方向的重要任务，是生产线不可或缺的一部分。然而，一天下午，生产线突然陷入停滞，工人们发现齿轮传动装置出现了故障。

经过初步检查，技术人员发现齿轮传动装置中的几个关键齿轮出现了严重的磨损和断裂。这些齿轮的失效导致整个传动系统无法正常工作，生产线上的机器设备因此无法继续运转。生产线中断给制造公司带来了极大的困扰。首先，订单无法按时完成，导致客户的不满和投诉，甚至可能面临违约的风险。其次，生产线停滞使得工人无法继续工作，造成了人力资源的浪费。此外，为了修复故障，公司还需要投入额外的资金和时间，这进一步增加了运营成本。

齿轮传动的失效对设备性能、使用寿命、生产运营和安全都会产生不利影响，在设计和制造过程中，必须充分考虑齿轮的强度、耐磨性和可靠性，确保齿轮传动能够稳定运行并承受各种挑战，任何细微的故障都可能导致严重的后果，甚至危及工作人员的生命安全。除此之外，还必须加强对齿轮传动装置的监测和维护，及时发现并处理潜在问题，确保使用安全。

【项目提出】

设计带式输送机单级直齿圆柱齿轮传动，如图 3-10 所示。已知输入功率 P_1=2.95kW，小齿轮的转速 n_1=480r/min，传动比 i=3.48，由电动机驱动，工作寿命 8 年（每年工作 250 天），两班制，载荷平稳，单向传动。

任务 1　确定齿轮传动的类型

齿轮传动的类型很多，除了前文所述的按两齿轮轴线相对位置分类以外，在设计过程中，还常将齿轮传动做如下分类。

1．按齿向分

按齿向，圆柱齿轮可以分为直齿圆柱齿轮、斜齿圆柱齿轮和人字齿轮。

如图 3-31 所示，直齿圆柱齿轮轮齿与轴线平行，啮合传动过程中，一对轮齿沿着整个齿宽同时进入啮合和退出啮合，使得直齿圆柱齿轮传动的平稳性较差，容易产生较大的冲击、振动和噪声。但其制造工艺相对简单，加工工艺成熟，成本较低，通常使用铣齿机、磨齿机等设备实现高精度加工。

图 3-31　直齿圆柱齿轮

如图 3-32 所示，斜齿圆柱齿轮轮齿与轴线倾斜一个角度，称为螺旋角，按螺旋角的旋向可分为右旋和左旋斜齿轮传动。啮合传动过程中，齿面逐渐进入和脱离啮合，使得传动更为平稳，减少了冲击、振动和噪声，但在传动时存在轴向力，轴向力的大小取决于齿轮的螺旋角。轴向力的存在增加了轴承的负载，对传动系统的设计有影响，而且其加工比直齿圆柱齿轮更为复杂，需要使用特殊的机床和工具。

如图 3-33 所示，人字齿轮齿面形状类似于“人”字。由于齿面的特殊形状，其在传递扭矩时不会产生轴向力，从而降低了轴承的磨损，并可以实现双向传动。与斜齿圆柱齿轮相比，人字齿轮的传动更加平稳，噪声更小，承载能力更强。人字齿轮的生产过程非常复杂，因此成本较高，通常只用于特殊应用，如大型传输设备。

图 3-32　斜齿圆柱齿轮

图 3-33　人字齿轮

2. 按工作条件分

按工作条件不同，齿轮传动可以分为闭式齿轮传动和开式齿轮传动。

闭式齿轮传动的齿轮装在经过精加工的封闭箱体中，具有良好的润滑和工作条件，各轴安装精度以及系统的刚度比较高，有较好的啮合条件，多用于重要的场合，如汽车、机床、航空发动机等，但不宜用于传动距离过大的场合。

开式齿轮传动的齿轮则直接暴露在外部环境中或仅有简单的防护罩，不能保证良好的润滑，易落入灰尘和异物等，轮齿齿面容易磨损，适用于工作环境恶劣、对传动精度要求不高或尺寸过大、不易封闭的场合。

3. 按齿面硬度分

按齿面硬度不同，齿轮传动可以分为软齿面齿轮传动和硬齿面齿轮传动。当啮合传动的一对齿轮中有一个齿轮为软齿面齿轮时，称为软齿面齿轮传动；两齿轮都是硬齿面齿轮时，称为硬齿面齿轮传动。

软齿面齿轮（齿面硬度≤350HBW）材料大多为中碳钢和中碳合金钢，经过调质或正火热处理后，进行切齿加工，加工工艺简单，但承载能力低，常用于强度、速度以及精度要求都不太高的传动中。

硬齿面齿轮（齿面硬度＞350HBW）材料大多为中碳钢、中碳合金钢、 低碳合金钢。先将毛坯进行粗加工，然后再进行淬火热处理，而淬火会使轮齿产生变形，因此淬火后还需对齿面进行磨削精加工，以提高轮齿精度。其加工工艺比较复杂，但精度和承载能力高，结构紧凑，常用于高速、重载、要求尺寸紧凑及精密机器中。

任务 2　齿轮传动常用材料及传动精度的选用

1. 齿轮材料的基本要求

齿轮传动是依靠轮齿的相互啮合来传递运动和动力的，不仅要求运转平稳，还需具有足够的承载能力。因此，对齿轮材料的基本要求是：

① 齿面硬　齿轮在传递运动和动力的过程中，齿面之间会发生频繁的摩擦和接触。如果齿面的硬度不足或耐磨性差，就会导致齿面过早磨损，引起齿面失效。

② 齿芯韧　齿轮在传递动力的过程中，轮齿会承受较大的弯曲应力。如果轮齿芯部的强度不足或韧性差，就容易发生断裂或塑性变形等失效形式。

③ 制造工艺性良好　齿轮的制造过程包括锻造、切削、热处理等多个环节，如果材料的加工工艺性能差，就会导致加工难度大、成本高、生产效率低等问题。同时，热处理是改善齿轮材料性能的重要手段，如果材料的热处理性能不佳，就无法通过热处理来提高其力学性能。因

此，选择具有良好加工工艺性能和热处理性能的齿轮材料，对于保证齿轮的质量和性能具有重要意义。

2．常用材料及其热处理

适合制造齿轮的材料有很多，最常用的是锻钢，直径较大的齿轮常用铸钢，工作平稳、速度较低、功率不大的场合常用铸铁，高速、轻载和精度要求不高的场合可以选用尼龙、塑料等非金属材料。

（1）锻钢

锻钢具有强度高、韧性好、便于制造与热处理等优点，因此大多数齿轮都用锻钢制造。按热处理后齿轮齿面硬度的不同，可分为两类：

① 软齿面齿轮　软齿面齿轮的齿面硬度≤350HBW，常用的材料为中碳钢和中碳合金钢，如 45 钢、40Cr、40MnB 等，采用调质或正火的热处理方法。这种齿轮适用于强度、精度要求不高的场合，其齿坯经过热处理后，再进行插齿或滚齿加工，生产便利、成本较低，广泛应用于无特殊要求的一般机械传动中，例如一般用途的减速器。

由于单位时间内小齿轮的循环次数多，工作较大齿轮繁重，为使两齿轮的轮齿强度相近，小齿轮的齿面硬度要比大齿轮高 20～50HBW，或更高一些。传动比越大，硬度差就应该越大。

② 硬齿面齿轮　硬齿面齿轮的齿面硬度＞350HBW，常用的材料为中碳钢和中碳合金钢，经表面淬火处理，硬度可达 40～55HRC。若采用低碳钢和低碳合金钢，如 20 钢、20Cr、20CrMnTi 等，需渗碳淬火，其硬度可达 56～62HRC。热处理后齿面变形较大，通常先对其轮坯进行粗加工，热处理后再进行磨齿精加工以消除变形。这类齿轮齿面硬度高、精度高、承载能力高、耐磨性好，但制造、装配要求高，热处理变形大，常用于高速重载及受冲击载荷或要求尺寸紧凑的重要机械传动中，例如机床、汽车变速箱等。

（2）铸钢

直径尺寸较大（大于 400～600mm），或结构复杂、不易锻造的齿轮可用铸造方法制成铸钢轮坯，再进行正火处理以细化晶粒，常用牌号：ZG270-500、ZG310-570。

（3）铸铁

低速、轻载场合的齿轮可以制成铸铁轮坯。当尺寸大于 500mm 时可制成大齿圈，或制成轮辐式齿轮。铸铁齿轮的加工性能、抗点蚀性能、抗胶合性能均较好，但强度低，耐磨性和抗冲击性能差。铸铁来源充足，易于加工，成本低廉，常用于低速、功率不大及无冲击振动的开式齿轮传动中。常用牌号：HT200、HT350、QT500-7、QT600-3。其中，球墨铸铁力学性能和抗冲击性能优于灰铸铁，可替代铸钢铸造大直径齿轮。

（4）非金属材料

非金属材料的弹性模量小，传动时轮齿的变形可减轻动载荷和噪声，适用于高速轻载、要求不高的场合，常用材料的有夹布胶木、工程塑料等。非金属材料齿轮质量轻、韧性好、噪声小、不生锈、便于维护，但其强度低、导热性差，不适用于高温场合。为了导热，通常将其与金属齿轮配对使用。

齿轮常用材料的力学性能如表 3-18 所示。在选择齿轮材料时，首先必须满足工作条件的要求；其次考虑齿轮的尺寸、成型方法及热处理工艺等。软齿面齿轮中，小齿轮齿面硬度比大齿轮高 20～50HBW；硬齿面齿轮中，两轮齿面硬度可大致相同，或小齿轮硬度略高。

表 3-18　齿轮的常用材料及其力学性能

材料	牌号	热处理方法	硬度	接触疲劳强度极限 σ_{Hlim}/MPa	弯曲疲劳强度极限 σ_{FE}/MPa	应用范围
优质碳素钢	45	正火	156～217HBW	350～400	280～340	低速轻载
		调质	197～286HBW	550～620	410～480	低速中载
		表面淬火	40～50HRC	1120～1150	680～700	高速中载或低速重载 冲击很小
合金钢	40Cr	调质	217～286HBW	650～750	560～620	中速中载
		表面淬火	48～55HRC	1150～1210	700～740	高速中载 无剧烈冲击
	35SiMn	调质	207～286HBW	650～760	550～610	高速中载 无剧烈冲击
		表面淬火	45～50HRC	1130～1150	690～700	
	20Cr	渗碳淬火	56～62HRC	1500	850	高速中载 承受冲击
铸钢	ZG310-570	正火	163～197HBW	280～330	210～250	中速 中载 大直径
	ZG340-640	正火	179～207HBW	310～340	240～270	
球墨铸铁	QT600-2	正火	190～270HBW	490～580	280～310	低、中速 轻载 有小的冲击
	QT500-7		170～230HBW	450～540	260～300	
灰铸铁	HT200	人工时效（低温退火）	170～230HBW	310～370	135～158	低速轻载 冲击很小
	HT300		187～255HBW	330～390	140～165	
夹布胶木			25～35HBW	—	—	高速 小功率

注：表中 σ_{Hlim}、σ_{FE} 值与材料硬度呈线性正相关。根据 GB/T 3480.2—2021 和 GB/T 3480.3—2021 中齿轮接触疲劳极限和弯曲疲劳极限图，以及材料硬度值，σ_{Hlim}、σ_{FE} 取材料和热处理中等要求时对应的数值。

3．许用应力

齿轮的许用应力是由齿轮的材料及热处理后的硬度来决定的。

齿面接触疲劳许用应力为

$$[\sigma_H]=\frac{\sigma_{Hlim}}{S_H}$$

式中　σ_{Hlim}——齿轮的接触疲劳强度极限，它与齿面硬度有关，见表 3-18；

S_H——安全系数，见表 3-19。

齿根弯曲疲劳许用应力为

$$[\sigma_F]=\frac{\sigma_{FE}}{S_F}$$

式中 σ_{FE}——齿轮的弯曲疲劳强度极限，它与齿面硬度有关，见表 3-18；

S_F——安全系数，见表 3-19。

表 3-19 最小安全系数 S_{Hmin}、S_{Fmin} 的参考值

使用要求	S_{Fmin}	S_{Hmin}
高可靠度（失效概率≤1/10000）	2.0	1.5
较高可靠度（失效概率≤1/1000）	1.6	1.25
一般可靠度（失效概率≤1/100）	1.25	1.0

注：对于一般工业用齿轮传动，可用一般可靠度。

4．精度等级的选择

国家标准 GB/T 10095.1—2022 规定了单个渐开线圆柱齿轮 1～11 共 11 个精度等级，其中 1 级精度最高，11 级精度最低，常用 6～9 级精度。

选用齿轮精度等级时，应仔细分析对齿轮传动提出的功能要求和工作条件，如传动准确性、圆周速度、噪声、传动功率等。在工程实际中，绝大多数齿轮的精度等级采用类比法确定。表 3-20 给出了齿轮的常用精度等级及加工方法；表 3-21 列出了各类机械所用齿轮的一般精度要求；表 3-22 列出了 6～9 级精度齿轮相适应的圆周速度范围，在实际选用时，应综合考虑载荷和速度等因素。

表 3-20 齿轮的常用精度等级及加工方法

精度等级	3～5 级	6 级	7 级	8 级	9 级及以下
加工方法	在周期性误差非常小的精密齿轮机床上范成加工	在高精度的齿轮机床上范成加工	在高精度的齿轮机床上范成加工	用范成法或仿形法加工	用任意的方法加工
齿面最终精加工	精密磨齿大型齿轮精密滚齿后，再研磨或剃齿	精密磨齿或剃齿	不淬火的齿轮推荐用高精度的刀具切制。淬火的齿轮要精加工（磨齿、剃齿、研齿或珩齿）	不磨齿，必要时剃齿或研磨	不需要精加工
特点	对加工设备和工艺控制要求极高，能达到极高精度	可实现较高精度，满足中等精度要求的较高端应用	综合多种工艺，能在一定成本控制下实现较好精度	加工工艺相对常规，成本较低	工艺简单，成本低

表 3-21 各类机械所用齿轮的一般精度要求

典型机械	齿轮精度要求	原因	典型机械	齿轮精度要求	原因
测量齿轮	2～5 级	保证测量准确性，高精度可减小测量误差	通用减速器	6～8 级	平衡传动效率、噪声和成本，满足广泛工业应用需求
航空发动机	4～7 级	对重量、可靠性和传动效率要求严格，高精度确保动力传输稳定精确	轧钢机	5～10 级	兼顾恶劣工作环境下设备强度和传动准确性

续表

典型机械	齿轮精度要求	原因	典型机械	齿轮精度要求	原因
金属切削机床	3～8 级	保证机床加工精度和运行稳定性，不同部位根据功能需求选择不同精度	轻型汽车	5～8 级	满足汽车动力性能和舒适性要求
拖拉机	6～9 级	适应不同工况动力传输，无需过高精度，成本可控	起重机械	6～10 级	确保起重作业安全稳定
内燃机车	6～7 级	承受较大载荷和扭矩，保证动力系统稳定高效运行	载重汽车	6～9 级	适应重载和复杂路况动力传输
电气机车	6～7 级	保障电力驱动系统稳定运行和高效动力传输	农业机械	8～10 级	工作环境复杂且对成本敏感，低精度可满足需求

表 3-22　6～9 级精度齿轮相适应的圆周速度范围

精度等级	圆柱齿轮传动（斜齿）	圆柱齿轮传动（直齿）	锥齿轮传动（直齿）
6 级	≥30m/s		≥15m/s
7 级	≥15m/s	≥10m/s	≥10m/s
8 级	≥10m/s	≥6m/s	≥6m/s
9 级	≥4m/s	≥4m/s	≥2m/s

任务 3　确定圆柱齿轮传动的基本参数

1. 齿数比 u 与传动比 i

齿数比 $u=z_2/z_1\geqslant 1$，z_1 和 z_2 分别是小齿轮和大齿轮的齿数。而传动比 $i=z_2/z_1$，z_1 和 z_2 分别是主动齿轮和从动齿轮的齿数。当齿轮做减速传动时，即小齿轮为主动齿轮，大齿轮为从动齿轮，此时 $u=i$；反之，当齿轮做增速传动时，齿数比 u 和传动比 i 互为倒数，即 $u=1/i$。

后文中出现的 z_1 和 z_2、b_1 和 b_2 等的下角 1、2，默认 1 对应小齿轮同时也是主动轮，2 对应大齿轮同时也是从动轮。

在单级传动设计时，齿数比不宜过大，否则大、小齿轮尺寸悬殊，整个传动外廓尺寸过大。一般减速传动中，$u\leqslant 6\sim 8$。若传动比过大，可以考虑采用多级传动。

2. 齿数 z

齿数越多，重合度越大，齿轮传动越平稳，且能改善传动质量、减少磨损。但当分度圆直径一定时，增加齿数会使模数减小，轮齿尺寸变小，减少了切齿的加工量且减少了工时，但模数减小会导致轮齿的弯曲疲劳强度降低。因此，在保证弯曲疲劳强度的前提下，可取较大的齿数和较小的模数。

在闭式软齿面齿轮传动中，齿轮的承载能力主要决定于齿面接触疲劳强度，齿轮的弯曲强度总是足够的，因此齿数可取多些，推荐 z_1=20～40。

在闭式硬齿面齿轮和开式齿轮传动中，齿轮的承载能力主要决定于齿根弯曲疲劳强度，因此可以适当地减少齿数以保证模数取值合理，一般取 z_1=17～20。

对于周期性变化的载荷，为避免最大载荷总是作用在某一对或几对轮齿上，而使磨损过于集中，z_1、z_2 应互为质数。这样实际传动比和理论传动比可能稍有出入，但一般情况下传动比误差在±5%以内是允许的，并不会对机械系统的整体性能产生显著影响。

3．齿宽系数φ_d

齿宽系数 $\varphi_d=\dfrac{b}{d_1}$，其中 b 为齿宽，d_1 为小齿轮的分度圆直径。当 d_1 一定时，齿宽系数增大，齿宽增大，可提高齿轮的承载能力。但齿宽越大，沿齿宽的载荷分布不均匀越严重，造成偏载而降低传动能力。因此，在设计时应按照表 3-23 合理选择 φ_d 。

表 3-23　齿宽系数 φ_d

齿轮相对于轴承的位置	齿面硬度	
	软齿面	硬齿面
对称布置	0.8～1.4	0.4～0.9
非对称布置	0.6～1.2	0.3～0.6
悬臂布置	0.3～0.4	0.2～0.25

注：1．对于直齿圆柱齿轮取较小值；斜齿圆柱齿轮可取较大值。
　　2．载荷平稳、轴的刚性较大时，取大值；变载荷、轴的刚性较小时，取小值。

在一般精度的圆柱齿轮减速器中，为补偿加工和装配的误差，应使小齿轮比大齿轮宽一些，小齿轮的齿宽取 $b_1=b_2+(5～10)$mm。所以，齿宽系数实际上为 $\varphi_d=\dfrac{b_2}{d_1}$。齿宽 b_1 和 b_2 都应圆整为整数，最好个位数为 0 或 5。

任务 4　直齿圆柱齿轮传动接触疲劳强度计算

为计算齿轮的承载能力，必须对齿轮的受载特点、失效形式进行分析，以确定齿轮传动的设计准则。

1．失效形式与设计准则

（1）失效形式

分析失效的目的是找出齿轮传动失效的原因，制定强度计算准则，或提出防止失效的措施，以提高其承载能力并延长使用寿命。齿轮传动的失效主要发生在轮齿，主要包括轮齿折断、齿面点蚀、齿面胶合、齿面磨损和塑性变形。

① 轮齿折断　轮齿折断指齿轮的一个或多个轮齿的整体或局部折断，通常分为两种形式：

一种是疲劳折断，如图3-34、图3-35所示。当一对轮齿进入啮合时，在载荷作用下，轮齿相当于一个悬臂梁。传动过程中，齿根部产生的弯曲应力最大，且齿根圆角过渡部分存在应力集中，在交变弯曲应力作用下，齿根处产生疲劳裂纹，裂纹不断扩展，最终导致轮齿弯曲疲劳折断，这种现象叫疲劳折断。大量实践表明，疲劳裂纹首先发生在齿根受拉的一侧。

图3-34　轮齿折断（一）

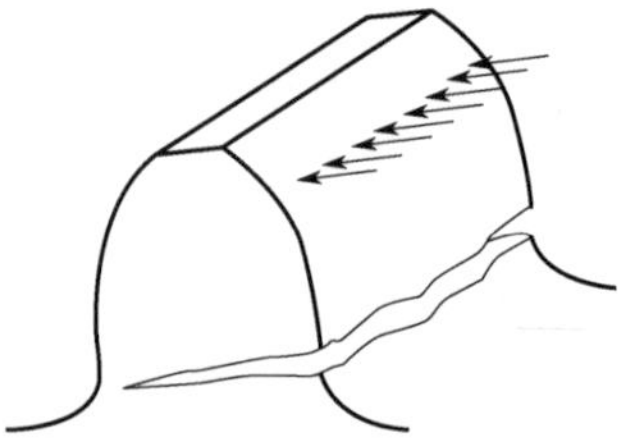

图3-35　轮齿折断（二）

另一种是过载折断。当轮齿突然过载或经严重磨损后齿厚过薄时，也会发生突然折断，这种现象叫过载折断。

齿宽较小的直齿圆柱齿轮往往产生整体折断。如果轮齿宽度过大，当制造、安装的误差使其局部受载过大时，会造成局部折断。在斜齿圆柱齿轮传动中，轮齿工作面上的接触线是一条斜线，易发生局部折断。

轮齿折断是最危险的失效形式之一，齿轮传动完全失效，且会导致其他零部件损坏，发生更大的故障。

提高轮齿抗折断能力的措施有很多，如：平缓齿根过渡曲线及消除加工刀痕，减小齿根应力集中；加大轴及支撑的刚度，使轮齿受载较为均匀；采用合适的热处理方法，使齿芯材料具有足够的韧性；采用喷丸、液压等工艺措施对齿根表层进行强化处理等。

② 齿面点蚀　如图3-36所示，轮齿啮合时，工作齿面的啮合处受到的是近似脉动循环变化的接触应力，在接触应力的反复作用下，当接触应力超过轮齿材料的接触疲劳强度极限时，轮齿表层出现微小的疲劳裂纹，裂纹蔓延、扩展而导致齿面表层金属颗粒剥落，形成麻点状凹坑，这种现象称为疲劳点蚀。点蚀发生后，破坏了齿轮的正常工作，引起振动和噪声。

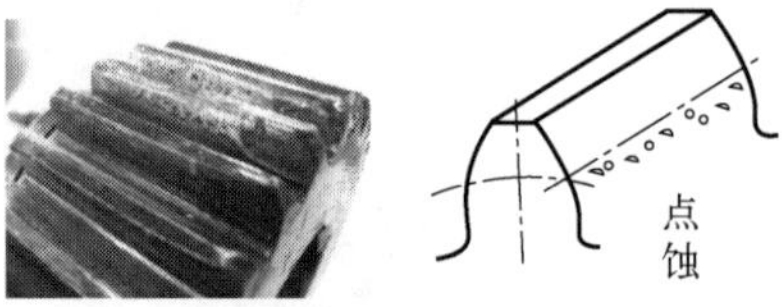

图3-36　齿面点蚀

实践表明，由于轮齿在节线附近啮合时，同时啮合的轮齿对数少，且轮齿间相对滑动速度小，油膜不易形成，所以点蚀多发生在轮齿节线附近靠齿根的一侧。

一般闭式齿轮传动中的软齿面齿轮易发生齿面点蚀，设计时应保证齿面有足够的接触强度，可以：提高齿轮齿面硬度，降低齿面粗糙度；提高润滑油的黏度，采用适宜的添加剂；采用正角度变位齿轮传动；提高接触精度。

在开式齿轮中，由于磨损严重，点蚀还来不及出现或者扩展即被磨损掉，所以一般看不到点蚀现象。

③ 齿面胶合 如图 3-37 所示，当两齿面相对转动时，较软齿面上的金属从表面被撕落下来，从而在齿面上沿滑动方向出现条状伤痕，这种现象称为齿面胶合。根据其形成原因不同，可以分为热胶合和冷胶合两种。

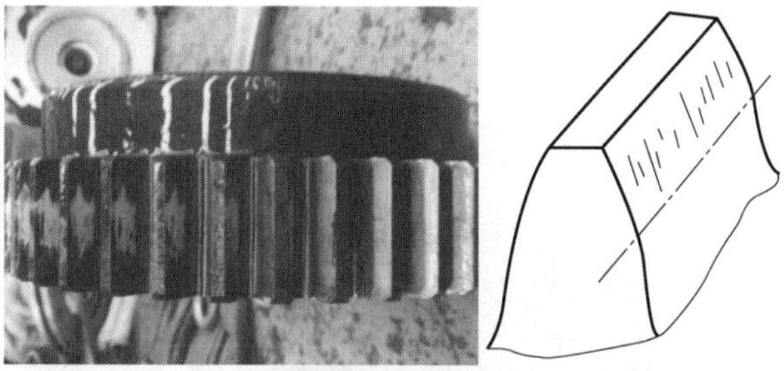

图 3-37 齿面胶合

热胶合发生在高速重载的齿轮传动中，由于齿面间的压力较大，相对滑动速度较高，因而发热量大，温度升高、油膜破裂而引起两个齿面的局部金属直接接触并在瞬间相互粘连。由于在齿顶和齿根处的滑动系数大，胶合一般发生在齿顶与齿根的单对齿啮合处。

冷胶合发生在低速重载的齿轮传动中，由于齿面间局部压力过大，相对滑动速度低，油膜还未形成，两齿面金属直接接触，也会出现胶合。

减轻或防止齿面胶合失效的方法有：减小模数，降低齿高，减小齿面的滑移速度；采用角变位齿轮传动，以降低啮合开始点和终止点的滑动速度；采用有极压添加剂的润滑油，降低供油温度，保持良好的润滑条件；选用抗胶合能力强的齿轮材料和合适的材料配对；提高齿面强度，降低齿面粗糙度；等等。

④ 齿面磨损 如图 3-38 所示，齿轮在啮合传动过程中，轮齿接触面上的材料摩擦损耗的现象，称为齿面磨损。

图 3-38 齿面磨损

齿面磨损多发生在开式齿轮传动中，当灰尘、金属屑末等异物落在齿面上，齿面将逐渐磨损，失去正确齿形，产生冲击和噪声。此外，轮齿磨损过度会导致轮齿变薄，易发生轮齿折断。

采用闭式齿轮传动或加防护罩，提高齿面硬度，降低齿面粗糙度，保持润滑油清洁，可有效减轻或避免齿面磨损。

⑤ 齿面塑性变形 如图 3-39 所示，当轮齿材料较软而载荷较大时，轮齿表层材料沿着摩擦力方向发生塑性流动，导致主动齿轮齿面节线附近出现凹沟，从动齿轮齿面节线附近出现凸棱，齿面的正常齿形被破坏，影响齿轮的正确啮合，这种现象称为齿面塑性变形。这种失效主要出现在低速、过载严重和启动频繁的齿轮传动中。

图 3-39 齿面塑性变形

适当提高齿面、齿芯硬度，采用极压添加剂和高黏度的润滑油，选用机械强度高的材料，可减小齿面塑性变形。

（2）设计准则

表 3-24 所示为齿轮传动设计准则。工作条件、齿轮的材料不同，轮齿的失效形式就不同，设计准则、设计方法也不同。

表 3-24 齿轮传动设计准则

齿轮类型	失效形式	设计准则
闭式软齿面齿轮	齿面点蚀	按齿面接触疲劳强度设计计算，确定齿轮的主要参数和尺寸，然后再按齿根弯曲疲劳强度校核
闭式硬齿面齿轮	轮齿折断	按齿根弯曲疲劳强度设计计算，确定齿轮的模数和其他尺寸，然后再按齿面接触疲劳强度校核
开式齿轮	齿面磨损	目前磨损尚无可靠的计算方法，通常按齿根弯曲疲劳强度设计计算，考虑磨损因素，将模数增大 10%～20%，而无需胶合接触强度

2. 受力分析

（1）直齿圆柱齿轮传动

齿轮在传递动力时，齿面间既有正压力又有摩擦力，但当润滑良好时，摩擦力对强度的影响很小，可以忽略不计。正压力沿齿宽接触线分布，在进行受力分析时，用集中作用于分度圆上齿宽中点处的法向力 F_n 代替轮齿所受的分布力。正压力 F_n 沿着两齿廓接触点的公法线方向，即啮合线方向。

如图 3-40 所示，F_n 可分解为 F_t 和 F_r 两个分力：

$$圆周力\ F_t = \frac{2T_1}{d_1}$$

$$径向力\ F_r = F_t \tan\alpha$$

$$法向力\ F_n = \frac{F_t}{\cos\alpha}$$

式中　T_1——小齿轮上的转矩，N·mm；

α——分度圆压力角，(°)；

d_1——分度圆直径，mm。

根据作用力与反作用力的关系，可求出作用在从动齿轮上的力：$F_{t1}=-F_{t2}$，$F_{r1}=-F_{r2}$，$F_{n1}=-F_{n2}$。负号表示两个力的方向相反。

主动轮所受的圆周力是阻力，与转动方向相反；从动轮上所受的圆周力是驱动力，与转动方向相同。两个齿轮的径向力方向分别指向各自的轮心。图 3-41 所示为直齿圆柱齿轮传动的受力分析标注示例。

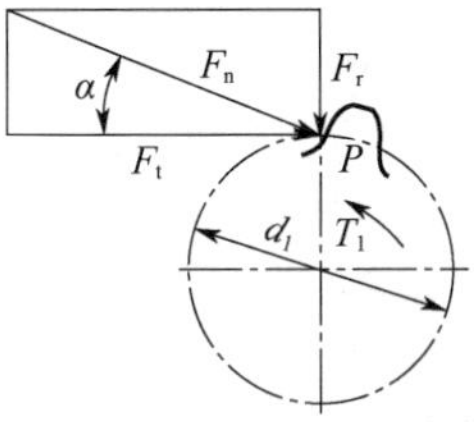

图 3-40　直齿圆柱齿轮传动的受力分析

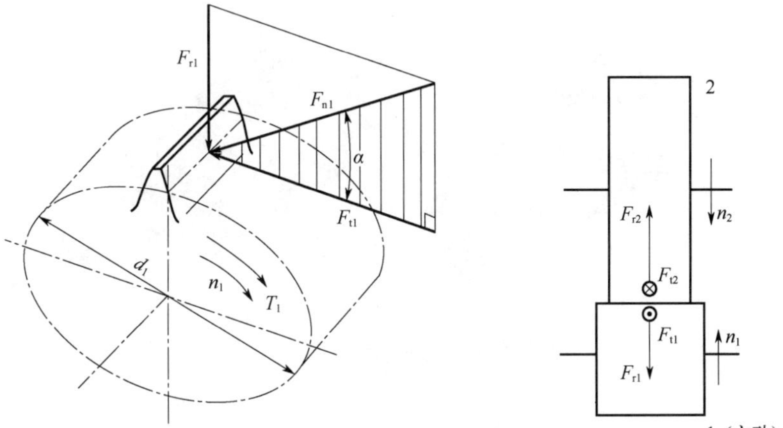

图 3-41　直齿圆柱齿轮传动的受力分析标注示例

（2）斜齿圆柱齿轮传动

图 3-42 所示为斜齿轮轮齿受力情况，从图（a）可以看出，轮齿所受总法向力 F_n 处于与轮齿相垂直的法面上，它可分解为圆周力 F_t、径向力 F_r 和轴向力 F_x，其数值的计算公式为

$$圆周力\ F_t = \frac{2T_1}{d_1}$$

$$径向力\ F_r = F_t\frac{\tan\alpha_n}{\cos\beta}$$

$$轴向力\ F_x = F_t\tan\beta$$

各分力的方向如下：

主动轮上圆周力 F_t 和径向力 F_r 方向的判定方法与直齿轮相同，轴向力 F_x 的方向可根据左、右手法则来判定，即左旋斜齿轮用左手判定，右旋斜齿轮用右手判定。拇指伸直与轴线平行，其余四指沿回转方向握住轴线，拇指的指向即为主动轮的轴向力方向。如图 3-43（a）所示为左旋斜齿轮轴向力判断方法，图（b）所示为右旋斜齿轮轴向力判断方法。

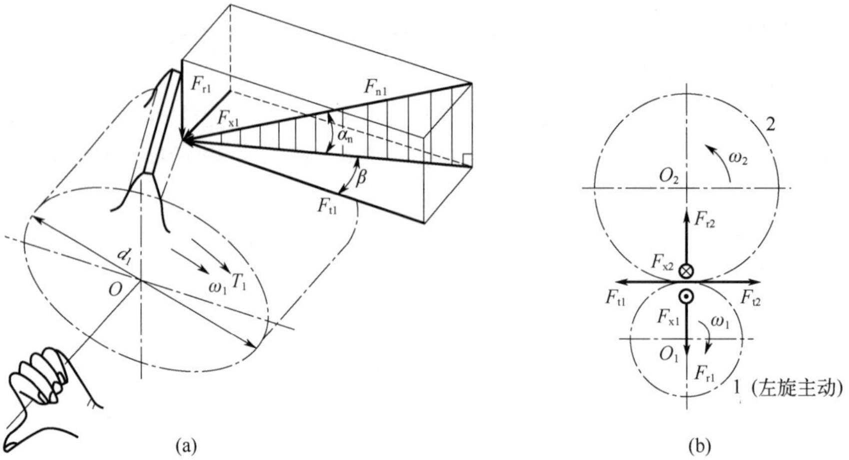

图 3-42 斜齿圆柱齿轮传动的受力分析

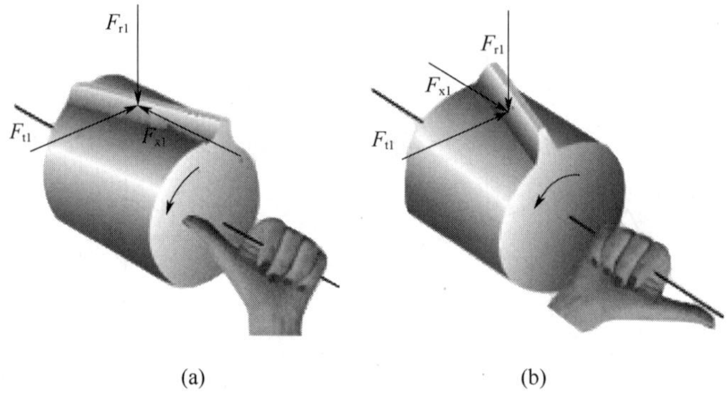

图 3-43 主动轮轴向力方向判断方法

从动轮上的力可根据作用力与反作用力关系来判断。

（3）直齿锥齿轮传动

图 3-44 所示为直齿锥齿轮传动轮齿受力情况，法向力 F_n 可分解为三个分力：

$$\text{圆周力 } F_t = \frac{2T_1}{d_{m1}}$$

$$\text{径向力 } F_r = F_t \tan\alpha \cos\delta$$

$$\text{轴向力 } F_x = F_t \tan\alpha \sin\delta$$

式中，d_{m1} 为小齿轮齿宽中点的分度圆直径。

各分力方向如下：

圆周力 F_t 方向在主动齿轮上与运动方向相反，在从动齿轮上与运动方向相同。径向力 F_r 的方向对两轮都是垂直指向齿轮轴线。轴向力 F_x 方向对两轮都是由小端指向大端。如图 3-44

（b）所示，主动齿轮上的径向力和轴向力在数值上分别等于从动齿轮上的轴向力和径向力，但其方向相反，即 $F_{t1}=-F_{t2}$，$F_{r1}=-F_{x2}$，$F_{x1}=-F_{r2}$，负号表示两个力的方向相反。

三种齿轮传动主动轮上各分力方向判断如表 3-25 所示。

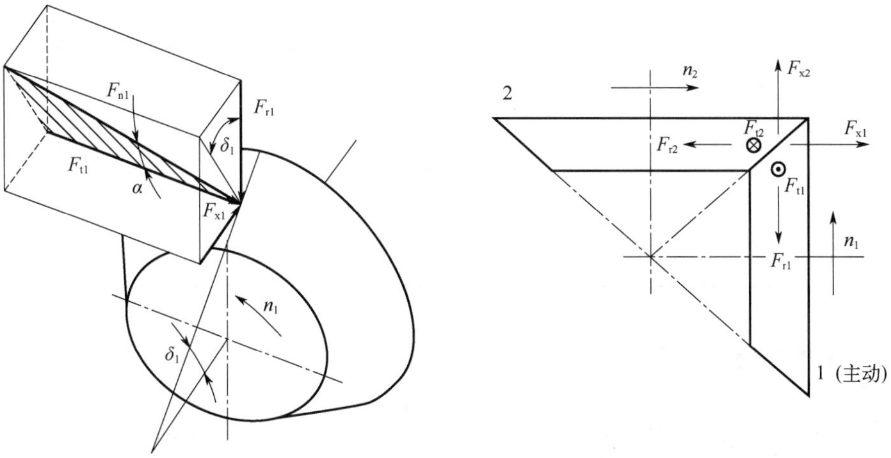

(a)　　　　(b)

图 3-44　直齿锥齿轮传动的受力分析

表 3-25　三种齿轮传动主动轮上各分力方向判断

齿轮类型	圆周力 F_t	径向力 F_r	轴向力 F_x	示例
直齿圆柱齿轮	与转动方向相反	指向各自轮心	—	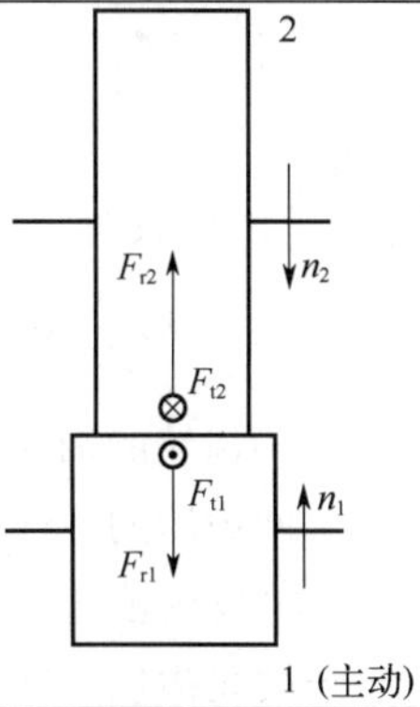
斜齿圆柱齿轮	与转动方向相反	指向各自轮心	左右手法则	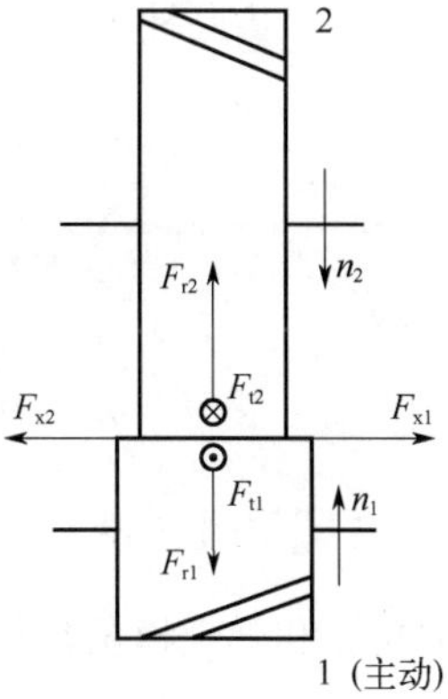

续表

齿轮类型	圆周力 F_t	径向力 F_r	轴向力 F_x	示例
直齿锥齿轮	与转动方向相反	指向各自轮心	由小端指向大端	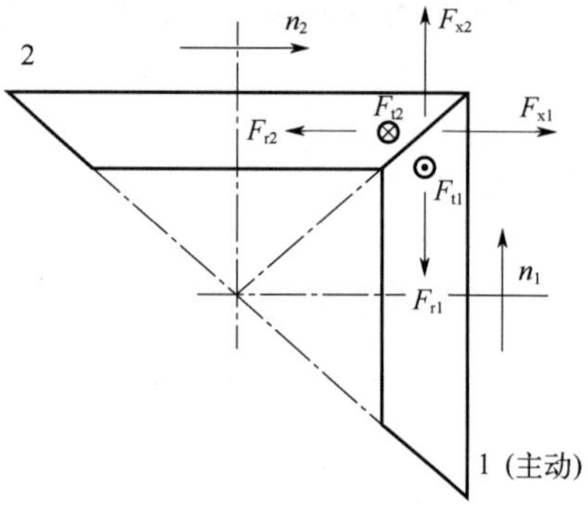

3．齿面接触疲劳强度计算

齿面接触疲劳强度计算是针对齿面点蚀失效进行的，齿面点蚀是由接触应力过大引起的。齿轮啮合可看作两个曲率半径为 ρ_1、ρ_2 的圆柱体接触，由于齿面点蚀一般发生在节线附近，所以以节线处作为接触应力的计算部位。外啮合标准直齿圆柱齿轮在节点 C 处啮合，其最大接触应力可根据赫兹应力公式计算，即

$$\sigma_H=\sqrt{\frac{F_{nc}}{\pi b}\times\frac{\dfrac{1}{\rho_1}\pm\dfrac{1}{\rho_2}}{\dfrac{1-\mu_1^2}{E_1}+\dfrac{1-\mu_2^2}{E_2}}}$$

式中　F_{nc}——计算载荷，即引入如表 3-26 所示载荷系数 K 对法向力 F_n 进行修正后的值，$F_{nc}=KF_n=K\dfrac{2T_1}{d_1\cos\alpha}$，N；

μ_1、μ_2——两齿轮的泊松比；

E_1、E_2——两齿轮的弹性模量；

b——轮齿接触宽度，mm；

ρ_1、ρ_2——两轮齿接触处的曲率半径。

对于标准直齿圆柱齿轮，由

$$\rho_1=N_1C=\frac{d_1\sin\alpha}{2},\quad \rho_2=N_2C=\frac{d_2\sin\alpha}{2}$$

可得

$$\frac{1}{\rho_1}\pm\frac{1}{\rho_2}=\frac{\rho_2\pm\rho_1}{\rho_1\rho_2}=\frac{2(d_2\pm d_1)}{d_1d_2\sin\alpha}=\frac{u\pm1}{u}\times\frac{2}{d_1\sin\alpha}$$

式中，“+”用于外啮合，“−”用于内啮合；u 为齿数比，$u=\dfrac{d_2}{d_1}=\dfrac{z_2}{z_1}$。

因泊松比和弹性模量都和齿轮材料相关，为简化计算，引入如表 3-27 所示材料弹性系数 Z_E，令

$$Z_E=\sqrt{\frac{1}{\pi\left(\frac{1-\mu_1^2}{E_1}+\frac{1-\mu_2^2}{E_2}\right)}}$$

表 3-26 载荷系数 *K*

工作机械	载荷特性	原动机		
		电动机	多缸内燃机	单缸内燃机
均匀加料的运输机和加料机、轻型卷扬机、发电机、机床辅助传动	均匀、轻微冲击	1～1.2	1.2～1.6	1.6～1.8
不均匀加料的运输机和加料机、重型卷扬机、球磨机、机床主传动	中等冲击	1.2～1.6	1.6～1.8	1.8～2.0
冲床、钻床、轧机、破碎机、挖掘机	较大冲击	1.6～1.8	1.9～2.1	2.2～2.4

注：斜齿、圆周速度低、精度高、齿宽系数小、齿轮在两轴承间对称布置时取小值；直齿、圆周速度高、精度低、齿宽系数大、齿轮在两轴承间不对称布置时取大值。

表 3-27 材料弹性系数 Z_E 单位：$\sqrt{\text{MPa}}$

齿轮材料	配对齿轮材料的弹性模量 *E*/MPa				
	灰铸铁	球墨铸铁	铸钢	锻钢	夹布塑胶
	11.8×10^4	17.3×10^4	20.2×10^4	20.6×10^4	0.785×10^4
锻钢	162.0	181.4	188.9	189.8	56.4
铸钢	161.4	180.5	188.0	—	—
球墨铸铁	156.6	173.0	—		
灰铸铁	143.7	—			

注：表中所列夹布塑胶的泊松比 μ 为 0.5，其余材料的 μ 均为 0.3。

将上述参数代入式中可得

$$\sigma_H=Z_E\sqrt{\frac{2KT_1}{bd_1\cos\alpha}\times\frac{2}{d_1\sin\alpha}\times\frac{u\pm1}{u}}$$

令 $Z_H=\sqrt{\frac{2}{\sin\alpha\cos\alpha}}$ 为节点区域系数（标准直齿轮 $\alpha=20^\circ$ 时，Z_H=2.5），代入上式后得齿面接触疲劳强度的校核公式为

$$\sigma_H=Z_HZ_E\sqrt{\frac{2KT_1}{bd_1^2}\times\frac{u\pm1}{u}}\leqslant[\sigma_H]$$

引入齿宽系数 $\varphi_d=\frac{b}{d_1}$，可得齿轮接触疲劳强度的设计公式为

$$d_1\geqslant\sqrt[3]{\frac{2KT_1}{\varphi_d}\times\frac{u\pm1}{u}\left(\frac{Z_HZ_E}{[\sigma_H]}\right)^2}$$

进行齿面接触疲劳强度计算时，需要注意：

① 接触处两齿轮的齿面接触应力是相等的，但由于两齿轮材料及齿面硬度不同，两齿轮的许用接触应力是不同的，设计计算时应按 $[\sigma_{H1}]$ 和 $[\sigma_{H2}]$ 较小值代入。

② “+” 用于外啮合，“−” 用于内啮合。

③ 影响接触疲劳强度的尺寸是 d（或 a）和 b，而与模数 m 无关。

任务 5　直齿圆柱齿轮传动弯曲疲劳强度计算

为了防止轮齿根部疲劳折断，在进行齿轮设计时需要计算齿根弯曲疲劳强度，轮齿的疲劳折断主要跟齿根弯曲应力的大小有关。为简化计算，假定全部载荷由一对轮齿承受，且载荷作用于齿顶时，齿根所受的弯曲力矩最大。

计算时，由于齿体的刚度很大，因而可以将轮齿看作一个宽度为 b 的悬臂梁，其危险截面可以用 30° 切线法确定，即作与轮齿对称中心线成 30° 夹角并与齿根圆角相切的斜线，两切点的连线即为危险截面，如图 3-45 所示。

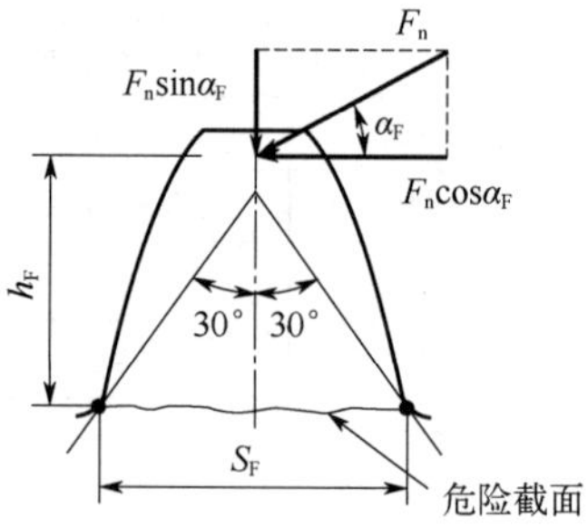

图 3-45　轮齿弯曲及危险截面

作用在齿顶的法向力 F_n 可分解成互相垂直的两个分力 $F_n\cos\alpha_F$ 和 $F_n\sin\alpha_F$，其中 $F_n\cos\alpha_F$ 对齿根产生弯曲应力，$F_n\sin\alpha_F$ 引起压应力。压应力较小，对弯曲强度的影响可忽略不计。所以，齿根危险截面上的弯曲应力为

$$\sigma_F = \frac{M}{W}$$

式中　M——齿根最大弯矩，$M = F_{nc}\cos\alpha_F h_F$（其中 F_{nc} 为计算载荷，N），N·mm。

W——危险截面的弯曲截面系数，$W = \frac{1}{6}\times$齿宽$\times S_F^2$，mm³。

计算载荷 F_{nc}，即引入如表 3-26 所示载荷系数 K 对法向力 F_n 进行修正后的值：

$$F_{nc} = KF_n = K\frac{2T_1}{d_1\cos\alpha}$$

所以可得出

$$\sigma_F = \frac{M}{W} = \frac{2KT_1}{d_1\cos\alpha}\times\frac{6h_F\cos\alpha_F}{bS_F^2}$$

将分子、分母同除以 m^2 可得

$$\sigma_F = \frac{2KT_1}{bd_1 m}\times\frac{6\left(h_F/m\right)\cos\alpha_F}{\left(S_F/m\right)^2\cos\alpha}$$

令 $Y_{Fa}=\dfrac{6(h_F/m)\cos\alpha_F}{(S_F/m)^2\cos\alpha}$，称为齿形系数，考虑了齿形对齿根弯曲应力的影响，只与齿形有关，即取决于齿数和变位系数，而与模数无关。标准外啮合齿轮的齿形系数可查图 3-46。再考虑齿根过渡曲线处的应力集中效应及压应力的影响，引入应力修正系数 Y_{Sa}，见图 3-47，可得齿根弯曲疲劳强度校核公式：

$$\sigma_F=\frac{2KT_1}{bd_1m}Y_{Fa}Y_{Sa}\leqslant[\sigma_F]$$

引入齿宽系数 $\varphi_d=\dfrac{b}{d_1}$，并将 $d_1=mz_1$ 代入后，得齿根弯曲疲劳强度的设计公式为

$$m\geqslant\sqrt[3]{\frac{2KT_1}{\varphi_d z_1^2}\times\frac{Y_{Fa}Y_{Sa}}{[\sigma_F]}}$$

进行齿根弯曲疲劳强度计算时，需要注意：

① 一般情况下，配对齿轮的齿数、材料和热处理方法不尽相同，所以两齿轮的齿根弯曲应力和许用弯曲应力往往各不相等，应分别校核两齿轮的强度。

② 设计时，应将两齿轮的 $\dfrac{Y_{Fa}Y_{Sa}}{[\sigma_F]}$ 较大者代入齿根弯曲疲劳强度设计公式进行计算。

③ 求得模数后，应将模数 m 取为标准值。

④ 为防止轮齿太小引起意外断齿，动力传动的齿轮模数 $m\geqslant1.5\sim2$mm。

⑤ 当齿轮的载荷、材质及齿数等其他条件一定时，齿轮传动的齿根弯曲疲劳强度主要取决于齿轮的模数 m 和齿宽 b。

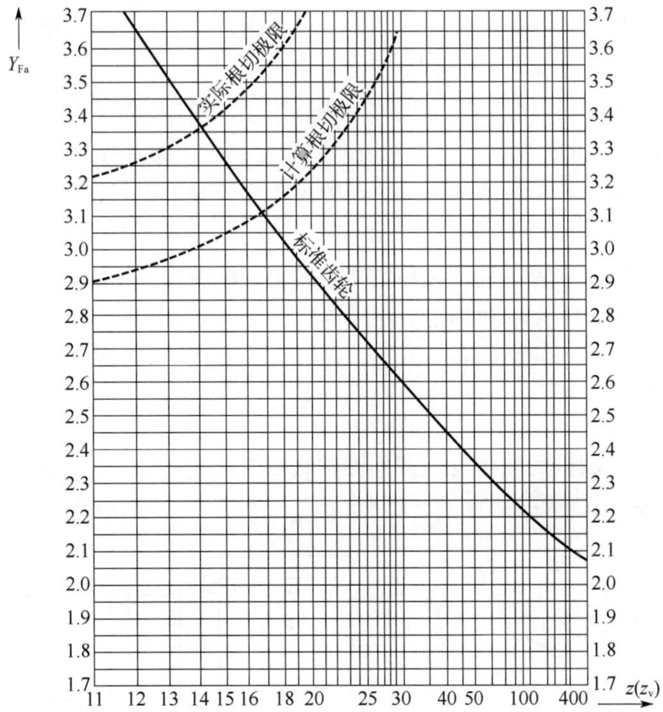

图 3-46　外啮合齿轮的齿形系数 Y_{Fa}

z—齿数；z_v—当量齿数

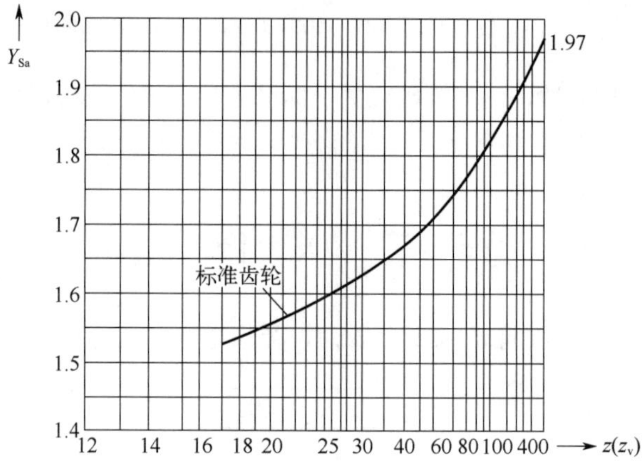

图 3-47 外啮合齿轮的应力修正系数 Y_{Sa}

z—齿数；z_v—当量齿数

任务 6 确定齿轮尺寸并进行齿轮结构设计

齿轮的结构设计是指确定齿轮的轮毂、轮辐以及轮缘等各部分的结构形式及尺寸大小，并绘制齿轮零件的工作图等。齿轮的结构设计与齿轮的大小、材料、毛坯形式、加工方法、使用要求及经济性等因素相关，通常先按齿顶圆的直径大小选择合适的结构形式，再依据经验数据进行结构设计。

齿轮按加工制造方法可以分为锻造齿轮、铸造齿轮、焊接齿轮和组合齿轮四种。齿顶圆直径小于 500mm 的中、大批量齿轮，一般采用锻造齿轮；齿顶圆直径大于 500mm 的中、大批量齿轮，一般采用铸造齿轮；单件或小批量生产的齿轮，一般采用焊接齿轮；重型大尺寸齿轮，一般采用组合齿轮。

常用齿轮的结构形式有齿轮轴、实心式圆柱齿轮、腹板式圆柱齿轮和轮辐式圆柱齿轮。齿轮的结构形式通常根据齿轮大小和加工方法来确定。

1. 齿轮轴

如图 3-48 所示，当圆柱齿轮的齿根圆到键槽底部的距离 $e \leqslant (2\sim2.5)m$ 时，应将齿轮和轴制成一体，称为齿轮轴。

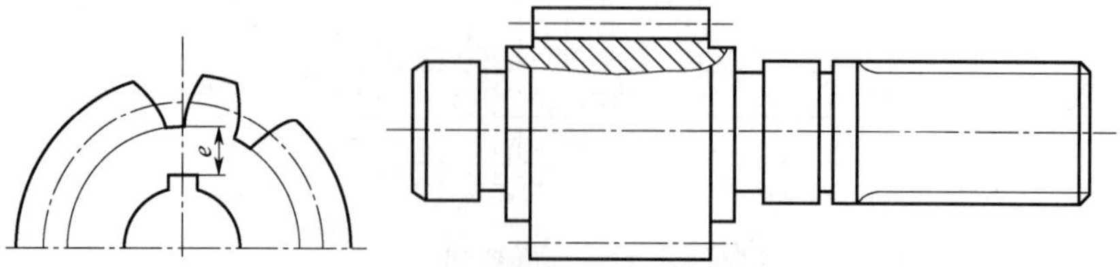

图 3-48 齿轮轴

2．实心式圆柱齿轮

如图 3-49 所示，当齿轮的齿顶圆直径 d_a<200mm 时，可采用实心式齿轮。

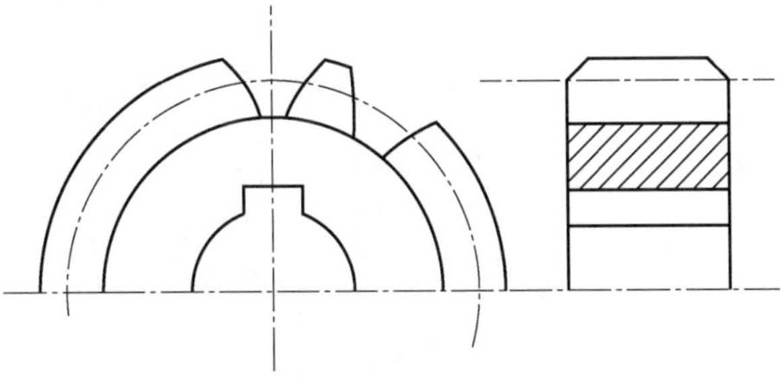

图 3-49 实心式圆柱齿轮

3．腹板式圆柱齿轮

如图 3-50 所示，当齿轮的齿顶圆直径 d_a=200～500mm 时，可采用腹板式结构，这种结构的齿轮大多用锻钢制造。为了减轻重量、节省材料和便于搬运，在腹板上常制出圆孔，圆孔的数量按结构尺寸的大小及需要确定，齿轮各部分尺寸由图中经验公式确定。

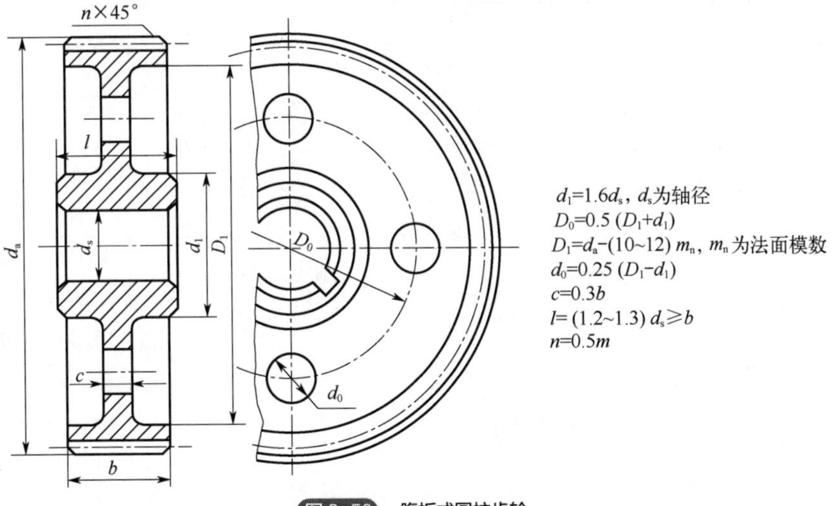

图 3-50 腹板式圆柱齿轮

4．轮辐式圆柱齿轮

如图 3-51 所示，为了节省材料和减轻重量，当齿轮的齿顶圆直径 d_a>500mm 时，可采用轮辐式结构。这种结构的齿轮常用铸钢或铸铁制造，齿轮各部分尺寸按图中经验公式确定。

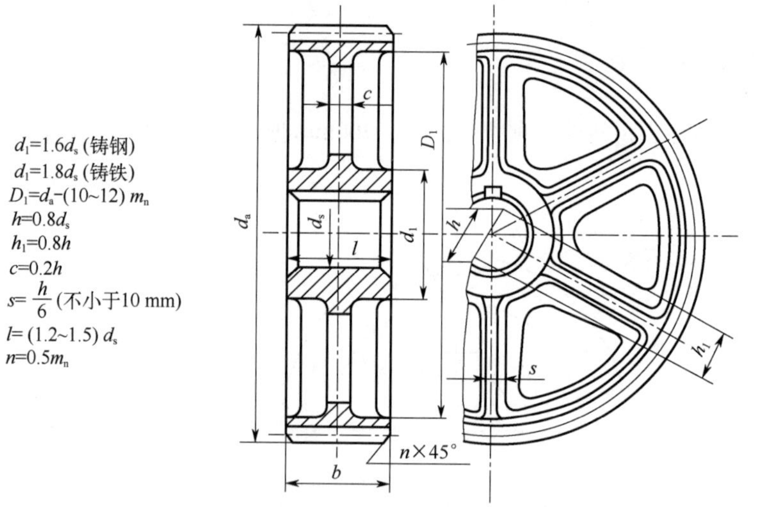

图 3-51 轮辐式圆柱齿轮

【项目实践】

设计带式输送机单级直齿圆柱齿轮传动。已知输入转矩 T_1=58.69N·m，小齿轮的转速 n_1=480r/min，传动比 i=3.48，由电动机驱动，工作寿命 8 年（每年工作 250 天），两班制，载荷平稳，单向传动。计算过程及结果见表 3-28。

表 3-28 计算过程及结果

计算项目	计算过程	计算结果
1. 选择材料、公差等级，确定许用应力	考虑到带式运输机为一般机械，为制造方便，采用软齿面；大、小齿轮均选用 45 钢，小齿轮调质处理，大齿轮正火处理；齿轮选用 8 级精度。 由表 3-18 常用齿轮材料及其机械特性查得小齿轮齿面硬度为 197～286HBS，接触疲劳强度极限 550～620MPa，取 $\sigma_{\mathrm{Hlim1}}=580\mathrm{MPa}$；弯曲疲劳强度极限 410～480MPa，取 σ_{FE1}=440MPa。大齿轮齿面硬度为 156～217HBS，接触疲劳强度极限 350～400MPa，取 $\sigma_{\mathrm{Hlim2}}=400\mathrm{MPa}$，弯曲疲劳强度极限 280～340MPa，取 $\sigma_{\mathrm{FE2}}=300\mathrm{MPa}$。由表 3-19 查得 $S_{\mathrm{H}}=1.0$，$S_{\mathrm{F}}=1.25$，则 $[\sigma_{\mathrm{H1}}]=\dfrac{\sigma_{\mathrm{Hlim1}}}{S_{\mathrm{H}}}=\dfrac{580}{1.0}=580(\mathrm{MPa})$ $[\sigma_{\mathrm{H2}}]=\dfrac{\sigma_{\mathrm{Hlim2}}}{S_{\mathrm{H}}}=\dfrac{400}{1.0}=400(\mathrm{MPa})$ $[\sigma_{\mathrm{F1}}]=\dfrac{\sigma_{\mathrm{FE1}}}{S_{\mathrm{F}}}=\dfrac{440}{1.25}=352(\mathrm{MPa})$ $[\sigma_{\mathrm{F2}}]=\dfrac{\sigma_{\mathrm{FE2}}}{S_{\mathrm{F}}}=\dfrac{300}{1.25}=240(\mathrm{MPa})$	45 钢 小齿轮调质处理 大齿轮正火处理 8 级精度 $[\sigma_{\mathrm{H1}}]=580\mathrm{MPa}$ $[\sigma_{\mathrm{H2}}]=400\mathrm{MPa}$ $[\sigma_{\mathrm{F1}}]=352\mathrm{MPa}$ $[\sigma_{\mathrm{F2}}]=240\mathrm{MPa}$
2. 按齿面接触疲劳强度设计	因为是软齿面闭式传动，故按齿面接触疲劳强度进行设计，则有 $d_1 \geqslant \sqrt[3]{\dfrac{2KT_1}{\varphi_{\mathrm{d}}}\times\dfrac{u+1}{u}\left(\dfrac{Z_{\mathrm{E}}Z_{\mathrm{H}}}{[\sigma_{\mathrm{H}}]}\right)^2}$ （1）由表 3-26 查得载荷系数 K=1.2 （2）小齿轮传递转矩为 $T_1=58690\mathrm{N\cdot mm}$	$d_1 \geqslant 63.43\mathrm{mm}$

续表

计算项目	计算过程	计算结果
2. 按齿面接触疲劳强度设计	（3）取齿宽系数 $\varphi_d = 1$ （4）齿数比 $u = i_2 = 3.48$ （5）由表 3-27 查得弹性系数 $Z_E = 189.8\sqrt{\text{MPa}}$ （6）节点区域系数 $Z_H = 2.5$ （7）许用接触应力取 $[\sigma_H] = 400\text{MPa}$ 计算小齿轮的分度圆直径 d_1，有 $d_1 \geqslant \sqrt[3]{\frac{2K_tT_1}{\varphi_d} \times \frac{u+1}{u}\left(\frac{Z_EZ_H}{[\sigma_H]}\right)^2}$ $= \sqrt[3]{\frac{2\times1.2\times58690}{1} \times \frac{3.48+1}{3.48} \times \left(\frac{189.8\times2.5}{400}\right)^2}$ $\approx 63.43(\text{mm})$	$d_1 \geqslant 63.43\text{mm}$
3. 确定传动尺寸	（1）确定齿数 初选小齿轮齿数 $z_1 = 33$，则 $z_2 = uz_1 = 3.48\times33 = 114.84$ 取 $z_2 = 115$（四舍五入） （2）确定模数 m $m = \frac{d_1}{z_1} \geqslant \frac{63.43}{33} \approx 1.92(\text{mm})$ 查标准模数系列，取 m=2mm。 （3）计算传动尺寸 中心距为 $a_1 = \frac{m(z_1+z_2)}{2} = \frac{2\times(33+115)}{2} = 148(\text{mm})$ 分度圆直径为 $d_1 = mz_1 = 2\times33 = 66(\text{mm})$ $d_2 = mz_2 = 2\times115 = 230(\text{mm})$ 齿宽为 $b_2 = \varphi_d d_1 = 1\times66 = 66(\text{mm})$ 取 $b_2 = 70\text{mm}$。 $b_1 = b_2 + (5\sim10)\text{mm} = 70\text{mm} + (5\sim10)\text{mm}$ 取 $b_1 = 75\text{mm}$。 （4）验算齿轮的圆周速度 $v = \frac{\pi d_1 n_1}{60\times1000} = \frac{\pi\times66\times480}{60\times1000} \approx 1.66(\text{m/s})$ 对照表 3-22 可知，选用 8 级精度合理	$m = 2\text{mm}$ $a_1 = 148\text{mm}$ $d_1 = 66\text{mm}$ $d_2 = 230\text{mm}$ $b_2 = 70\text{mm}$ $b_1 = 75\text{mm}$
4. 校核齿根弯曲疲劳强度	$\sigma_F = \frac{2KT_1}{\varphi_d m^3 z_1^2} Y_{Fa}Y_{Sa} \leqslant [\sigma_F]$ K、T_1、m、φ_d 和 z_1 同前；齿形系数 Y_{Fa} 和应力修正系数 Y_{Sa} 由图 3-46 和图 3-47 查得 $Y_{Fa1} = 2.53$，$Y_{Fa2} = 2.18$； $Y_{Sa1} = 1.62$，$Y_{Sa2} = 1.79$	满足齿根弯曲疲劳强度要求

续表

计算项目	计算过程	计算结果
4．校核齿根弯曲疲劳强度	$\sigma_{F1}=\dfrac{2KT_1}{\varphi_d m^3 z_1^2}Y_{Fa1}Y_{Sa1}=\dfrac{2\times1.2\times58690}{1\times2^3\times33^2}\times2.53\times1.62\approx66.27(\text{MPa})<[\sigma_{F1}]$ $\sigma_{F2}=\sigma_{F1}\dfrac{Y_{Fa2}Y_{Sa2}}{Y_{Fa1}Y_{Sa1}}=66.27\times\dfrac{2.18\times1.79}{2.53\times1.62}\approx63.09(\text{MPa})<[\sigma_{F2}]$ 大、小齿轮齿根弯曲疲劳强度均满足要求	满足齿根弯曲疲劳强度要求
5．计算齿轮传动其他几何尺寸	全齿高： $h=h_a+h_f=2+2.5=4.5(\text{mm})$ 齿顶圆直径为 $d_{a1}=d_1+2h_a=66+2\times2=70(\text{mm})$ $d_{a2}=d_2+2h_a=230+2\times2=234(\text{mm})$ 齿根圆直径为 $d_{f1}=d_1-2h_f=66-2\times2.5=61(\text{mm})$ $d_{f2}=d_2-2h_f=230-2\times2.5=225(\text{mm})$	$h=4.5\text{mm}$ $d_{a1}=70\text{mm}$ $d_{a2}=234\text{mm}$ $d_{f1}=61\text{mm}$ $d_{f2}=225\text{mm}$
6．确定齿轮结构类型	输入轴上齿轮选择齿轮轴的结构形式； 输出轴上齿轮齿顶圆直径 $d_{a2}=234\text{mm}$，在 200～500mm 内，可采用腹板式结构	

小结

齿轮传动类型	• 按齿向可分为：直齿轮、斜齿轮、人字齿轮 • 按工作条件可分为：开式齿轮、闭式齿轮 • 按齿面硬度可分为：软齿面齿轮、硬齿面齿轮
齿轮传动材料	• 对齿轮材料性能的要求：齿面硬度高、齿芯韧性好，具有良好制造工艺性 • 最常用：锻钢 • 直径较大的齿轮：铸钢 • 工作平稳、速度较低、功率不大的场合：铸铁 • 高速、轻载和精度要求不高的场合：非金属材料 • 软齿面齿轮，小齿轮齿面硬度比大齿轮高 20～50HBS
齿轮传动许用应力	• 许用接触应力 $[\sigma_H]=\dfrac{\sigma_{H\lim}}{S_H}$ • 许用弯曲应力 $[\sigma_F]=\dfrac{\sigma_{FE}}{S_F}$
齿轮传动精度等级的选择	• 渐开线圆柱齿轮规定了 11 个精度等级，1 级最高，11 级最低，常用 6～9 级精度
齿轮传动失效形式	• 轮齿折断：闭式硬齿面齿轮齿根位置 • 齿面点蚀：闭式软齿面齿轮节线靠近齿根一侧 • 齿面胶合：高速重载/低速重载，齿顶 • 齿面磨损：开式齿轮 • 齿面塑性变形：硬度低、重载

续表

齿轮传动设计准则	• 闭式软齿面齿轮：按齿面接触疲劳强度设计，按齿根弯曲疲劳强度校核 • 闭式硬齿面齿轮：按齿根弯曲疲劳强度设计，按齿面接触疲劳强度校核 • 开式齿轮：按齿根弯曲疲劳强度设计，考虑磨损的影响，模数增大 10%～20%
齿轮受力分析	• 直齿圆柱齿轮：主动轮圆周力与转动方向相反，从动轮圆周力方向与转动方向相同；径向力指向各自轮心 • 斜齿圆柱齿轮：圆周力和径向力与直齿轮相同；轴向力采用主动轮左右手法则 • 直齿圆锥齿轮：圆周力和径向力与直齿轮相同；轴向力方向由小端指向大端
齿面接触疲劳强度	• 接触处两齿轮的齿面接触应力是相等的，但由于两齿轮材料及齿面硬度不同，两齿轮的许用接触应力是不同的，设计计算时应按$[\sigma_{H2}]$和$[\sigma_{H1}]$较小值代入 • “+”用于外啮合，“−”用于内啮合 • 影响接触疲劳强度的尺寸是 d（或 a）和 b，而与模数 m 无关
齿根弯曲疲劳强度	• 一般情况下，配对齿轮的齿数、材料和热处理方法不尽相同，所以两齿轮的齿根弯曲应力和许用弯曲应力往往各不相等，应分别校核两齿轮的强度 • 设计时，应将两齿轮的 $\frac{Y_{Fa}Y_{Sa}}{[\sigma_F]}$ 较大者代入齿根弯曲疲劳强度设计公式进行计算 • 求得模数后，应将模数 m 取为标准值 • 为防止轮齿太小引起意外断齿，动力传动的齿轮模数 $m \geqslant 1.5 \sim 2$mm • 当齿轮的载荷、材质及齿数等其他条件一定时，齿轮传动的齿根弯曲疲劳强度主要取决于齿轮的模数 m 和齿宽 b
齿轮结构	• 齿轮轴：齿顶圆直径小于 $2d$，或 $e \leqslant 2.5$m • 实心式齿轮：齿顶圆直径 $d_a<200$mm • 腹板式齿轮：齿顶圆直径 $d_a=200 \sim 500$mm • 轮辐式齿轮：齿顶圆直径 $d_a>500$mm

思考题

1．齿轮材料的选用原则是什么？常用材料和热处理方法有哪些？

2．齿轮传动的主要失效形式有哪些？开式、闭式齿轮传动的失效形式与设计准则有什么不同？

3．齿宽系数 φ_d 的大小与哪些因素有关？对传动有何影响？

4．一对圆柱齿轮传动，两齿轮的材料和热处理情况均相同，试问：两齿轮在啮合处的接触应力是否相等？其许用接触应力及接触强度是否相等？两齿轮在齿根处的弯曲应力是否相等？其许用弯曲应力及弯曲强度是否相等？

5．进行齿轮承载能力计算时，为什么不直接用名义工作载荷，而要用计算载荷？

6．齿形系数 Y_F 与模数有关吗？有哪些因素影响 Y_F 的大小？

7．一对圆柱齿轮的实际齿宽为什么做成不相等？哪个齿轮的齿宽大？在强度计算公式中的齿宽 b 应以哪个齿轮的齿宽代入？

习题

判断题（正确的打√，错误的打×）：

1．在一对齿轮啮合时，其大、小齿轮接触应力值应相等。（ ）

2．一般来说，齿轮传动的失效主要是轮齿的失效。（ ）

3．通常按全部载荷作用于齿顶来计算齿根的弯曲强度。（ ）

4．通常以节点啮合为代表进行齿面接触强度计算。（ ）

5．增大压力角，有利于提高齿轮传动的弯曲强度及接触强度。（ ）

6．闭式齿轮传动中，小齿轮的齿数可取为 $z_1 = 20 \sim 40$。（ ）

7．斜齿轮传动和直齿轮传动一样，都不可能产生轴向分力。（ ）

8．齿轮传动中，因为两齿轮啮合点的最大接触应力相等，所以闭式软齿面齿轮传动的两齿轮的材料及表面硬度应相同。（ ）

单项选择题：

1．标准直齿圆柱齿轮的齿形系数决定于齿轮的（ ）。

A．模数 B．齿数 C．材料 D．齿宽系数

2．一对圆柱齿轮，通常把小齿轮的齿宽做得比大齿轮宽一些，其主要原因是（ ）。

A．使传动平稳 B．提高传动效率

C．提高齿面接触强度 D．便于安装，保证接触线长度

3．开式齿轮传动的主要失效形式是（ ）。

A．齿面点蚀 B．轮齿折断 C．齿面胶合 D．齿面磨损

4．闭式软齿面齿轮传动的主要失效形式是（ ）。

A．齿面点蚀 B．轮齿折断 C．齿面胶合 D．齿面磨损

5．闭式硬齿面齿轮传动的主要失效形式是（ ）。

A．齿面点蚀 B．轮齿折断 C．齿面胶合 D．齿面磨损

6．在不同使用条件下，齿轮材料的选择不同，当要求质量小、传递功率大时选用（ ）。

A．碳钢 B．合金钢 C．工程塑料 D．铸铁

7．在不同使用条件下，齿轮材料的选择不同，在一般闭式齿轮传动时选用（ ）。

A．碳钢 B．合金钢 C．工程塑料 D．铸铁

8．在不同使用条件下，齿轮材料的选择不同，当传递功率很小、要求传动平稳时选用（ ）。

A．碳钢 B．合金钢 C．工程塑料 D．铸铁

9．一对圆柱齿轮传动中，齿面的疲劳点蚀通常发生在（ ）。

A．靠近齿顶处 B．靠近齿根处

C．靠近节线的齿顶部分 D．靠近节线的齿根部分

10．为了提高齿轮传动的齿面接触强度，应（ ）。

A．在中心距不变的条件下，增大模数

B．增大中心距

C．在中心距不变的条件下，增大齿数

D．减小齿宽

11．齿轮传动在（　　）工况下的齿宽系数 φ_d 可取大一些。

A．对称布置　　B．不对称布置　　C．悬臂布置　　D．同轴式减速器布置

12．设计一传递动力的闭式软齿面钢制齿轮，精度为 7 级。在中心距 a 和传动比 i 不变的条件下，提高齿面接触强度的最有效方法是（　　）。

A．增大模数（相应地减少齿数）　　B．提高加工精度

C．提高主、从动齿轮的齿面硬度　　D．增大齿根圆角半径

13．设计一对减速软齿面齿轮传动时，从等强度要求出发，大、小齿轮的硬度应满足（　　）。

A．小齿轮的硬度高于大齿轮硬度　　B．相等

C．大齿轮的硬度高于小齿轮硬度　　D．小齿轮采用硬齿面，大齿轮采用软齿面

14．设计闭式软齿面直齿轮传动时，选择齿数 z_1 的原则是（　　）。

A．z_1 越大越好

B．z_1 越小越好

C．$z_1 \geqslant 17$，不发生根切即可

D．在保证轮齿有足够的抗弯疲劳强度的前提下，齿数选大些有利

15．在闭式硬齿面齿轮传动设计中，直径一定时应取较小的齿数，使模数增大以（　　）。

A．提高齿面接触疲劳强度　　B．提高轮齿的弯曲疲劳强度

C．减少加工切削力，提高生产率　　D．提高抗塑性变形能力

16．当（　　），齿根弯曲强度增大。

A．模数不变、增大齿数时　　B．模数不变、增大中心距时

C．模数不变、增大直径时　　D．齿数不变、增大模数时

17．为了提高齿轮传动的接触强度，可采取（　　）的方法。

A．闭式传动　　B．增大传动中心距

C．减小齿数　　D．增大模数

18．圆柱齿轮传动中，当齿轮的直径一定时，减小齿轮的模数、增大齿轮的齿数，可以（　　）。

A．提高齿面接触强度　　B．提高轮齿的弯曲强度

C．改善轮齿传动的平稳性　　D．减少齿轮的塑性变形

19．一对减速齿轮传动中，若保持分度圆直径 d_1 不变，而减小齿数和增大模数，其齿面接触应力将（　　）。

A．增大　　B．显著减小　　C．保证不变　　D．略有减小

20．一对齿轮轮齿材料的基本要求是（　　）。

A．齿面要硬，齿芯要韧　　B．齿面要硬，齿芯要脆

C．齿面要软，齿芯要脆　　D．齿面要软，齿芯要韧

填空题：

1．（　　）是闭式软齿面传动最可能出现的失效形式。

2．开式齿轮传动的主要失效形式是（　　）。

3．设计一般使用的齿轮传动，通常只按保证齿根（　　）及保证齿面（　　）两准则进行计算。

4．在齿轮的齿宽系数、齿数及材料已选定的情况下，影响齿轮弯曲疲劳强度的主要因素是

（　　）。

5．在齿轮的齿宽系数、材料及传动比已选定的情况下，影响齿轮接触疲劳强度的主要因素是（　　）。

分析绘图题：

1．图3-52所示为二级斜齿圆柱齿轮减速器。已知齿轮4的旋向、轴Ⅰ的转向，试分析确定：

（1）轴Ⅱ和轴Ⅲ的转向，并在图中标出；

（2）为使轴Ⅱ上的轴向力最小，请确定齿轮1、2的旋向，并在图中标出；

（3）在图中标出齿轮2、3所受的圆周力 F_t、轴向力 F_x、径向力 F_r 的方向。

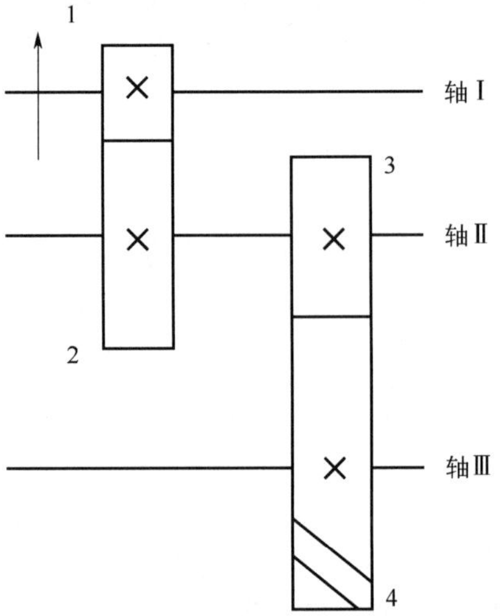

图3-52　分析绘图题1图

2．图3-53所示为二级斜齿圆柱齿轮减速器。已知齿轮1的旋向、轴Ⅲ的转向，试分析确定：

（1）轴Ⅰ和轴Ⅱ的转向，并在图中标出；

（2）为使轴Ⅱ上的轴向力最小，请确定齿轮3、4的旋向，并在图中标出；

（3）在图中标出齿轮2、3所受的圆周力 F_t、轴向力 F_x、径向力 F_r 的方向。

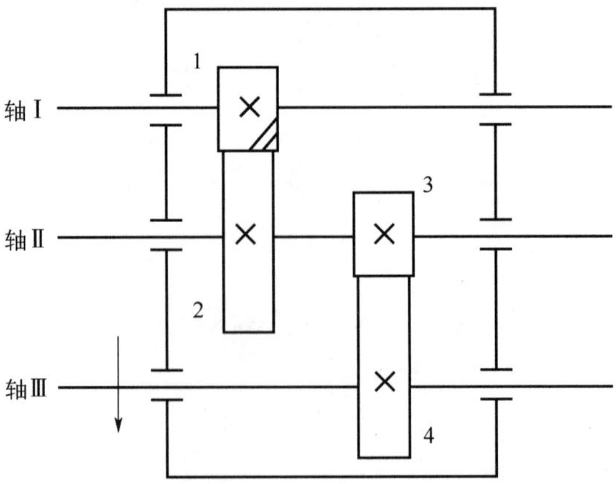

图3-53　分析绘图题2图

项目 4 带式输送机中螺纹连接设计

本书配套资源

思维导图

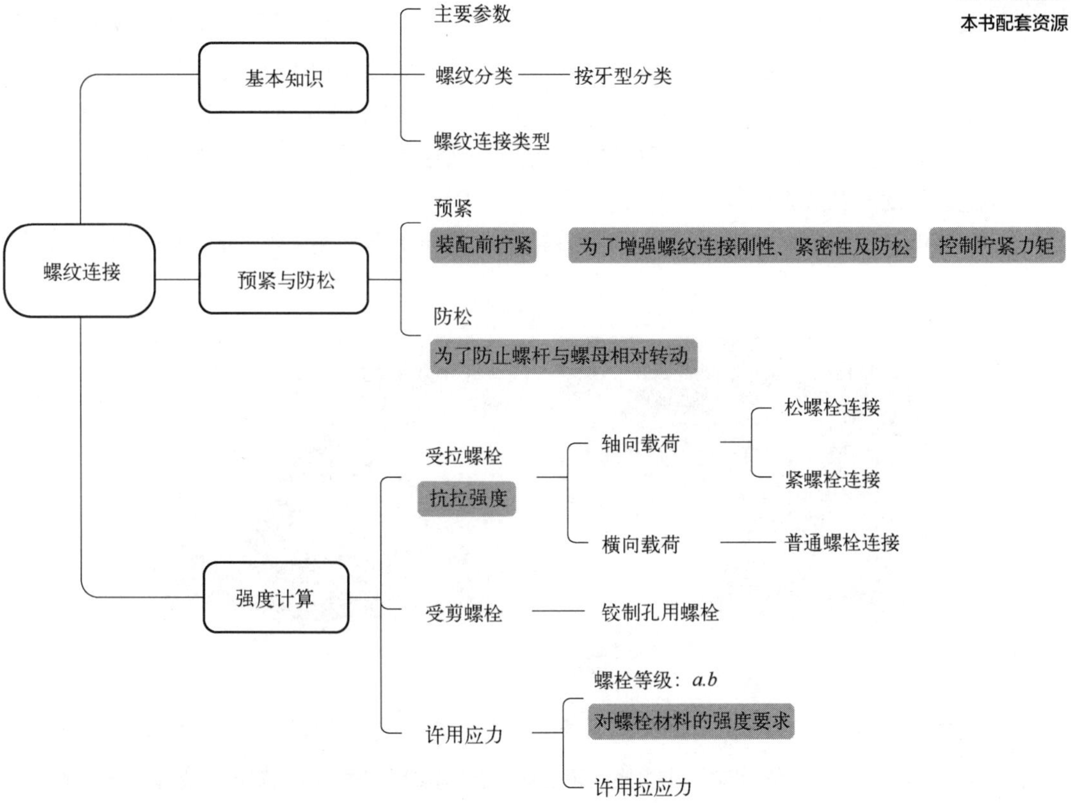

学习目标

1. 熟悉螺纹的主要参数和类型；
2. 熟悉螺纹连接的主要类型及应用；
3. 熟悉螺纹连接的预紧与防松；
4. 掌握单个螺栓连接的强度计算。

任务目标

1. 能够正确选用螺纹连接的类型；
2. 能够描述螺纹连接防松方法；
3. 掌握单个螺栓连接的强度计算方法，完成项目实践。

案例引入

某广场一部露天自动扶梯突发故障，数级梯级伴随着巨响向外“翻开”，所幸事故未造成人员伤亡。目击者称，当时一声巨响，把不少人吓了一跳。随后人们发现，广场上长约 20 米的上行自动扶梯发生故障，已自动停运，靠近底部约 10 级梯级翻起，还露出了电梯机芯（图 3-54）。据保安介绍，这部自动扶梯已经使用了很多年，平日运行过程中也出现过一些小问题，如此严重还是第一次。

经过调查，发现事故原因是一个梯级的主轮连轴固定螺栓发生断裂，造成位置偏斜，后续梯级连续撞坏，造成了本次事故。

图 3-54 电梯事故现场

大到飞机、轮船、火车，小到一台减速器，机器都是由许许多多的螺纹紧固件连接和固定，才能成为一个坚实的整体，才能够运转自如。没有螺纹连接，就几乎没有整个机械工业；螺纹连接一旦出现状况，后果将不堪设想。因此，在设计的过程中，要保持严谨认真的工作态度，定期对机器做好检查，从而减小事故发生的可能性。

【项目提出】

连接方式可以分为可拆连接和不可拆连接两种。可拆连接指的是允许多次装拆而无损于使用性能的连接，如螺纹连接、键连接、销连接等。不可拆连接指的是若不损坏就无法拆卸下零件的连接，如铆接、焊接、胶接等。本项目只讨论可拆连接中的螺纹连接。接下来提出本项目：

初步选用单级圆柱齿轮减速器的轴承旁连接螺栓等级为 5.6 级，已知螺栓受到载荷 F=8kN，载荷平稳，不控制预紧力，试对轴承旁连接螺栓进行校核，判断选用的螺栓是否合适。

任务 1 熟悉螺纹连接的基本知识

将一倾斜角为 φ 的直角三角形绕在圆柱上，直角三角形的斜边形成了一条螺旋线，这就形成了螺纹，如图 3-55 所示。

1. 螺纹连接的主要参数

本部分以圆柱螺纹为例，说明螺纹连接中几个主要参数，如图 3-56 所示。

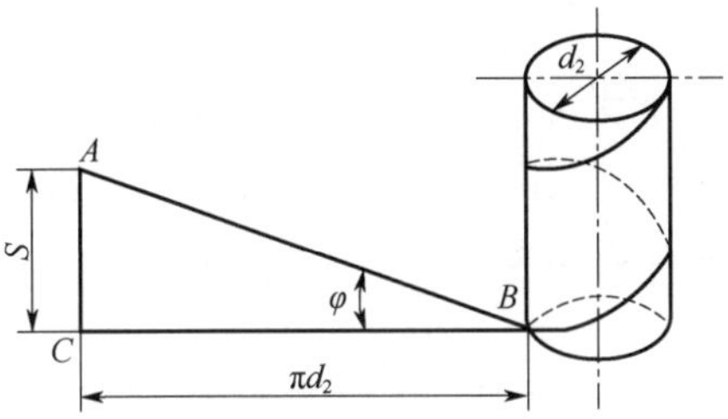

图 3-55 螺纹的形成

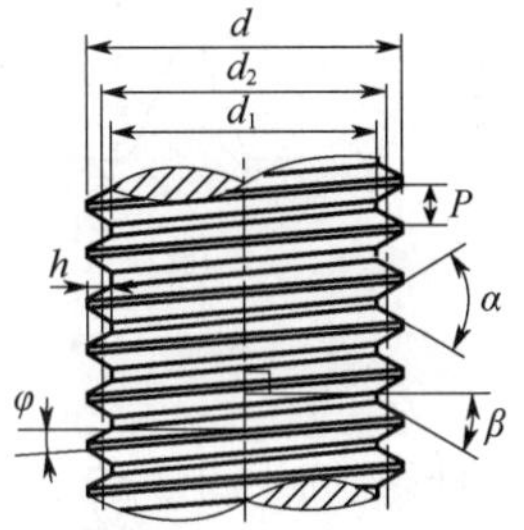

图 3-56 螺纹连接的主要参数

① 大径 d：与外螺纹牙顶或内螺纹牙底相重合的假想圆柱的直径称为大径。大径也称作螺纹的公称直径。

② 小径 d_1：与外螺纹牙底或内螺纹牙顶相重合的假想圆柱的直径称为小径。小径常用于螺纹连接的强度计算。

③ 中径 d_2：牙型沟槽和凸起宽度相等处的假想圆柱的直径称为中径。中径常用于螺纹连接的几何计算。

④ 牙型角 α：轴向截面内螺纹牙型相邻两侧边的夹角称为牙型角。牙型角越大，螺纹自锁性越好。

⑤ 牙型斜角 β：牙型侧边与螺纹轴线的垂线间的夹角称为牙型斜角。对于对称牙型而言，$\beta=\alpha/2$。

⑥ 螺纹升角 φ：螺旋线的切线与垂直于螺纹轴线的平面间的夹角称为螺纹升角。

⑦ 螺距 P：相邻两牙在中径线上对应两点间的轴向距离称为螺距。

⑧ 导程 P_h：同一条螺旋线相邻两牙在中径线上对应两点间的轴向距离称为导程。

⑨ 线数 n：螺纹的螺旋线数目称为线数，为了便于制造，一般 $n \leqslant 4$。

螺距、导程以及线数存在式（3-33）所示的关系。

$$P_h = nP \tag{3-33}$$

螺纹升角、螺距、中径以及线数存在式（3-34）所示的关系。

$$\tan\varphi = \frac{nP}{\pi d_2} \tag{3-34}$$

2. 螺纹的分类

① 按照螺纹位置，可以将螺纹分为内螺纹和外螺纹两种。比如：螺栓上的螺纹是常见的外螺纹，螺母上的螺纹是常见的内螺纹。

② 按照母体的形状，可以将螺纹分为圆柱螺纹和圆锥螺纹两种。圆柱螺纹螺距小，紧固力大、承载能力强、制作工艺简单、制作成本低。圆锥螺纹螺距大，结构紧凑、密封性好、加工精度高。

③ 按照螺纹的旋向，可以将螺纹分为左旋螺纹和右旋螺纹两种。

④ 按照螺纹的线数，可以将螺纹分为单线螺纹、双线螺纹和三线螺纹。

⑤ 按照牙型，可以将螺纹分为三角形螺纹、矩形螺纹、梯形螺纹和锯齿形螺纹。

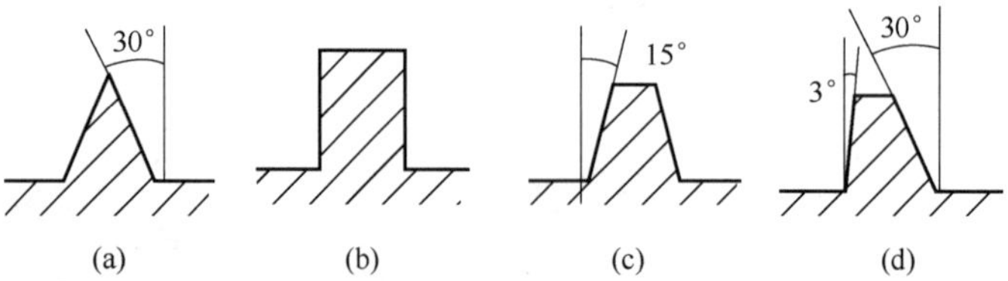

图 3-57 螺纹的牙型分类

a．三角形螺纹［图 3-57（a）］：牙型角为 60°，牙型斜角为 30°，又称作普通螺纹。其自锁性能好，主要用于连接。

b．矩形螺纹［图 3-57（b）］：传动效率高，但牙根强度低，主要用于传动。

c．梯形螺纹［图 3-57（c）］：牙型斜角为 15°，牙根强度高，传动效率较高，主要用于传动，且应用最为广泛。

d．锯齿形螺纹［图 3-57（d）］：一侧牙型斜角为 3°，另一侧牙型斜角为 30°，主要用于传动。其中，3° 的面为工作面，只能进行单向传动。

3. 螺纹连接的分类

（1）螺栓连接

主要应用在被连接件较薄、易做成通孔、经常拆卸的场合。可以分为普通螺栓［图 3-58（a）］和铰制孔用螺栓［图 3-58（b）］。

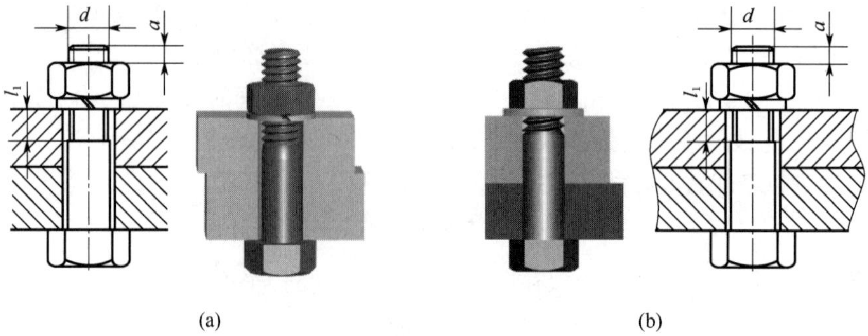

图 3-58 螺栓连接

普通螺栓可以传递横向、轴向外载荷；铰制孔用螺栓为过渡配合，只传递横向外载荷。

（2）螺钉连接

主要应用在被连接件之一较厚、不易做成通孔、不需经常拆卸的场合，如图 3-59 所示。

（3）双头螺柱连接

主要应用在被连接件之一较厚、不易制成通孔、需经常拆卸的场合，如图 3-60 所示。

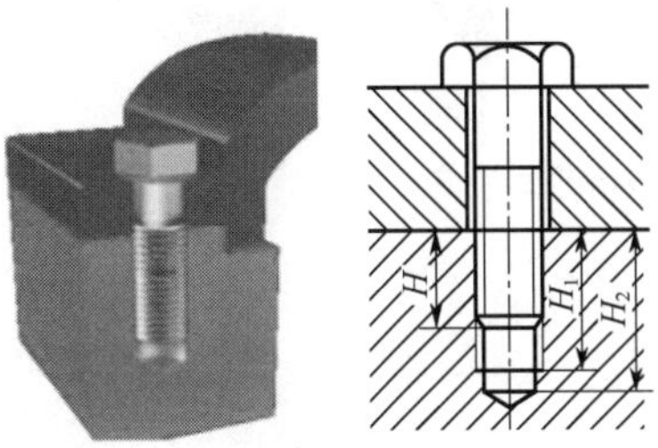

图 3-59　螺钉连接

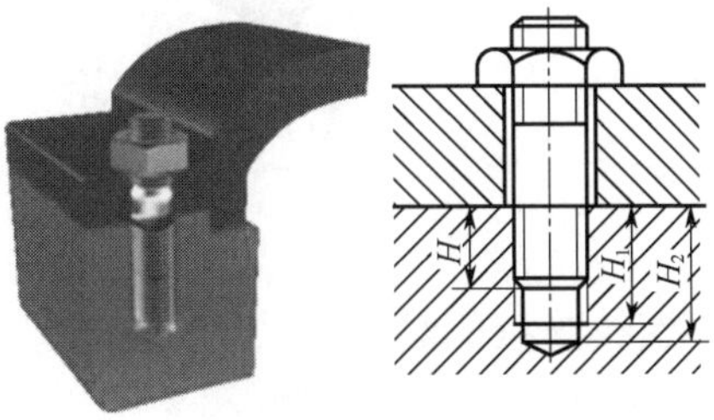

图 3-60　双头螺柱连接

（4）紧定螺钉连接

主要应用在固定两零件相对位置、可传递不大的转矩的场合，如图 3-61 所示。

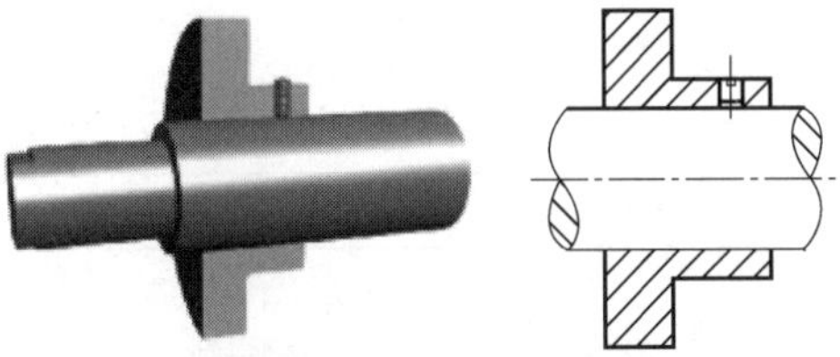

图 3-61　紧定螺钉连接

任务 2　熟悉螺纹连接的预紧与防松

1. 螺纹连接的预紧

除个别情况外，螺纹连接在装配时都必须进行拧紧，这时螺纹连接受到了预紧力的作用。由于预紧力的大小对螺纹连接的可靠性、强度和密封性都有较大的影响，因此对于重要的螺纹连接而言，应该控制预紧力。预紧力用 F' 进行表示，单位为 N。

预紧的目的是增强螺纹连接刚性、紧密性、防松。在装配时控制预紧力在规定范围内。通常用控制拧紧力矩 T 的方法来控制预紧力，拧紧力矩和预紧力 F' 的关系如下：

$$T \approx 0.2F'd \tag{3-35}$$

螺纹连接的拧紧程度常常是凭借工人的经验来决定的。为了保证质量，螺纹连接应该按照计算值控制拧紧力矩，通常利用测力矩扳手［图 3-62（a）］或定力矩扳手［图 3-62（b）］来获取所要求的拧紧力矩。对于一些更为重要的或大型的螺栓连接，可通过控制螺栓在拧紧前后发生的伸长变形量来达到更精准的预紧力的控制。

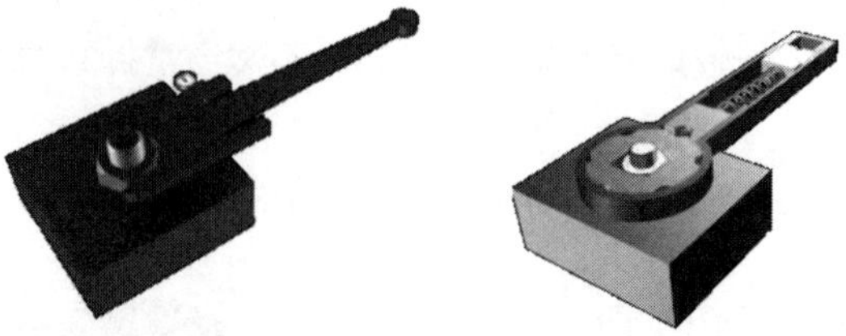

(a)　　(b)

图 3-62　测力矩扳手和定力矩扳手

2. 螺纹连接的防松

如本项目任务 1 中所述，三角形螺纹具自锁性，在静载荷和温度变化不大时不会发生自动松脱，但是在螺纹连接受到冲击、振动、变载以及温差大等原因导致预紧力在某一瞬间消失时，连接就有可能发生松脱。因此，为了防止螺纹副发生相对转动，就必须在设计时考虑防松。防松的方法有：摩擦防松、机械防松、永久止动（破坏螺纹副防松）。表 3-29 描述的是几种常见的防松方法。

表 3-29　常见的螺纹连接防松方法

防松方法	名称	模型	特点
摩擦防松	双螺母	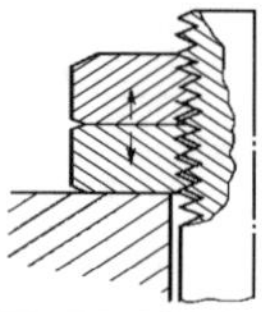	又称为对顶螺母。利用两个螺母的对顶作用，使螺栓受附加的拉力和附加的摩擦力。其结构简单，适用于低速重载场合
	弹簧垫圈	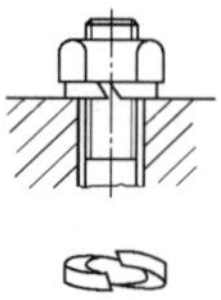	弹簧垫圈的材料为弹簧钢，在装配之后，其垫圈被压平，产生的反弹力能够使螺纹间保持摩擦力和压紧力
	锁紧螺母	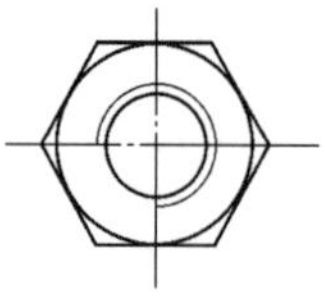	锁紧螺母是一种广泛使用的螺母，其工作原理是采用螺母和螺栓之间的摩擦力进行自锁。但是在动载荷中这种自锁的可靠性就会降低
	尼龙锁紧螺母	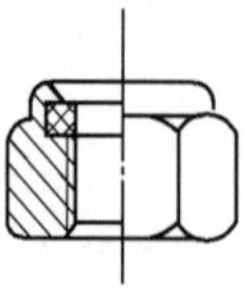	螺母中有尼龙圈，在拧紧后尼龙圈的内孔被胀大，箍紧螺栓，起到防止松动的作用
	紧定螺钉	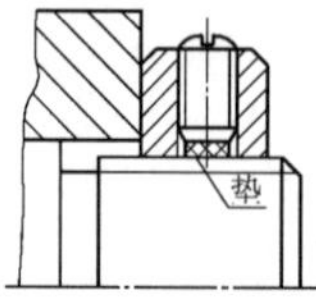	紧定螺钉安装后，当受到载荷的作用时，螺纹之间的摩擦力会增加，从而实现固定作用

续表

防松方法	名称	模型	特点
机械防松	开口销	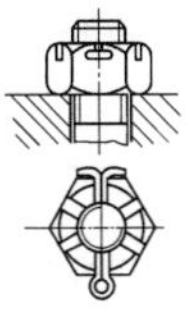	槽型螺母拧紧后，用开口销穿过螺栓的尾部小孔和螺母的槽，也可以用普通螺母拧紧后再钻开口销孔
	止动垫圈	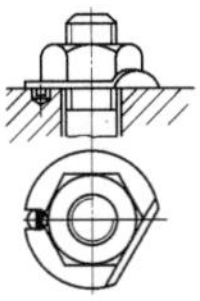	将垫片折边以固定螺母和被连接件的相对位置
	金属丝防松		金属丝防松指的是靠螺栓、销钉等机械连接件将螺母和螺栓或者两个螺栓相连而实现的防松，也称为钢丝串联
永久止动	焊、铆	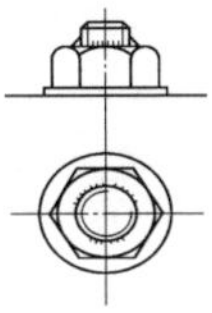	焊、铆指的是用焊接或者铆接的方式，破坏螺栓螺母的螺纹副，防止其发生松动
	冲点	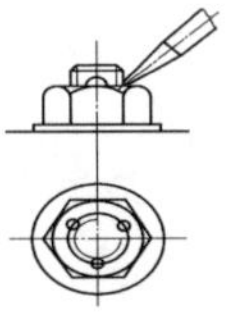	冲点防松是其中较常用的一种方式。冲点防松对冲点角度、冲点布置、冲点深度都有严格要求
	黏合	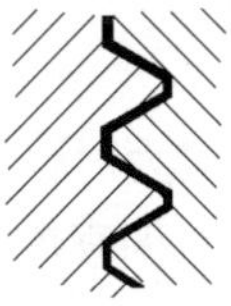	用黏合剂涂在螺纹旋合表面，拧紧螺母后黏合剂能固化，防松效果良好

任务 3　单个螺栓连接的强度计算

螺纹连接的强度计算主要是为了确定防止螺纹失效所需的螺纹的小径 d_1，然后按照标准选定螺纹的公称直径 d 和螺距等相关参数。螺纹连接的内容主要根据其受力及失效形式而定。本节以螺栓连接为代表，讨论强度计算问题，其方法和结论也适用于其他形式的螺纹连接。

按照螺栓连接的受载形式不同，可将其分为：

① 受拉螺栓：轴向载荷（沿轴线方向）、横向载荷（垂直于轴线方向）。

② 受剪螺栓：横向载荷（垂直于轴线方向）。

1．受拉螺栓连接的强度计算

（1）受轴向载荷

① 松螺栓连接　松螺栓连接指的是装配时不需要把螺母进行拧紧，在承受工作载荷之前，除有关零件的自重（自重较小，可忽略不计）外，连接并不受力。当承受轴向工作载荷 F 时，其主要的失效形式为：螺栓塑性变形或拉断。其强度条件为

$$\sigma=\frac{F}{\pi d_1^2/4}\leqslant[\sigma] \tag{3-36}$$

式中　d_1——螺纹小径，mm；

F——轴向载荷，N；

$[\sigma]$——许用拉应力，MPa。

松螺栓连接的设计式为

$$d_1\geqslant\sqrt{\frac{4\times F}{\pi[\sigma]}} \tag{3-37}$$

② 紧螺栓连接　紧螺栓连接指的是在装配时需要拧紧，在工作状态下可能还需要补充拧紧的螺栓连接，其失效形式为螺栓塑性变形或拉断。

a．只受预紧力的紧螺栓连接　假设螺栓只承受预紧力 F'，不受工作载荷时，其除了受到拉应力 $\sigma=\frac{F}{\pi d_1^2/4}$ 外，还会受到摩擦力的作用，产生螺纹力矩 T，从而引起剪切应力：

$$\tau_T=\frac{T}{\pi d_1^3/16} \tag{3-38}$$

因此在计算的过程中，要综合考虑拉应力和剪切应力对强度的影响，即计入螺纹力矩引起剪切应力的影响。对于 M10～M68 的普通螺纹，按照第四强度理论，拉应力和切应力的合成应力可以简化为

$$\sigma_e=\sqrt{\sigma^2+3\tau_T^2}\approx1.3\sigma \tag{3-39}$$

所以，对于仅受预紧力的紧螺栓连接而言，其强度条件为

$$\sigma_e=\frac{1.3F'}{\pi d_1^2/4}\leqslant[\sigma] \tag{3-40}$$

对应的设计式为

$$d_1\geqslant\sqrt{\frac{4\times1.3F'}{\pi[\sigma]}} \tag{3-41}$$

b．受工作载荷的紧螺栓连接　这种螺栓是在受预紧力 F' 的基础上，又受工作拉力 F。但是，螺栓的总拉力 $F_0\neq F+F'$。原因如下：

螺栓和被连接件受到载荷的前后情况对比图如图 3-63 所示，图 3-63（a）表示的是没有拧

紧时的螺栓状态。当螺栓受到预紧力 F' 拧紧后［图 3-63（b）］，被连接件被压缩，连接件（螺栓杆）被伸长，被连接件的压缩量为 λ_m，连接件的伸长量为 λ_b。在受到工作载荷之后，连接件被伸长，被连接件随着连接件的伸长而弹回，如图 3-63（c）所示。此时，连接件的拉伸量增加 $\Delta\lambda$，即总伸长量为 $\lambda_b+\Delta\lambda$；被连接件的总压缩量为 $\lambda_m-\Delta\lambda$，此时对应的压力就是残余预紧力 F''。因此受到工作载荷的紧螺栓连接所承受的总拉力为

$$F_0 = F + F'' \tag{3-42}$$

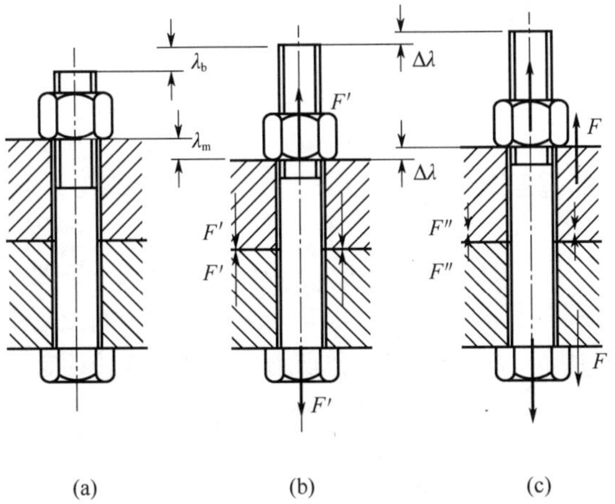

图 3-63 载荷与螺栓变形示意图

当残余预紧力 $F''=0$ 时，被连接件将出现缝隙。因此，对于受到工作载荷的紧螺栓连接而言，其可能的失效形式为被连接件结合面出现缝隙、螺栓塑性变形或被拉断。

为防止被连接件结合面出现缝隙的失效发生，需要对残余预紧力的范围有一定要求，具体如表 3-30 所示。

表 3-30 不同工况下残余预紧力的范围

有紧密性要求	无紧密性要求	
	载荷波动	载荷平稳
(1.5～1.8)F	(0.6～1.0)F	(0.2～0.6)F

为防止螺栓连接被拉断或塑性变形，则需对其进行强度计算，受工作载荷的紧螺栓连接的强度条件为

$$\sigma_e = \frac{1.3F_0}{\pi d_1^2/4} \leqslant [\sigma] \tag{3-43}$$

式中，总拉力 $F_0 = F + F''$。

对应的设计式为

$$d_1 \geqslant \sqrt{\frac{4\times1.3F_0}{\pi[\sigma]}} \tag{3-44}$$

（2）受横向载荷

普通螺栓在螺栓与孔之间留有一定的间隙，如图 3-64 所示，承受垂直于螺栓轴线的横向工作载荷 F，它靠被连接件间产生的摩擦力保持被连接件无相对滑动。结合面间的摩擦力不足时，

在普通螺栓受到的横向载荷的作用下，会产生相对滑动，导致连接失效。为保证被连接件结合面间有足够的摩擦力，从而防止其发生相对滑动，需要控制所需的螺栓轴向压紧力，即控制预紧力。其预紧力应为

$$F' \geqslant \frac{K_f F_\Sigma}{fmZ} \tag{3-45}$$

式中 K_f——防滑系数，K_f=1.1～1.3；

f——结合面的摩擦因数；

m——结合面数；

Z——螺栓个数。

2．受剪螺栓连接的强度计算

图 3-65 描述的是受工作剪力的紧螺栓连接，这种连接方式主要通过铰制孔用螺栓抵抗剪切从而承受工作载荷 F。该螺栓杆和孔壁之间没有间隙，接触表面受到挤压；在连接结合面处，螺栓杆需要承受剪切力。因此，对于承受工作剪力的紧螺栓连接而言，应分别按照挤压以及剪切强度条件计算。

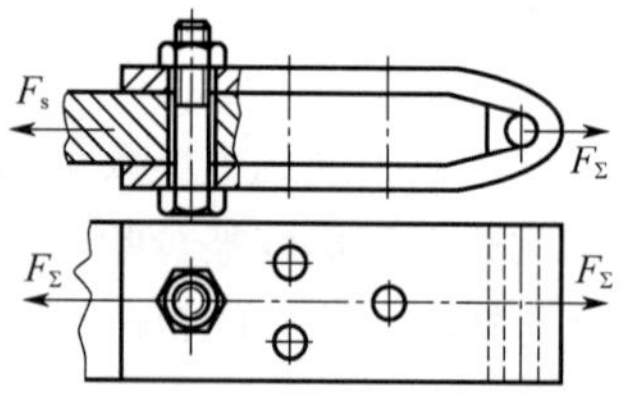

图 3-64　受到横向载荷的螺栓连接

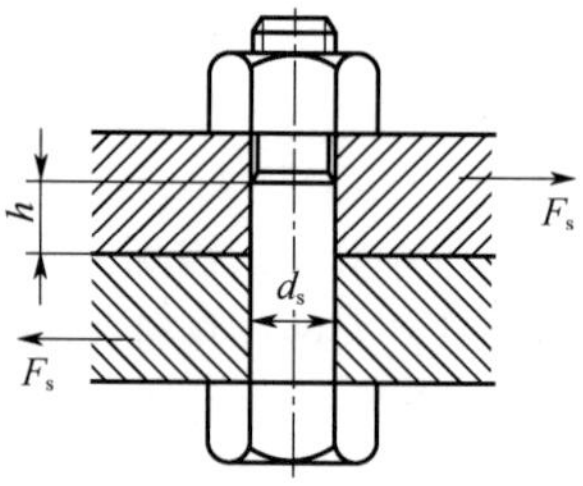

图 3-65　承受工作剪力的紧螺栓连接

在计算过程中，假设螺栓杆与孔壁之间的压力是均匀分布的，同时由于受工作剪力的紧螺栓连接的预紧力很小，因此在计算时可以不计入预紧力以及螺纹的摩擦力矩的影响。

为保证在螺栓连接中，螺栓杆不被剪断，承受工作剪力的紧螺栓连接的剪切强度条件为

$$\tau = \frac{4F_s}{\pi d_s^2 m} \leqslant [\tau] \tag{3-46}$$

式中 F_s——螺栓所受的工作剪力，N；

d_s——螺栓剪切面的直径，mm；

m——螺栓受剪面数；

$[\tau]$——螺栓的许用切应力，MPa。

为保证在螺栓连接中，孔壁不被压溃，承受工作剪力的紧螺栓连接的挤压强度条件为

$$\sigma_P = \frac{F_s}{d_s h} \leqslant [\sigma_P] \tag{3-47}$$

式中 h——螺栓杆与孔壁挤压面最小高度，mm；

$[\sigma_P]$——计算对象的许用挤压应力，MPa。

任务 4 螺栓连接的常用材料以及许用应力

1. 螺栓连接的常用材料

螺纹连接件包括螺栓、双头螺柱、螺钉、螺母和垫圈等，这些零件的结构和尺寸都已经标准化，在设计时，只需要按照标准选取即可。具体螺栓连接件的常用材料以及力学性能如表 3-31 所示。

表 3-31 螺栓连接件的常用材料以及力学性能

材料型号	抗拉强度 R_m/MPa	屈服强度 R_{el}/MPa	疲劳极限/MPa	
			弯曲（σ_{-1}）	抗拉（σ_{-1T}）
10	340～420	210	160～220	120～150
Q215	340～420	220	—	—
Q235	410～470	240	170～220	120～160
35	540	320	220～300	170～220
45	610	360	250～340	190～250
40Cr	750～1000	650～900	320～440	240～340

国家标准规定，螺纹连接件按材料的力学性能用数字的方式分出性能等级。螺栓、螺钉和双头螺柱的性能等级以及力学性能如表 3-32 所示。

表 3-32 螺栓、螺钉和双头螺柱的性能等级及力学性能

力学性能等级	3.6	4.6	4.8	5.6	5.8	6.8	8.8		9.8	10.9	12.9
							≤M16	＞M16	≤M16		
抗拉强度极限 R_{mmin}/MPa	330	400	420	500	520	600	800	830	900	1040	1220
屈服极限 R_{elmin}/MPa	190	240	340	300	420	480	640	660	720	940	1100
硬度 HBS	90	109	113	134	140	181	232～248		269	312	365
螺母级别	4 或 5			5		6	8 或 9		9	10	12

注：性能等级代号用“.”分隔开的两个数字表示。以 *a.b* 级为例，通过性能等级可知，抗拉强度 $R_m=a\times100$MPa，屈强比 $R_{el}/R_m=0.1\times b$。

2. 螺纹连接的许用应力

螺纹连接件的许用应力与载荷性质、装配情况以及螺纹连接件的材料、结构尺寸等因素有关。螺纹连接件的许用拉应力为

$$[\sigma]=\frac{R_{\mathrm{el}}}{S} \tag{3-48}$$

式中，S 为安全系数，具体数值如表 3-33 所示。

表 3-33　螺栓连接的安全系数

类型	不控制预紧力时的安全系数 S					控制预紧力时的安全系数 S
	载荷性质	性能等级	M6～M16	M16～M30	M30～M60	
紧螺栓连接	静载荷	＜8.8 级	5～4	4～2.5	2.5～2	
		≥8.8 级	5.7～5	5～3.4	3.4～3	
	变载荷	＜8.8 级	12.5～8.5	8.5	8.5～12.5	
		≥8.8 级	10～6.8	6.8	6.8～10	1.2～1.5
松螺栓连接	未经淬火的钢，S=1.2；经淬火的钢铁，S=1.6					
铰制孔用螺栓连接	①静载荷　钢：S_τ=2.5，S_p=1.25；铸铁：S_p=2.0～2.5 ②动载荷　钢：S_τ=3.5～5，S_p=1.5；铸铁：S_p=2.5～3.0					

螺纹连接件的许用切应力$[\tau]$和许用挤压应力$[\sigma_p]$分别按照式（3-49）～式（3-51）进行计算。

$$[\tau]=\frac{R_{\mathrm{el}}}{S_\tau} \tag{3-49}$$

钢：

$$[\sigma_p]=\frac{R_{\mathrm{el}}}{S_p} \tag{3-50}$$

铸铁：

$$[\sigma_p]=\frac{R_m}{S_p} \tag{3-51}$$

式中，S_τ 和 S_p 均为安全系数，可查表 3-33 获取。

[例 3-1] 有一压力容器如图 3-66 所示，已知 $F_Q=47124\mathrm{N}$，容器盖用 12 个 M16（d_1=13.835mm）普通螺栓连接，螺栓材料为 35 钢，其屈服极限 σ_S=320MPa，安全系数 S=3，要求紧密连接，取剩余预紧力 F'' 为工作拉力 F 的 1.8 倍，试验算螺栓的静强度。

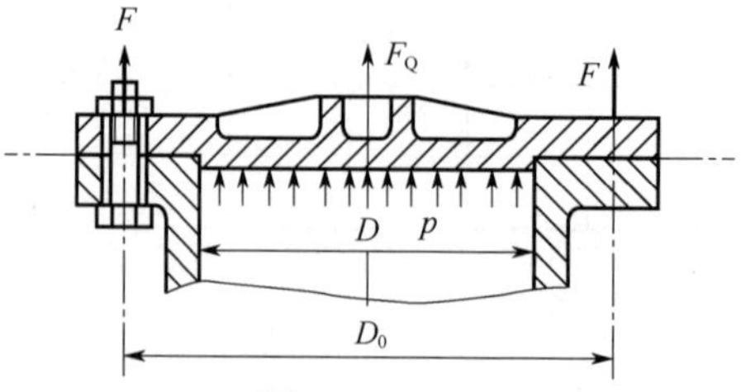

图 3-66　例 3-1 图

分析：由题意可知该螺栓连接为受工作载荷的紧螺栓连接，因此计算时应该按照该情况的强度校核方法进行计算。

解：（1）单个螺栓的工作载荷 F

$$F=\frac{F_Q}{Z}=\frac{47124}{12}=3927(\mathrm{N})$$

（2）每个螺栓的总拉力 F_0

$$F_0=F+F''=F+1.8F=2.8\times3927=10995.6(\mathrm{N})$$

（3）校核螺栓连接的静强度

$$[\sigma]=\frac{R_{el}}{S}=\frac{320}{3}\approx106.67(\mathrm{MPa})$$

$$\sigma_{ca}=\frac{1.3F_0}{\pi d_1^{\,2}/4}=\frac{4\times1.3\times10995.6}{\pi\times13.835^2}\approx95.13(\mathrm{MPa})<[\sigma]$$

所以静强度合格。

【项目实践】

初步选用单级圆柱齿轮减速器的轴承旁连接螺栓等级为 5.6 级，已知螺栓受到载荷 F=8kN，载荷平稳，不控制预紧力，试对轴承旁连接螺栓进行校核，判断选用的螺栓是否合适。

（1）受力分析，确定螺栓连接的类型

轴承座旁连接螺栓主要受箱体内蒸汽压所形成的轴向拉力、箱体吊运时所形成的轴向拉力，因而轴承座旁连接螺栓的受力情况可以按受轴向静载荷的紧螺栓连接处理。

工作时，考虑轴旋转产生的不平衡的惯性力对轴承产生径向力和轴向力对螺栓的影响，将得到的螺栓小径增大 10%进行计算。

（2）初选螺栓直径及个数

根据减速器铸造箱体的结构尺寸选取螺栓直径，由箱体结构确定个数。

中心距 a=130mm，由此选取螺栓直径 d=12mm，4 个。

（3）确定每个螺栓的总拉力 F_0

单个螺栓的工作载荷：

$$F=\frac{F_\Sigma}{Z}=\frac{8000}{4}=2000(\mathrm{N})$$

单个螺栓的总拉力：

$$F_0=F+F''=F+0.6F=1.6\times2000=3200(\mathrm{N})$$

（4）确定螺栓材料的许用应力

选取螺栓材料性能等级为 5.6，其屈服极限 R_{el}=300MPa。

若不控制预紧力，则螺栓的许用应力与螺栓直径有关。假设螺栓直径为 M12，查表得安全系数 S=4.4，则

$$[\sigma]=\frac{R_{el}}{S}=\frac{300}{4.4}\approx68.2(\mathrm{MPa})$$

（5）确定螺栓直径

$$d_1\geqslant\sqrt{\frac{4\times1.3F_0}{\pi[\sigma]}}\approx\sqrt{\frac{4\times1.3\times3200}{\pi\times68.2}}\approx8.82(\mathrm{mm})$$

将螺栓直径增大 10%后得 $d_1 \geqslant 9.7$mm。

查螺纹标准 GB/T 196—2003 得，当公称直径 d=12mm 时，其 d_1=10.106mm＞9.7mm，故取 M12 螺栓与试选参数相符合，合适。

小结

螺纹连接 主要参数	• 大径：公称直径 • 中径：用于几何计算 • 小径：用于强度计算 • 螺距：相邻两牙在中径线上对应两点间的轴向距离 • 导程：同一条螺旋线上相邻两牙在中径线上对应两点间的轴向距离
螺纹按 牙型分类	• 三角螺纹：自锁性好，用于连接，α=60° • 矩形螺纹：传动效率高，牙根强度低 • 梯形螺纹：牙根强度高，传动效率较高，应用广 • 锯齿形螺纹：3°所在的面为工作面，单向传动
螺纹连接类型	• 螺栓连接：被连接件薄，易通孔，常拆卸 • 双头螺柱连接：被连接件一薄一厚，不易通孔，常拆卸 • 螺钉连接：被连接件一薄一厚，不易通孔，不常拆卸 • 紧定螺钉连接：固定两零件相对位置，可传递不大的转矩
强度计算	• 松螺栓连接：F，螺栓塑性变形或拉断，$\sigma = \dfrac{F}{\pi d_1^2/4} \leqslant [\sigma]$ • 只受预紧力的紧螺栓连接：F'，螺栓塑性变形或拉断，$\sigma = \dfrac{F'}{\pi d_1^2/4}$ • 受工作载荷的紧螺栓连接：$F_0=F+F''$ 结合面分离：控制预紧力 螺栓塑性变形或拉断：$\sigma_e = \dfrac{1.3F_0}{\pi d_1^2/4} \leqslant [\sigma]$ • 许用应力：$[\sigma] = \dfrac{R_{el}}{S}$ $a.b$ 级：抗拉强度 $R_m = a \times 100$MPa，屈强比 $R_{el}/R_m = 0.1 \times b$

思考题

1. 连接分可拆卸连接和不可拆卸连接。螺纹连接属于哪一种？
2. 一般用于连接的螺纹是什么螺纹？
3. 粗牙螺纹和细牙螺纹在自锁性能上哪一个好？
4. 单线螺纹一般用于什么场合？
5. 在螺纹强度计算上，采用哪个直径计算危险截面？

6．导程 P_h 和螺距 P 是什么关系？

7．双头螺柱或螺钉连接一般用于什么情况？

8．螺纹预紧的目的是什么？

9．预紧力可以无限大吗？

10．螺纹连接没有进行预紧，能自锁吗？

11．螺纹连接存在自锁，为什么会松动？

12．一般情况下，螺纹防松有几种方法？

13．对顶螺母安装形式属于哪一种防松方法？

14．松螺栓连接存在预紧力吗？

15．紧螺栓连接强度条件计算公式中，为什么要乘以 1.3？

16．受横向载荷的紧螺栓连接中，若外力大于被连接件的摩擦力，将出现什么情况？

17．在紧螺栓连接中，若残余预紧力等于 0，将出现什么情况？

18．螺栓受预紧力 F' 和外力 F 作用，则作用在螺栓上的总拉力一定等于 $F'+F$ 吗？

19．若螺栓受轴向载荷在 $0\sim F$ 之间周期性变化，则螺栓所受的总拉力应在什么范围变化？

习题

填空题：

1．机器的零部件在装拆时不得损坏任何部分，而且经几次装拆仍能保持该机器性能的连接称为（　　）。

2．普通螺纹同一公称直径按（　　）大小，可分为粗牙和细牙。

3．连接螺纹要求（　　），传动螺纹要求（　　）。

4．不控制预紧力时，螺栓的安全系数选择与（　　）有关。

5．螺纹相邻两牙在中径线上对应两点间的轴向距离称为（　　）。

6．螺旋线的切线与垂直于螺纹轴线的平面间的夹角称为（　　）。

7．对于受拉螺栓，其主要破坏形式是螺栓杆螺纹部分发生断裂，因而其设计准则是保证螺栓的（　　）。

8．对于受剪螺栓，其主要破坏形式是螺栓杆与孔壁的贴合面上出现压溃或螺栓杆被剪断，其设计准则是保证连接的（　　）和螺栓的（　　），其中（　　）对连接的可靠性起决定性作用。

9．螺栓连接中，利用弹簧垫圈属于（　　）防松方法。

10．与外螺纹牙顶相重合的假想圆柱面直径是螺纹的（　　）。

11．与外螺纹牙底相重合的假想圆柱面直径是螺纹的（　　）。

12．通过牙型上牙厚和牙间宽度相等的假想圆柱的直径是螺纹的（　　）。

13．同一条螺旋线上的相邻两牙上对应两点间的轴向距离称为（　　）。

14．按受力状况不同，螺栓又分为（　　）和（　　）两种。

15．适当的（　　）可以提高螺栓连接的可靠性和螺栓的疲劳强度。

16．预紧力的控制可以通过控制（　　）方法来实现。

17．利用具有螺纹的零件构成的可拆连接是（　　）。

判断题（正确的打√，错误的打×）：

1．细牙螺纹比粗牙螺纹自锁性好。 （ ）

2．螺纹的螺距和导程相等。 （ ）

3．拧紧成组螺母时，只要逐个拧紧即能满足使用要求。 （ ）

4．三角形螺纹具有较好的自锁性，所以即使在振动及交变载荷作用下，也不需要防松。 （ ）

5．标准梯形螺纹的牙型角是30°。 （ ）

6．牙型为等边三角形的螺纹类型是普通螺纹。 （ ）

7．常用的连接螺纹的牙型是三角形。 （ ）

8．防松的根本问题在于防止螺纹副在受载时发生相对转动。 （ ）

9．控制预紧力的方法通常是借助测力矩扳手或定力矩扳手。 （ ）

10．螺钉连接多用于受力不大，或不需要经常拆卸的场合。 （ ）

11．防松的方法，按其工作原理可分为摩擦防松、机械防松和破坏螺纹副运动关系防松等。 （ ）

12．螺栓连接可分为普通螺栓连接和铰制孔用螺栓连接。 （ ）

13．连接类型的选择是以使用要求及经济性要求为根据的。 （ ）

14．预紧的目的在于增强连接的可靠性和紧密性，以防止受载后被连接件间出现缝隙或发生相对滑移。 （ ）

15．通常规定，拧紧后螺纹连接件在预紧力作用下产生的预紧应力不得超过材料屈服极限的80%。 （ ）

16．装配时预紧力的大小是通过拧紧力矩来控制的。 （ ）

选择题：

1．在下列螺纹类型中，（ ）用于连接。

A．三角形螺纹 B．梯形螺纹 C．锯齿形螺纹 D．矩形螺纹

2．机械静连接多数属于（ ）。

A．可拆连接 B．不可拆连接 C．以上均不是

3．在常用的螺旋传动中，传动效率最高的螺纹是（ ）。

A．三角形螺纹 B．梯形螺纹 C．锯齿形螺纹 D．矩形螺纹

4．在常用的螺纹连接中，自锁性能最好的螺纹是（ ）。

A．三角形螺纹 B．梯形螺纹 C．锯齿形螺纹 D．矩形螺纹

5．当两个被连接件之一太厚而不宜制成通孔，且需要经常拆卸时，往往采用（ ）。

A．螺栓连接 B．双头螺柱连接 C．螺钉连接 D．紧定螺钉连接

6．当两个被连接件之一太厚而不宜制成通孔，且不需要经常拆卸时，往往采用（ ）。

A．螺栓连接 B．双头螺柱连接 C．螺钉连接 D．紧定螺钉连接

7．承受横向载荷的紧螺栓连接中的螺栓受（ ）作用。

A．剪切 B．拉伸 C．剪切和拉伸 D．扭转

8．采用凸台或沉头座作为螺栓头和螺母的支撑面是为了（ ）。

A．减少预紧力 B．减少挤压力

C．避免螺栓受弯曲应力 D．便于放置垫圈

9．只受预紧力的紧螺栓连接，在强度计算时将螺栓所受的拉力乘以1.3，是为了（　　）。

A．保证足够的预紧力　　B．增大安全系数

C．计入扭转剪应力　　D．防止松脱

10．公制普通螺纹的牙型角为（　　）。

A．30°　　B．60°　　C．3°　　D．55°

11．当螺纹公称直径、牙型角、螺旋线数相同时，细牙螺纹的自锁性能比粗牙螺纹的自锁性能（　　）。

A．好　　B．差　　C．相同　　D．不一定

12．用于连接的螺纹牙型为三角形，这是因为三角形螺纹（　　）。

A．牙根强度高，自锁性能好　　B．传动效率高

C．防振性能好　　D．自锁性能差

13．在螺栓连接中，有时在一个螺栓上采用双螺母，其目的是（　　）。

A．提高强度　　B．提高刚度

C．防松　　D．减少每圈螺纹牙上的受力

14．在同一螺栓组中，螺栓的材料、直径和长度均应相同，这是为了（　　）。

A．受力均匀　　B．便于装配

C．外形美观　　D．降低成本

15．螺栓的材料性能等级标成6.8级，其数字6.8代表（　　）。

A．对螺栓材料的强度要求　　B．对螺栓的制造精度要求

C．对螺栓材料的刚度要求　　D．对螺栓材料的耐腐蚀性要求

16．螺栓的材料性能等级标成6.8级，则螺栓材料的屈服极限为（　　）。

A．600MPa　　B．800MPa　　C．480MPa　　D．680MPa

17．预紧力为 F_0 的单个紧螺栓连接，受到轴向工作载荷 F 作用后，螺栓受到的总拉力 F_Σ（　　）F_0+F。

A．大于　　B．等于　　C．小于　　D．大于或等于

18．在螺纹连接的防松装置中，（　　）属于摩擦防松。

A．止动垫片　　B．对顶螺母

C．开口销与槽型螺母　　D．串联钢丝

19．在螺纹连接的防松装置中，（　　）属于机械防松。

A．对顶螺母　　B．止动垫片

C．弹簧垫圈　　D．自锁螺母

20．受横向载荷的普通螺栓所受的载荷是（　　）。

A．工作载荷　　B．预紧力

C．残余预紧力　　D．工作载荷加残余预紧力

21．受横向载荷的铰制孔螺栓所受的载荷是（　　）。

A．工作载荷　　B．预紧力

C．残余预紧力　　D．工作载荷加残余预紧力

22．受轴向载荷的松螺栓所受的载荷是（　　）。

A．工作载荷　　B．预紧力

C．残余预紧力　　D．工作载荷加残余预紧力

23．受轴向载荷的紧螺栓所受的载荷是（　　）。

A．工作载荷　　B．预紧力

C．残余预紧力　　D．工作载荷加残余预紧力

24．当两个被连接件不太厚时，应采用（　　）。

A．螺栓连接　　B．双头螺柱连接

C．螺钉连接　　D．紧定螺钉连接

25．用以固定两个零件的相对位置，并可传递不大的力或转矩的连接类型是（　　）。

A．螺栓连接　　B．双头螺柱连接

C．螺钉连接　　D．紧定螺钉连接

26．被连接件受横向载荷作用时，若采用普通螺栓连接，则载荷靠（　　）来传递。

A．结合面间的摩擦力

B．螺栓的剪切力

C．螺栓与被连接件的挤压力

27．在标准中定为公称直径的是螺纹的（　　）。

A．大径 d　　B．小径 d_1　　C．中径 d_2　　D．计算直径

28．在强度计算中常作为螺杆危险截面的计算直径的是（　　）。

A．大径 d　　B．小径 d_1

C．中径 d_2　　D．计算直径

29．螺栓连接强度计算的几项主要内容是：a．确定其设计准则；b．按强度计算条件计算危险截面的直径或校核其强度；c．确定主要破坏形式；d．确定螺栓的受力。在具体设计时，一般顺序是（　　）。

A．b→a→c→d　　B．b→c→a→d

C．a→c→b→d　　D．d→c→a→b

设计计算题：

1．图 3-67 所示为某气缸盖的紧螺栓连接，已知轴向载荷 $F_\Sigma = 47000\text{N}$，采用 12 个 M16 的普通螺栓（$d_1 = 13.835\text{mm}$），螺栓的屈服极限 $\sigma_s = 480\text{MPa}$，要求紧密连接，不控制预紧力，取螺栓的安全系数 S=3，残余预紧力 F'' 为工作载荷的 1.8 倍。试校核螺栓连接的静强度。

2．图 3-68 中 3 块钢板用 1 个 5.6 级 M24（$d_1 = 20.75\text{mm}$）的普通螺栓连接（工作前已拧紧），其所受工作载荷 F 方向如图，大小为 20kN，无紧密性要求，取剩余预紧力 F'' 为工作拉力 F 的 0.5 倍，不控制预紧力，取安全系数 $S = 3$。试校核该螺栓是否合格。

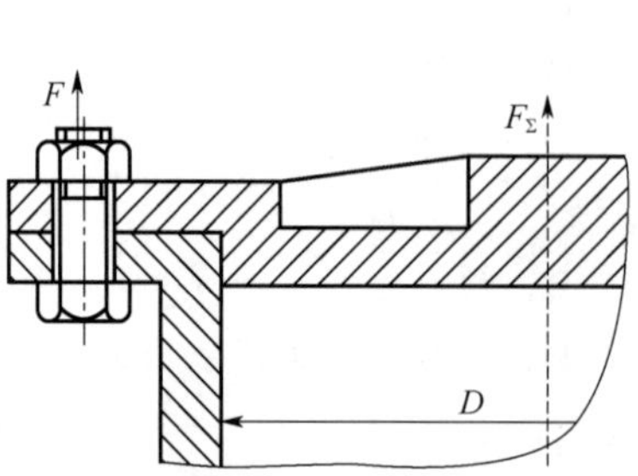

图 3-67　设计计算题 1 图

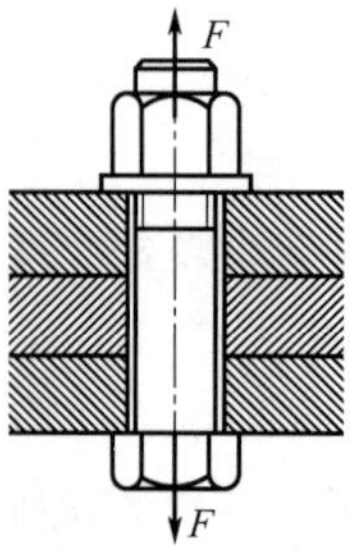

图 3-68　设计计算题 2 图

3．图3-69所示为一铸铁吊架，它用2个M14（$d_1=11.835$mm）的普通螺栓固定在梁上，吊架承受的载荷F=5000N，螺栓材料为Q235，屈服极限$\sigma_s=240$MPa，安装时不控制预紧力，安全系数S=3，取残余预紧力F''为工作拉力F的0.6倍。试验算螺栓的静强度。

4．图3-70所示方形盖板用4个M16（$d_1=13.835$mm）的普通螺栓与箱体连接，螺栓的屈服极限$\sigma_s=360$MPa，作用在盖板中心吊环上的拉力$F_\Sigma=10$kN，螺栓的安全系数S=3，残余预紧力F''为工作载荷的0.6倍。试校核该螺栓连接的静强度。

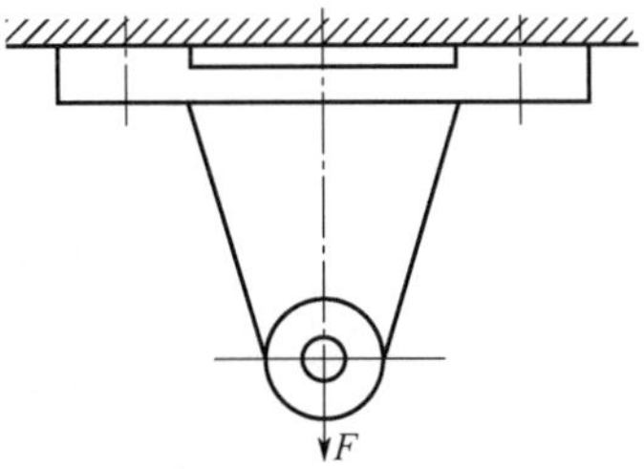

图3-69 设计计算题3图

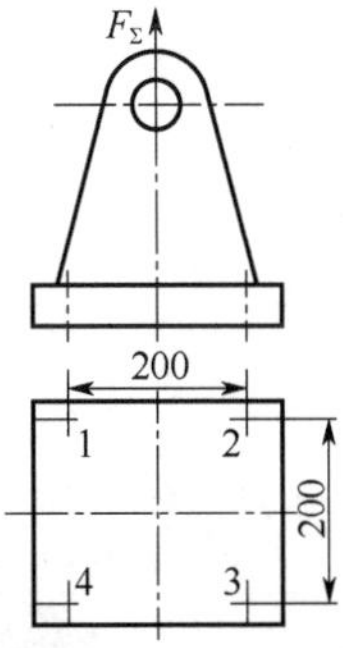

图3-70 设计计算题4图

5．图3-71所示的方形盖板用4个性能等级为5.6级的M16（$d_1=13.835$mm）螺钉与箱体连接。工作中，盖板上的吊环承受通过盖板中心O点的工作载荷F_Q=20kN，取剩余预紧力F''=0.5F（F为单个螺栓的工作拉力），屈服极限R_{el}=300MPa，装配时不控制预紧力，螺栓的安全系数S=3。试校核该螺栓连接的静强度。

6．有一只压力容器，已知$F_Q=30780$N，容器盖用12个M16（$d_1=13.835$mm）普通螺栓连接，螺栓材料为35钢，其屈服极限R_{el}=320MPa，安全系数S=4，要求紧密连接，取剩余预紧力F''为工作拉力F的1.6倍。试验算螺栓的静强度。

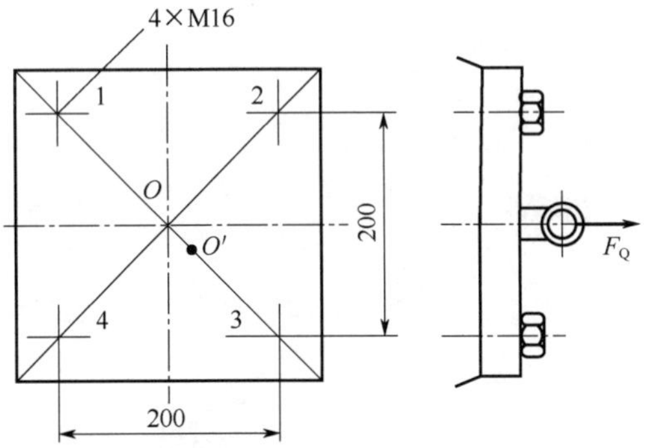

图3-71 设计计算题5图

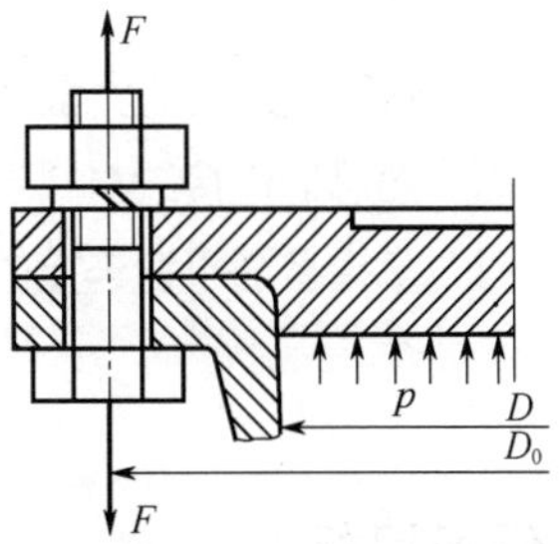

图3-72 设计计算题6图

项目 5　带式输送机中键连接设计

本书配套资源

思维导图

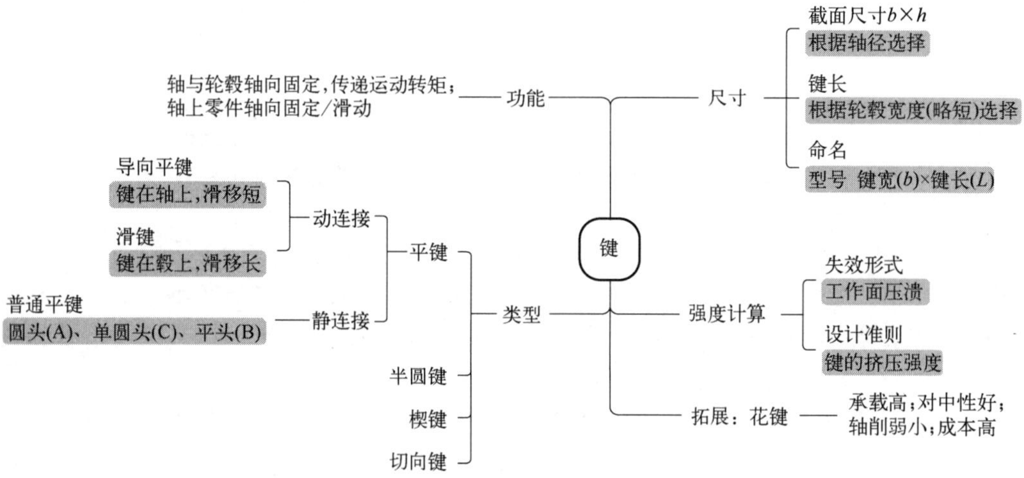

学习目标

1. 熟悉键连接的类型特点及应用;
2. 熟悉键连接的材料选用及键连接的失效形式;
3. 掌握普通平键连接的尺寸选择。

任务目标

1. 根据键连接的类型特点及应用，合理选择键连接类型;
2. 掌握普通平键连接的尺寸选择及强度校核计算，完成项目实践。

案例引入

齿轮与轴配合的部分叫作轮毂，在轮毂上会有相应的键槽，在轴上也有相应的键槽；两者之间通过键相连。安装时，我们把键放在轴的对应键槽内，然后将齿轮的键槽和键进行配合，从而让轴和齿轮一起进行旋转，完成相应的功能。齿轮、轴、键就相当于我们同学，每个人都是一个独立的个体，但是想要更好地完成工作时，就需要这些个体进行相互配合，团结合作，因此，同学们在平时生活、学习以及以后的工作中，要注重团队合作，这样才能有效地提高工作效率，更好地完成工作任务。

【项目提出】

单级圆柱齿轮减速器中输出轴与齿轮的键连接的选择。已知轴的直径 d=55mm，轮毂宽度 B=60mm，轴所传递转矩 T=195.94N·m，载荷平稳，轴、齿轮、键的材料均为钢。

任务 1 熟悉键连接的类型

键连接的类型有很多种，且均有国家标准，属于标准件。不同类型的键连接，其特点以及适用范围皆有所不同。设计时，按照使用要求选择合适的键连接的类型和尺寸，必要时再进行强度校核。

1. 平键连接

根据用途不同，平键连接形式可以分为普通平键、导向平键以及滑键。其中，普通平键用于轮毂静连接，导向平键和滑键用于轮毂的动连接。如图 3-73 所示，平键的工作表面为两个侧面，横截面为矩形；键的上、下面相互平行，普通平键和导向平键的顶面与轮毂键槽的底面之间留有缝隙，因此，不影响轮毂与轴的对中。

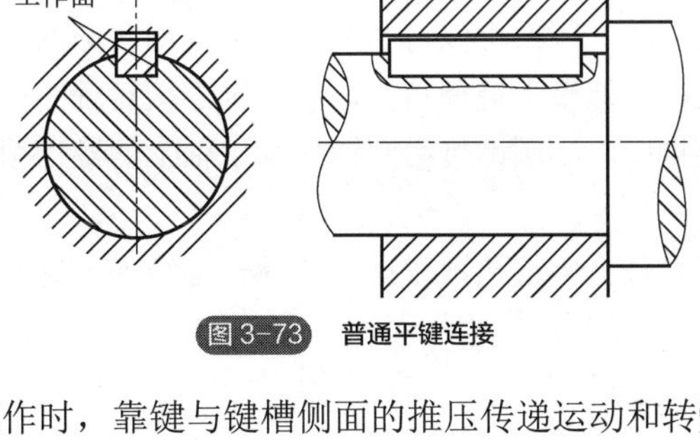

图 3-73 普通平键连接

平键连接的零件在工作时，靠键与键槽侧面的推压传递运动和转矩。其结构简单，装拆方便，对中性好，应用广泛。但它不能承受轴向力，因此只能用于轴上零件的周向固定。

采用两个平键时，把它们设在相隔 180° 的位置上有助于平衡轴的受力。

如图 3-74 所示，按照端部形状不同，将不同平键分成三种不同类型，分别是：圆头平键（A 型）、平头平键（B 型）和单圆头平键（C 型）。对于 A 型和 C 型平键，轴上的键槽通常在铣床上用指状铣加工，B 型平键的键槽常用盘状铣刀加工。A 型平键在轴上的键槽中固定良好，既可用于轴端，也可用于中部各轴段，实际中应用最广，但两端圆头部分未充分使用，轴上键槽应力集中较大。C 型平键只适用于轴端，但圆头部分未充分利用。B 型平键类似于长方体，应用较少。

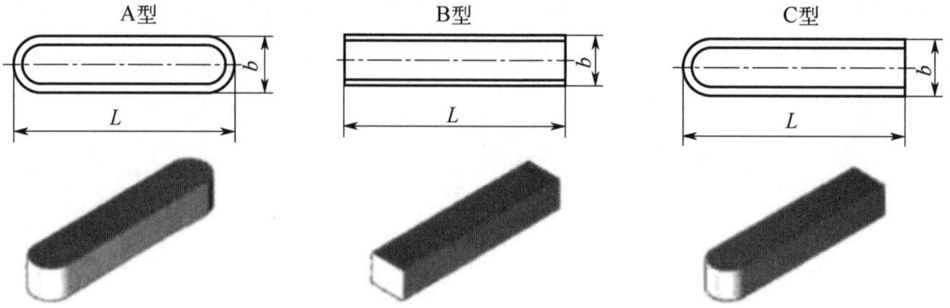

图 3-74　普通平键类型

对于轴上零件需沿轴向移动的轴毂动连接（如变速箱中的滑移齿轮），可采用导向平键［图 3-75（a）］或滑键［图 3-75（b）］。零件的移动距离较短时，常采用导向平键。由于导向平键较长，需用螺钉将其固定在轴上的键槽中。为了便于拆卸，键上制有起键螺孔。

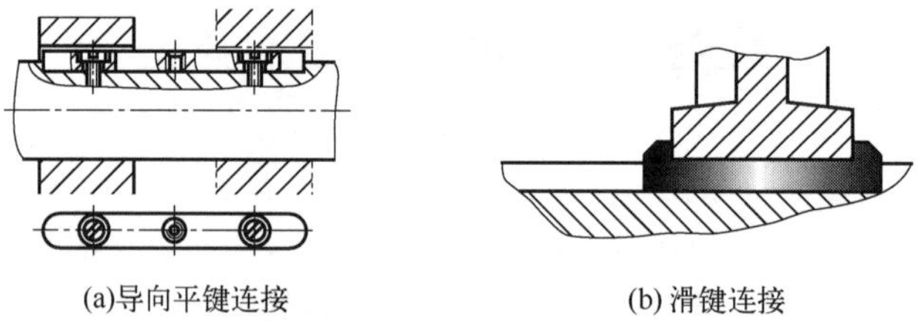

图 3-75　导向平键和滑键连接

当零件移动距离较大时，因所需的导向平键过长，制造困难，则应采用滑键。滑键固定在轮毂上，其长度与轮毂宽度基本相等，工作时随轴上零件在轴上的键槽中滑动。当零件（轮毂）的移动距离较长时，只需在轴上铣出足够长的键槽即可。

2．半圆键连接

如图 3-76 所示，半圆键也是以两侧面为工作面，工作原理同平键。半圆键和键槽截面均为半圆形，键可以在键槽中摆动，因而可以自动适应轮上键槽底面的斜度，安装极为方便，尤其适用于圆锥面配合的轴连接。但轴上键槽较深，半圆键连接对轴的强度削弱较大，所以半圆键一般只适用于轻载轴段连接中。半圆键可用圆钢切制，轴上的键槽用半径和厚度与键相同的盘铣刀铣出，加工较容易。

采用两个半圆键时沿轮毂方向把两键放在轴的同一母线上，这是为了减少半圆键槽对轴强度的削弱。

3．楔键连接

如图 3-77 所示，楔键的上、下表面是工作面，键的上表面和轮毂键槽的底面均有 1∶100 斜度，装配时将键楔入键槽，键的上、下表面与轮毂和轴之间产生正压力。工作时，通过键、轴、轮毂之间的摩擦力来传递转矩。同时，还能承受单方向的轴向力。但在楔紧时导致轮毂与轴的偏心，故不宜用于对中性要求较高（如齿轮）、高速、精密传动的场合。由于结构简单、装拆方便，还兼有轴向固定和承受单向轴向力的作用，所以其在低速、轻载和对中性要求不高的连接中仍有应用。

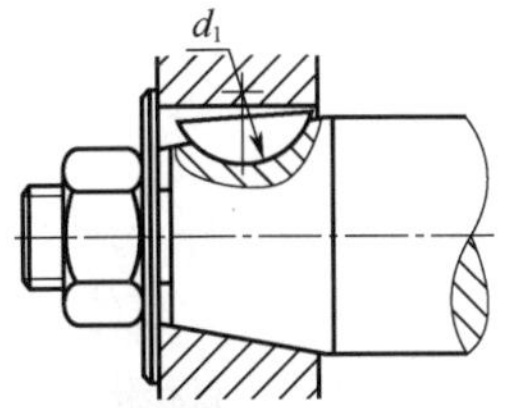

图 3-76　半圆键连接

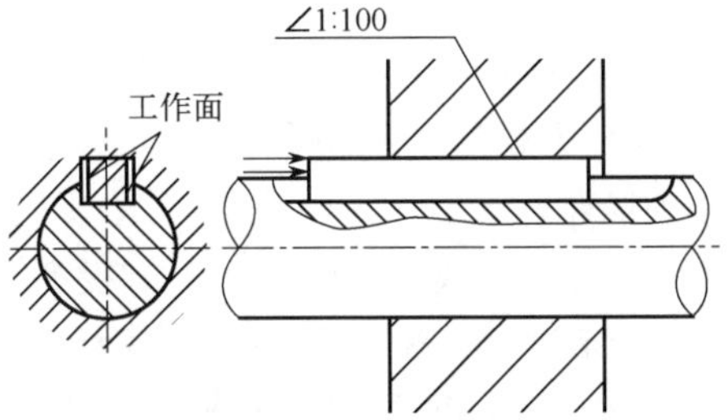

图 3-77　楔键连接

4. 切向键连接

如图 3-78（a）所示，切向键由两个楔键组成，装配时，使两楔键的斜面相互贴合，分别从轮毂的两端打入并楔紧在键槽中。两键拼合后，上、下两个工作面是平行的，所以轴和轮毂键槽并无斜度。由于轴上键槽的工作面位于过轴线的平面内，故工作面上的挤压力沿轴的切线方向作用，工作时靠挤压力和轴与轮间产生的摩擦力传递转矩。一对切向键只能传递单向转矩。如需传递双向转矩，应采用两对切向键 [图 3-78（b）]。为了避免严重削弱轴的强度，并使受力尽量均衡，两键槽通常相隔 120°～135°。

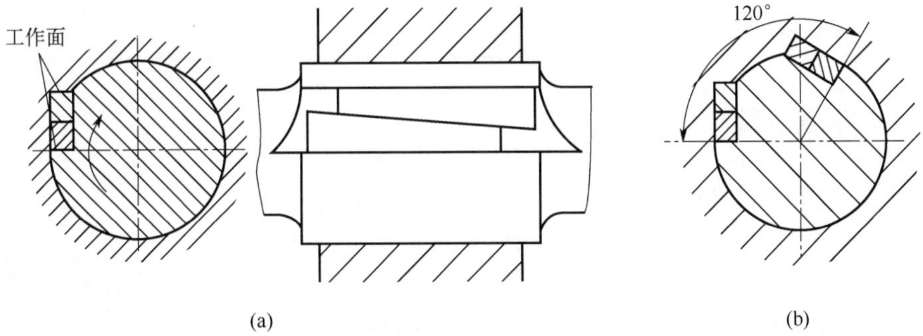

图 3-78　切向键连接

任务 2　确定键连接的类型、尺寸和材料

1. 键的选择

（1）类型的选择

应根据使用要求、工作条件和各种键连接的特点，选择适当的键连接类型。

① 要求对中性较高，齿轮沿轴向固定且位于轴的中部，应选用 A 型平键；
② 要求对中性较高，且齿轮位于轴端时，应选用 A 型或 C 型平键；
③ 要求对中性较高，齿轮需沿轴向移动且移动距离较短，应选用导向平键；
④ 要求对中性较高，齿轮需沿轴向移动且移动距离较长，应选用滑键；
⑤ 要求对中性较高，且用于圆锥面配合的轴连接，应选用半圆键连接；
⑥ 要求承受单向轴向力，适用于低速轻载的场合，应选用楔键连接；
⑦ 要求承受较大载荷，应选择切向键连接。

（2）尺寸的选择

键的主要尺寸包括横截面尺寸（键宽 $b\times$键高 h）和键长 L，均需从国家标准中选取。普通平键的主要尺寸见表 3-34，需说明：现行国家标准 GB/T 1095—2003 中并没有给出相应的轴径，表中“轴的直径 d”一栏摘自旧国家标准，供选键时参考。设计时可照旧标准并根据键连接所在轴段的直径 d，选择键的截面尺寸 $b\times h$。

普通平键的长度 L 根据被连接件的轮毂长度而定，一般取比轮毂长度小 5～10mm，且满足标准长度系列，键的长度系列如表 3-34 所示。

表 3-34　普通平键的主要尺寸　　单位：mm

轴的直径 d	6～8	>8～10	>10～12	>12～17	>17～22	>22～30	>30～38	>38～44
键宽 $b\times$ 键高 h	2×2	3×3	4×4	5×5	6×6	8×7	10×8	12×8
轴的直径 d	>44～50	>50～58	>58～65	>65～75	>75～85	>85～95	>95～110	>110～130
键宽 $b\times$ 键高 h	14×9	16×10	18×11	20×12	22×14	25×14	28×16	32×18
键的长度系列	6, 8, 10, 12, 14, 16, 18, 20, 22, 25, 28, 32, 36, 40, 45, 50, 56, 63, 70, 80, 90, 100, 110, 125, 140, 160, 180, 200, 220, 250, ……							

2. 键的强度计算

在初步确定键的型号以及尺寸之后，需对键连接进行强度校核。

以普通平键连接为例进行讲解，在计算平键连接传递转矩时，其受力情况如图 3-79 所示。

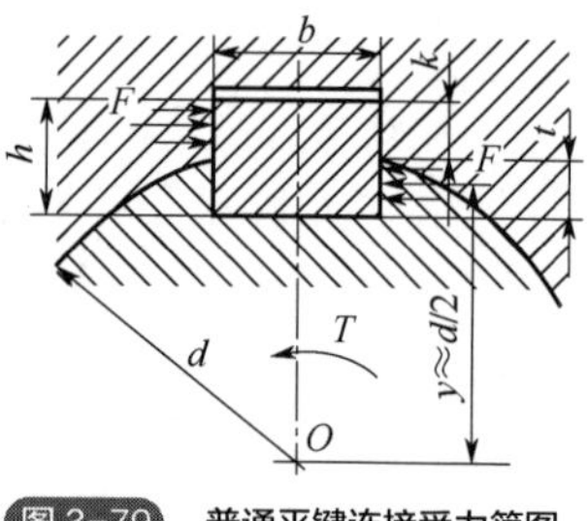

图 3-79　普通平键连接受力简图

在工程设计中，假定压力沿键长和键高方向均匀分布，可按工作面平均挤压应力或平均压强进行挤压强度或耐磨性的条件性计算。

普通平键连接（静连接）的主要失效形式为键、轴和轮毂三者中较弱者（通常为轮毂）的工作表面被压溃，其挤压强度条件如下：

$$\sigma_p=\frac{2T}{kld}\leqslant[\sigma_p] \tag{3-52}$$

式中　T——传递的转矩，N·mm；

d——轴的直径，mm；

k——键与键槽的工作高度，mm，一般可以取 $k\approx h/2$；

l——键的工作长度，mm，圆头平键（A 型）$l\approx L-b$，平头平键（B 型）$l\approx L$，单圆头

平键（C 型）$l \approx L-b/2$；

$[\sigma_p]$——许用挤压应力，MPa，见表 3-35。

导向平键和滑键连接（动连接）的主要失效形式为工作面的过度磨损。虽然平键在工作中也受剪切力，但除非有严重过载，否则键一般不会被剪断。因此，平键连接通常只需进行挤压强度或耐磨性计算，其耐磨性强度条件如下：

$$p=\frac{2T}{kld} \leqslant [p] \tag{3-53}$$

式中，$[p]$为许用压强，MPa，见表 3-35。

表 3-35　键连接的许用挤压应力$[\sigma_p]$和许用压强$[p]$　　单位：MPa

连接的工作方式与参数	连接中较弱零件的材料	$[\sigma_p]$或$[p]$		
		静载荷	轻微冲击载荷	冲击载荷
静连接，$[\sigma_p]$	钢	125～150	100～120	60～90
	铸铁	70～80	50～60	30～45
动连接，$[p]$	钢	50	40	30

当强度不足时，可采取的措施：

① 增加键高；

② 增加键长；

③ 增大轴径；

④ 减小转矩；

⑤ 改变键型；

⑥ 采用双键。

注意：可适当增加键长或采用 2 个键按 180° 布置。考虑到 2 个键的载荷分布不均匀性，在强度校核中可按 1.5 个键计算。

3．键的材料

因为压溃和磨损是键连接的主要失效形式，所以键的材料要有足够的硬度。国家标准规定，键用抗拉强度不低于 600MPa 的钢制造，牌号如 45、Q275 等。大批量生产时，键的材料可采用碳钢。若轮毂为非铁金属或非金属材料，则键可用 20、Q235 等牌号的钢。

拓展阅读：花键连接的类型选择

花键连接由外花键（花键轴）和内花键（花键孔）组成（图 3-80）。外花键是具有多个纵向键齿的轴，内花键则是具有多个键槽的毂孔。因此可将花键视为由多个平键组成，键齿侧面为工作面，工作中靠键齿侧面的相互挤压传递转矩。花键连接可用于轴毂静连接，也可用于轴毂动连接。

1．花键连接的特点

由于花键的键齿多，总接触面积大，因而承载能力大；键齿与轴为一体，键槽较浅，齿根处应力集中较小，故对轴的强度削弱较小；键齿对称分布，受力均匀，轴上零件与轴的对中性好，导向性好，特别适用于轴毂动连接。因此，其在实际中得到了广泛应用。

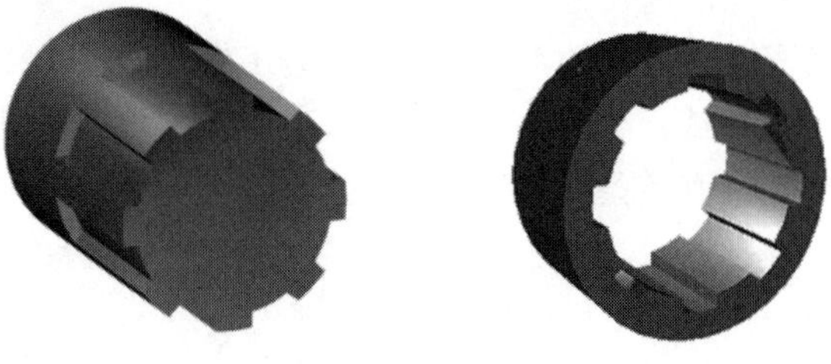

(a) 外花键　(b) 内花键

图 3-80　花键连接

花键连接的缺点是：因其结构的原因，需用专门的刀具和设备进行加工，成本较高。

2. 花键连接的分类

按其形状的不同，可分为矩形花键和渐开线花键两种。

（1）矩形花键

如图 3-81 所示，矩形花键的键齿的两侧面为平行的平面，形状较为简单，加工方便，可用磨削的加工方式获得较高的精度，应用较为广泛。

按键齿高度的不同，矩形花键分为轻、中两个系列。轻系列多用于轻载和静连接；中系列用于中等载荷的连接。花键的定心包括：大径定心［图 3-81（a）］、小径定心［图 3-81（b）］以及齿宽定心［图 3-81（c）］。国家标准规定矩形花键采用小径定心，以内、外花键的小径 d 处为配合面保证两者的轴线重合。这是因为内、外花键的小径定心面均可进行磨削，定心精度高。

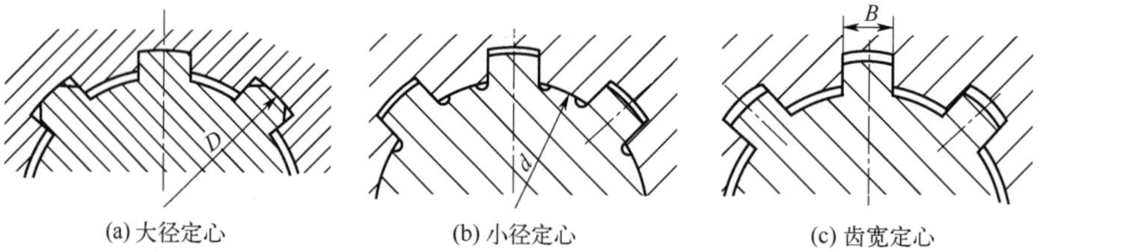

(a) 大径定心　(b) 小径定心　(c) 齿宽定心

图 3-81　矩形花键

（2）渐开线花键

渐开线花键（图 3-82）的齿廓为渐开线，其分度圆压力角 α_p 的标准值有三种：30°、37.5° 和 45°。前两种压力角对应的模数为 0.5～10mm。45° 压力角渐开线花键也称为三角形花键，对应的模数为 0.25～2.5mm。由于其模数小，齿数较多，故多用于轻载和直径小的静连接，尤其适用于轴与薄壁零件的连接。

图 3-82　渐开线花键

渐开线花键均采用齿形定心，通过内、外花键键齿两侧齿廓曲面的配合保证两者轴线重合。键齿受力时产生的径向分力有自动定心作用，特别是轴载动连接的间隙较大时，定心精度易保证。与矩形花键相比，渐开线花键齿根较厚，强度较高，承载能力大，寿命长。渐开线花键可用齿轮加工设备制造，工艺性好，加工精度高。因此，渐开线花键的应用日渐广泛。

3．花键连接的校核计算

花键连接的校核计算与平键连接类似。首先选择花键连接的类型以及尺寸，然后对其进行必要的强度校核计算。对于静连接，其主要失效形式是工作面被压溃；对于动连接，其主要失效形式是工作面过度磨损。因此，一般对花键连接进行挤压强度计算或者耐磨性计算。

静连接时，挤压强度计算如下：

$$\sigma_{\mathrm{p}}=\frac{2T\times10^{3}}{\psi zhld_{\mathrm{m}}}\leqslant[\sigma_{\mathrm{p}}] \tag{3-54}$$

动连接时，耐磨性计算如下：

$$p=\frac{2T\times10^{3}}{\psi zhld_{\mathrm{m}}}\leqslant[p] \tag{3-55}$$

式中 T——传递的转矩，N·mm；

ψ——载荷分布不均系数，一般取 ψ=0.7～0.8；

z——花键齿数；

h——键齿工作高度，mm，矩形花键 h=0.5(D−d)−2c（c 为键齿顶部倒角尺寸），渐开线花键 h=m（m 为模数）；

l——键齿的接触长度，mm；

d_{m}——平均直径，mm，矩形花键 d_{m}=0.5($D+d$)，渐开线花键 $d_{\mathrm{m}}=D$（D 为分度圆直径）；

$[\sigma_{\mathrm{p}}]$、$[p]$——许用挤压应力和许用压强，MPa，见表 3-36。

表 3-36 花键的许用挤压应力$[\sigma_{\mathrm{p}}]$和许用压强$[p]$ 单位：MPa

项目	连接方式	使用和制造情况	齿面未经热处理	齿面经热处理
$[\sigma_{\mathrm{p}}]$	静连接	不良	35～50	40～70
		中等	60～100	100～140
		良好	80～120	120～200
$[p]$	不在载荷作用下移动的动连接	不良	15～20	20～35
		中等	20～30	30～60
		良好	25～40	40～70
	在载荷作用下移动的动连接	不良		3～10
		中等		5～15
		良好		10～20

【项目实践】

单级圆柱齿轮减速器中输出轴与齿轮的键连接的选择。已知轴的直径 d=55mm，轮毂宽度 B=60mm，轴所传递转矩 T=195.94N·m，载荷平稳，轴、齿轮、键的材料均为钢。

分析：根据题意，首先选择键的类型，再根据轴径、轮毂长度选定键的尺寸，然后进行强度校核，如果发现不合格则重新进行选择。

解：

（1）选择键连接的类型

8 级精度的齿轮要求有一定的定心性，因此选择平键连接。由于是静连接，选用圆头普通平键（A 型）。键的材料为 45 钢。

（2）确定键连接的型号

① 由《机械设计手册》可查得，轴的直径 $d = 55\text{mm}$，键的剖面尺寸为：$b = 16\text{mm}$，$h = 10\text{mm}$；

② 轮毂宽度 B=60mm，选键长 $L = 50\text{mm}$。

因此，确定键的型号为：键 A 16×50 GB/T 1096—2003。

校核键的强度：

A 型键的工作长度 l：

$$l = L - b = 50 - 16 = 34\left(\text{mm}\right)$$

键与键槽的工作高度 k:

$$k=h/2=10/2=5\left(\text{mm}\right)$$

计算键的挤压强度 σ_{p}：

$$\sigma_{\text{p}} = \frac{2T}{kld} = \frac{2 \times 195.94}{5 \times 34 \times 55} \times 10^3 \approx 41.91\left(\text{MPa}\right)$$

查表取键连接的许用挤压应力 $\left[\sigma_{\text{p}}\right] = 125\text{MPa}$ 。

比较：

$$\sigma_{\text{p}} \approx 41.91\text{MPa} < \left[\sigma_{\text{p}}\right] = 125\text{MPa}$$

所以，所选键连接型号满足强度要求，可以使用。

小结

键的功能	• 实现轴与轮毂之间的周向固定以传递运动和转矩 • 实现轴上零件的轴向固定或轴向滑动的导向作用
普通平键连接	• 靠键与键槽侧面的挤压来传递转矩 • 工作面为两侧面 • 结构简单，装拆方便，对中性好
半圆键连接	• 键侧面挤压、键剪切传递转矩 • 工作面为两侧面 • 轻载，锥形轴端连接
楔键连接	• 挤压楔紧、摩擦传递转矩 • 键上、下表面为工作面 • 对中精度要求不高，载荷平稳，低速场合

续表

切向键连接	• 挤压楔紧、摩擦传递转矩 • 键上、下表面为工作面 • 对中精度要求不高，载荷大的重型机械中
尺寸选择	• 截面尺寸 $b\times h$：根据轴径 d 由标准中选取 • 键长 L：应略短于轮毂的宽度
强度校核	• 挤压强度计算： $\sigma_p=\frac{2T}{kld}\leqslant[\sigma_p]$

思考题

1．键的功能是什么？

2．试说明普通平键、半圆键、楔键以及切向键的工作原理、工作面、应用场合。

3．试说明键的尺寸的选择依据。

4．键的强度利用哪种强度校核条件？如何进行校核？

5．轴是如何带动齿轮进行旋转的？

习题

判断题（正确的打√，错误的打×）：

1．单圆头平键常用于轴端与毂类零件的连接。（ ）

2．半圆键连接适用于锥形轴端与轮毂的连接。（ ）

3．楔键的上、下两面是工作面。（ ）

4．花键连接适用于定心精度要求高、载荷大或经常滑移的连接。（ ）

5．平键的上、下两面是工作面。（ ）

单项选择题：

1．设计键连接的几项主要内容是：a．按轮毂长度选择键的长度；b．按使用要求选择键的主要类型；c．按轴的直径选择键的剖面尺寸；d．对连接进行必要的强度校核。在具体设计时，一般顺序是（ ）。

A．b→a→c→d　B．b→c→a→d　C．a→c→b→d　D．c→d→b→a

2．楔键连接的主要缺点是（ ）。

A．键的斜面加工困难　B．连接不可靠，易松脱

C．轴与轴上零件对中性不好　D．键不易安装

3．半圆键和切向键的应用场合是（ ）。

A．前者多用于传递较大转矩，后者则不然

B．后者多用于传递较大转矩，前者则不然

C．两者都用于传递较大转矩

D．两者都用于传递较小转矩

4．键的剖面尺寸通常是根据（　　）按标准选择。

A．传递转矩的大小　　B．传递功率的大小

C．轮毂的长度　　D．轴的直径

5．键的长度是根据（　　）来选择的。

A．传递转矩的大小　　B．传递功率的大小

C．轮毂的长度　　D．轴的直径

6．轴向键槽通常是由（　　）加工得到的。

A．插削　　B．拉削　　C．钻及铰　　D．铣削

7．如果在轴上安装一对切向键来工作，最好使它们相隔（　　）。

A．60°～90°　　B．90°～120°　　C．120°～130°　　D．130°～180°

8．在平键的标记“键 B20×80GB/T 1096—2003”中，“20×80”表示（　　）。

A．键宽×轴径　　B．键高×键宽

C．键高×键长　　D．键宽×键长

9．标准平键连接的承载能力通常取决于（　　）。

A．轮毂的挤压强度　　B．键的剪切强度

C．键的弯曲强度　　D．键工作表面的挤压强度

10．平键工作以（　　）为工作面。

A．顶面　　B．侧面　　C．底面　　D．都不是

11．半圆键工作以（　　）为工作面。

A．顶面　　B．侧面　　C．底面　　D．都不是

12．楔键工作以（　　）为工作面。

A．顶面　　B．侧面　　C．底面　　D．都不是

13．楔键连接对轴上零件能做周向固定，且（　　）。

A．不能承受轴向力　　B．只能承受单向轴向力

C．不能承受径向力　　D．以上均不是

14．根据（　　）不同，平键分为 A、B、C 型。

A．截面形状　　B．尺寸大小　　C．头部形状　　D．以上均不是

15．能构成紧连接的两种键是（　　）。

A．楔键和半圆键　　B．半圆键和切向键

C．楔键和切向键　　D．平键和楔键

填空题：

1．键通常用来实现轴与轮毂之间的（　　）以传递转矩，有的还能实现轴上零件的（　　）或轴向滑动的导向。

2．键的选择包括（　　）选择和（　　）选择两个方面。

3．平键连接的主要失效形式是工作面被压溃，通常只按工作面上的（　　）进行强度校核计算。

4．轴上零件与轴连接的部分称为（　　）。

项目 6　带式输送机中联轴器设计

本书配套资源

思维导图

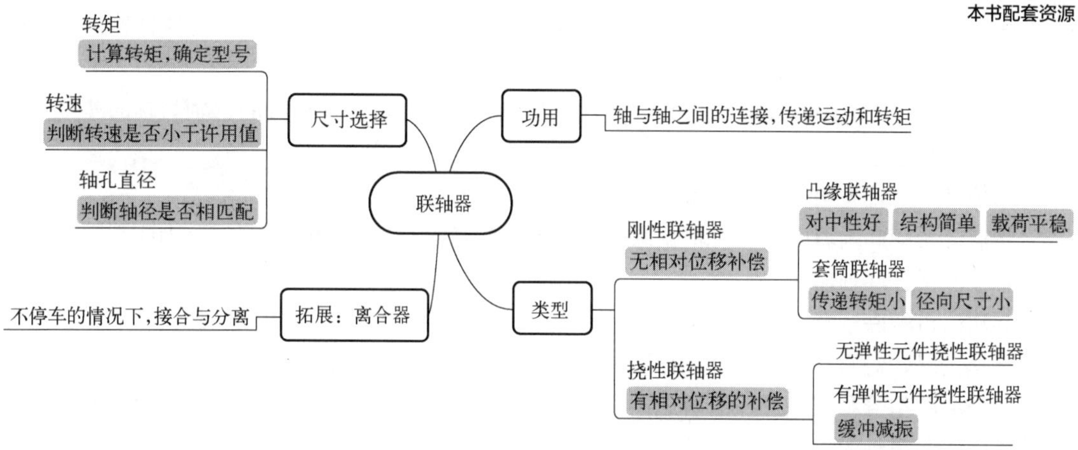

学习目标

1. 熟悉联轴器的类型、功用及工作原理；
2. 掌握联轴器尺寸的选择。

任务目标

1. 根据联轴器的类型特点合理选择联轴器的类型；
2. 能根据强度准则，确定联轴器的型号，完成项目实践。

案例引入

轴与轴之间的连接件称为联轴器。联轴器的主要作用是把两个轴连接在一起，以传递运动和转矩。联轴器只能在机器停止运转后才能接合和分离。离合器是一种在机器运转过程中，连接两轴，使两轴随时接合和分离的一种装置。本项目将介绍常用联轴器、离合器的工作原理，以及联轴器类型的选择和型号、尺寸的确定。

【项目提出】

已知单级圆柱齿轮减速器输出轴的功率 P_2=2.86kW，转速 n=120r/min，减速器输出轴的最小直径为 40mm。试选择减速器输出轴与输送机之间的联轴器。

在进行二级圆柱齿轮减速器拆装时，注意两轴之间是如何实现连接的、轴与轴的连接类型是什么、怎样进行设计。

本项目中，首先明确联轴器和离合器的概念、区别以及应用场合。

然后，讲解联轴器的分类：根据联轴器补偿两轴相对位移能力的不同可分为两大类，即刚性联轴器和挠性联轴器。

其次，讲解联轴器的选择：类型选择和尺寸选择。根据两轴对中情况、载荷情况、速度情况及环境情况，对联轴器的类型进行选择；根据计算转矩、轴的转速以及轴端直径，从标准中选择所需要的型号和相关尺寸。所选型号的联轴器的轴孔形式、直径、长度，以及键槽形式应与被连接的两根轴的相关参数协调一致。

再次，讲解离合器的分类：按其工作原理可分为啮合式和摩擦式两种。

最后，讲解离合器的选用：离合器的选择步骤和计算方法与联轴器相同。

任务 1　联轴器的类型选择

由于制造、安装误差以及零件变形等原因，两轴在工作的过程中无法保证轴线很好地重合，两轴之间常常会出现相对位移，如图 3-83 所示。相对位移的基本形式有三种：轴向位移 x［图 3-83（a）］、径向位移 y［图 3-83（b）］以及角位移 α［图 3-83（c）］。两种或两种以上的基本位移形式的组合称为综合位移［图 3-83（d）］。

按照能否补偿两轴之间的相对位移，联轴器可以分成刚性联轴器和挠性联轴器两大类。

1. 刚性联轴器

刚性联轴器不能补偿两根轴的轴线偏移，用于两根轴之间能够严格对中并在工作中不发生相对偏移的场合。常见的刚性联轴器包括：凸缘联轴器和套筒联轴器。

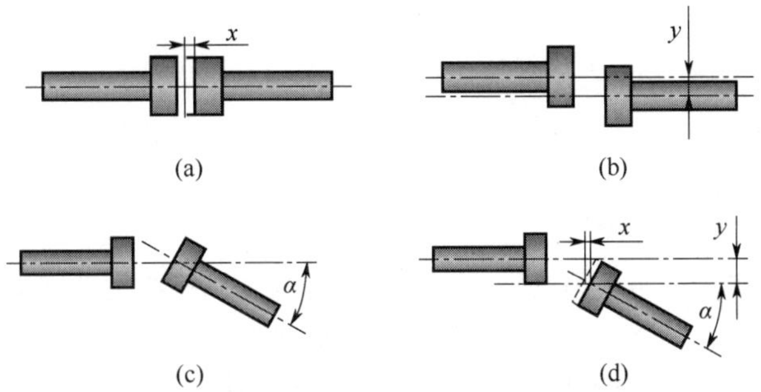

图 3-83　两轴间的相对位移

（1）凸缘联轴器

凸缘联轴器由两个带有凸缘的半联轴器用键分别与两轴相连，凸缘通过螺栓相连。按照螺栓类型的不同，又可以将凸缘联轴器分为普通螺栓连接的凸缘联轴器［图 3-84（a）］和铰制孔用螺栓连接的凸缘联轴器［图 3-84（b）］。

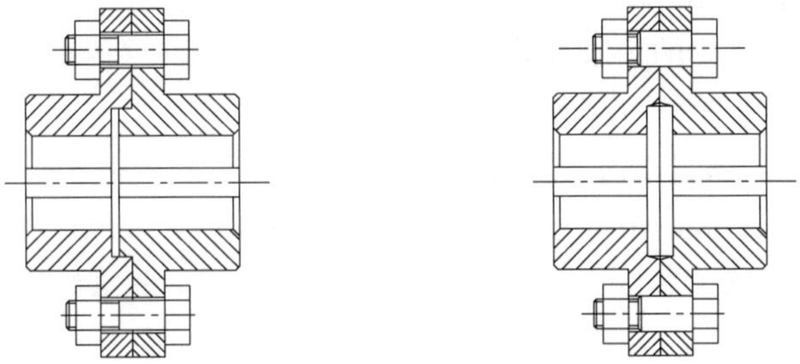

(a) 普通螺栓连接的凸缘联轴器　(b) 铰制孔用螺栓连接的凸缘联轴器

图 3-84　凸缘联轴器

凸缘联轴器的结构简单、装拆方便、传递的转矩大、成本低，但是没有补偿曲线偏移的能力，因此，只适用于载荷平稳、两根轴对中良好、传递转矩较大的场合。

（2）套筒联轴器

图 3-85 表示的是套筒联轴器。套筒联轴器通过一个公用套筒以销、键或过盈配合等连接形式，实现两轴之间的连接。

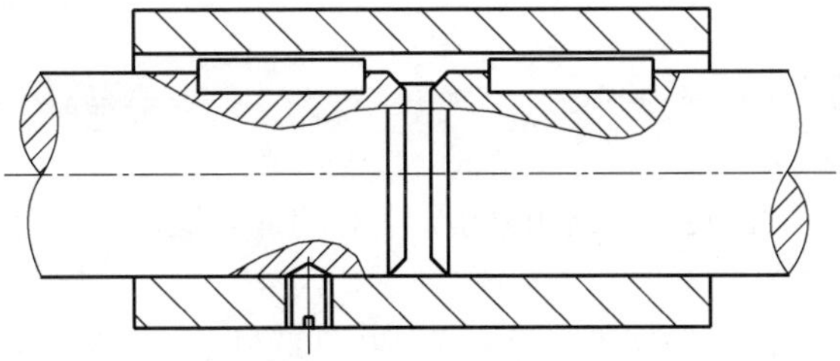

图 3-85　套筒联轴器

套筒联轴器一般应用在径向尺寸小、传递转矩较小的无轴肩的光轴连接中。

2. 挠性联轴器

挠性联轴器能补偿两根轴的轴线偏移。又可以按照是否具有弹性元件分为：无弹性元件挠性联轴器和有弹性元件挠性联轴器。

（1）无弹性元件挠性联轴器

无弹性元件挠性联轴器是利用联轴器中的工作元件之间构成的动连接来实现对偏移的补偿的，常用的有十字滑块联轴器、齿式联轴器和万向联轴器等。

① 十字滑块联轴器　十字滑块联轴器属于无弹性元件挠性联轴器，其结构如图 3-86 所示。十字滑块联轴器主要由两个端面具有凹槽的半联轴器 1、3 和一个两端面各有一个凸牙的十字滑块 2 组成。十字滑块两端面的凸牙互相垂直，分别嵌装在两个半联轴器的凹槽中，工作时凸牙可在槽中滑移。这种联轴器能够补偿的径向位移一般不超过轴径的 1/25，同时能补偿不大的角位移。

十字滑块联轴器的零件材料常用 45 钢，凹槽和凸牙的工作表面需进行热处理，以提高表面硬度。为了减小摩擦和磨损，工作中需对工作面进行润滑。

当两轴之间产生径向位移时，十字滑块的质心做圆周运动，由此产生的离心力使轴和轴承承受附加载荷，导致运动副中的正压力增大，磨损加剧。所以，这种联轴器只适用于转速不高（一般不超过 300r/min），且无剧烈冲击、载荷变化不大的场合。

② 齿式联轴器　齿式联轴器也属于无弹性元件挠性联轴器，其结构如图 3-87 所示。它由两个具有外齿轮的半联轴器和两个具有内齿轮的外壳组成，内、外齿轮均为渐开线齿轮，且具有相同的模数和齿数。半联轴器与外壳之间靠内、外齿轮的啮合传递转矩，两个外壳凸缘处采用普通螺栓连接。

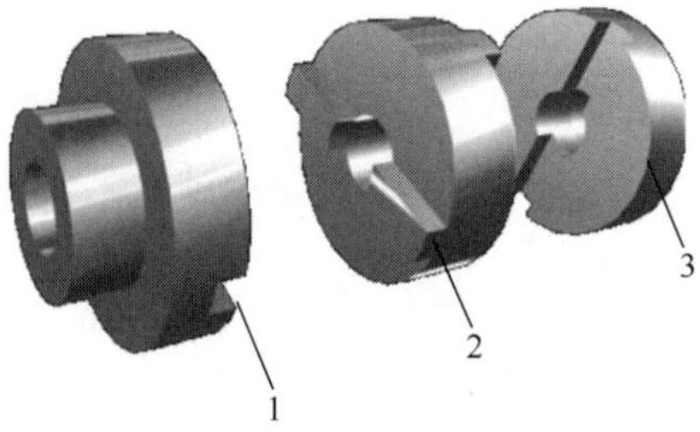

图 3-86　十字滑块联轴器

图 3-87　齿式联轴器

齿式联轴器能传递较大的转矩，结构紧凑，工作可靠，适用速度范围广，一般应用在一些重载、高速的水平轴连接。

③ 万向联轴器　万向联轴器属于无弹性元件挠性联轴器，有多种类型。实际中常用的是十字轴万向联轴器，其结构如图 3-88 所示。这种联轴器主要由主、从动轴上的叉形半联轴器和十字轴组成。十字轴上相互垂直的两轴，分别与主、从动轴上的叉形半联轴器构成铰链。工作中，允许两轴沿空间任意方向相对偏转很大的角度，角位移 α 最大可达 45°。

万向联轴器具有结构紧凑、使用方便的优点，可在具有较大综合位移的情况下工作。但是在两轴之间产生角位移时，主、从动轴的角速度不同步。

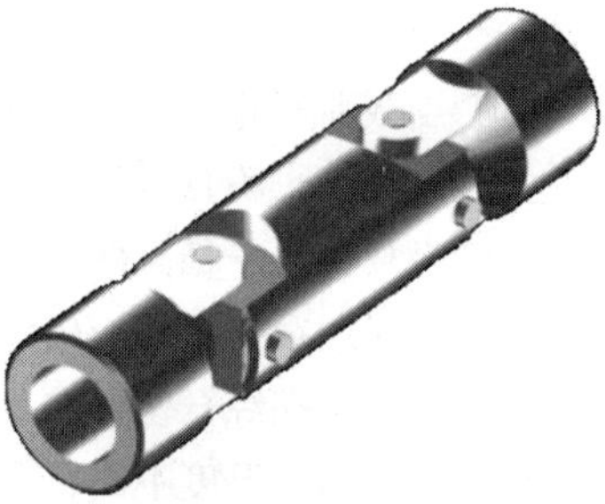

图 3-88 万向联轴器

（2）有弹性元件挠性联轴器

有弹性元件的挠性联轴器利用联轴器中弹性元件的变形进行偏移补偿，常用的有弹性套柱销联轴器和弹性柱销联轴器等。

① 弹性套柱销联轴器　弹性套柱销联轴器是应用非常广泛的一种弹性联轴器，其结构如图 3-89 所示。与凸缘联轴器相似，它也由两个半联轴器组成，只是用带有弹性套的柱销代替了螺栓，来连接两个半联轴器的凸缘。柱销一端的圆锥面与一个半联轴器上的圆锥孔相配合，另一端通过弹性套（其材料为橡胶）与另一个半联轴器的圆柱孔相配合，靠弹性套的弹性变形来补偿两轴之间的径向位移和角位移，通过安装时留出的间隙 C 来补偿轴向位移。

弹性套是易损件，损坏后需要更换。在设计轴系结构时，应留出足够的空间，以便在不拆移机器其他部分的情况下即可更换弹性套。

这种联轴器结构简单，制造容易，装拆方便，成本较低，具有较好的缓冲、吸振能力。但弹性套容易损坏且对工作环境有一定要求。它主要用于工作温度在−20～70℃、无油污等腐蚀介质、启动频繁、传递中小转矩的场合。

② 弹性柱销联轴器　弹性柱销联轴器是一种应用广泛的弹性联轴器，如图 3-90 所示。这种联轴器在结构上和弹性套柱销联轴器相似，只是用尼龙制造的弹性柱销代替了弹性套柱销。为了防止柱销脱出，在柱销两端配置了挡板，用螺钉将挡板固定在半联轴器上。为了增大联轴器补偿两轴相对位移的能力，常将柱销设计成一端为鼓形、另一端为圆柱体的形状。

图 3-89 弹性套柱销联轴器

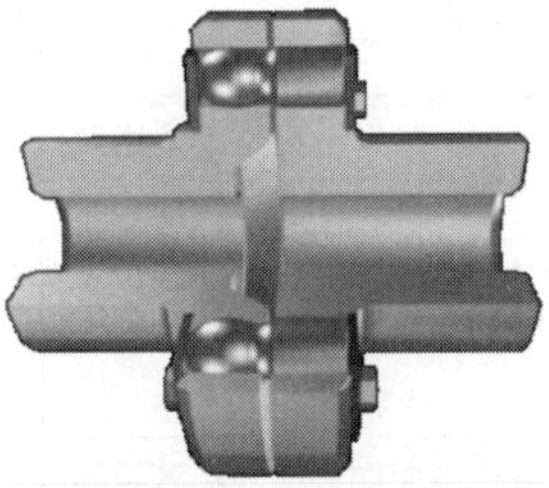

图 3-90 弹性柱销联轴器

弹性柱销联轴器比弹性套柱销联轴器的结构更简单；尼龙柱销比弹性套具有更高的强度和更好的耐磨性，所以传递转矩更大；也具有一定的缓冲、吸振能力；但补偿两轴相对位移量稍小些。它主要用于冲击载荷不大、正反转变化较多、启动频繁、转速高的场合。由于尼龙柱销对温度较敏感，所以使用时工作温度应控制在−20～60℃。

3．联轴器的选择

联轴器的类型众多，但是都已经标准化，因此，在选择联轴器时，选用的原则为：依据工作载荷的大小和性质、转速高低、对中性要求等，结合联轴器的特点及使用场合，进行联轴器的选择。具体选择方法如下：

① 当载荷平稳且对中要求较高时，选择刚性联轴器；

② 当载荷平稳且两轴间有相对位移时，选择挠性联轴器；

③ 当载荷不平稳且两轴间有相对位移时，选择有弹性元件的挠性联轴器；

④ 当应用在传递转矩较大的重型机械时，选择齿式联轴器；

⑤ 当应用在综合位移较大的场景时，选择万向联轴器；

⑥ 当应用在温度不高、高速、有振动、有冲击的场所时，选择弹性套柱销联轴器或者弹性柱销联轴器。

任务 2　联轴器的尺寸选择

在选择完联轴器的类型之后，对于已经标准化的联轴器，还需要确定其具体的尺寸，即确定联轴器的型号。在选择联轴器的型号时，应考虑以下因素：

① 所选的联轴器应具有足够的承载能力，则要求联轴器的公称转矩 T_n≥计算转矩 T_C。其中，T_C 按下式计算：

$$T_C = K_A T \tag{3-56}$$

式中　K_A——工况系数，查表 3-37；

T——联轴器传递的名义转矩，N·m。

表 3-37　工况系数 K_A

工作机	原动机			
	电动机、汽轮机	单缸内燃机	双缸内燃机	四缸内燃机
转矩变化很小的机械，如发电机、小型通风机、小型离心泵	1.3	2.2	1.8	1.5
转矩变化较小的机械，如透平压缩机、木工机械、运输机	1.5	2.4	2.0	1.7
转矩变化中等的机械，如增压机、有飞轮的压缩机	1.7	2.6	2.2	1.9
转矩变化和冲击载荷中等的机械，如织布机、水泥搅拌机、拖拉机	1.9	2.8	2.4	2.1
转矩变化和冲击载荷较大的机械，如挖掘机、碎石机、造纸机	2.3	3.2	2.8	2.5
转矩变化和冲击载荷大的机械，如压延机、起重机、重型轧机	3.1	4.0	3.6	3.3

② 联轴器的许用转速[n]≥轴的工作转速 n。

③ 联轴器的轴孔直径应与被连接两轴的轴端直径相匹配。

拓展阅读：离合器的类型选择

离合器主要用于主、从动轴经常需要接合和分离的机械中，在机器运转过程中，可使两轴随时接合或分离。它可用来操纵机器传动系统的断续，以便进行变速及换向等。由于大多数离合器已经标准化，所以，只需选择离合器的类型和型号即可。选择的方式和联轴器比较类似：首先，根据机器的应用场合、工作情况、性能特点选择合适的离合器的类型；然后，根据两轴的直径，计算转矩以及转速，选择离合器的具体型号。

1. 离合器的分类

离合器的种类有很多，按照实现离合方式的不同，可以将离合器分为操纵式离合器以及自动式离合器两种。具体分类情况如图 3-91 所示。

- 离合器
  - 操纵式离合器
    - 机械离合器、气动离合器、液压离合器、电磁离合器 —
      - 啮合式：牙嵌式、齿式等
      - 摩擦式：圆盘、圆锥、弹簧等
  - 自动式离合器
    - 超越离合器：靠两轴的相对正反转实现结合和分离
    - 离心离合器：靠离心力的大小自动实现结合和分离
    - 安全离合器：当传递的转矩过大时，两轴自动分离

图 3-91 离合器的分类

（1）操纵式离合器

操纵式离合器指的是必须进行人为操纵才能实现两轴的接合和分离的离合器。

按操纵机构的不同，可分为：机械离合器、电磁离合器、液压离合器和气动离合器。

按工作原理的不同，可分为：摩擦式离合器和啮合式离合器。

（2）自动式离合器

自动式离合器指的是不需要专门的操纵装置，通过工作中的某些参数（转向、转矩、转速等）的变化来实现两轴的自动接合和分离。

根据工作原理不同，可分为：超越离合器、离心离合器和安全离合器。

2. 常用离合器

（1）牙嵌离合器

牙嵌离合器是啮合式离合器的一种，它由两个端面有牙的半离合器组成，具体结构如图 3-92 所示。一个半离合器固定在主动轴上，另一个半离合器用导向平键或滑键与从动轴相连。通过操纵机构可以使从动轴上的半离合器在从动轴上移动，从而实现两周的接合和分离。

牙嵌离合器具有结构简单、尺寸小、接合可靠、能够传递较大的转矩的优点，所以应用较为广泛。但是牙嵌离合器只能在两轴不转动或转速差比较小的时候进行接合，否则，接合时牙齿之间必将产生剧烈的冲击。

（2）圆盘摩擦离合器

圆盘摩擦离合器是摩擦式离合器的一种，可以分为单圆盘式（图 3-93）和多圆盘式（图 3-94）两种。圆盘摩擦离合器的主动摩擦盘固定在主动轴上，从动摩擦盘安装在从动轴上。工作时依

靠主、从动盘接触面之间的摩擦力实现两轴的接合并传递转矩。

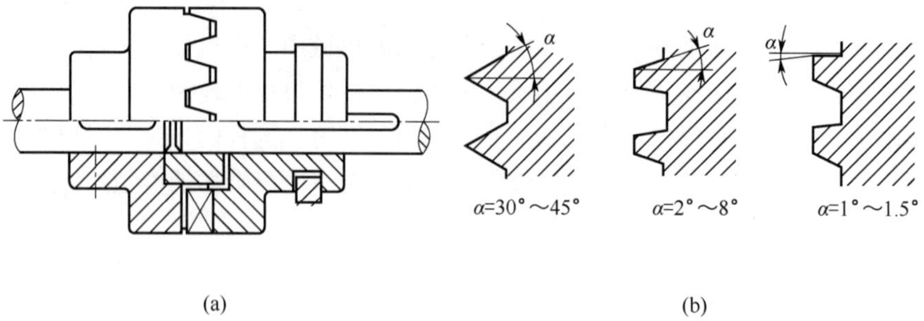

图 3-92　牙嵌离合器

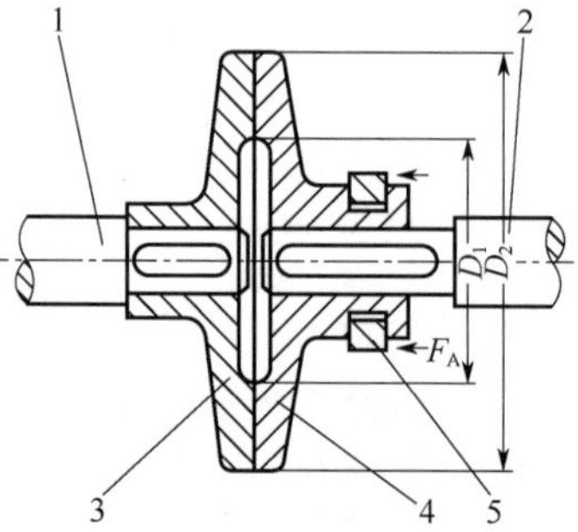

图 3-93　单圆盘式摩擦离合器

1—主动轴；2—从动轴；3—主动摩擦盘；4—从动摩擦盘；5—操纵环

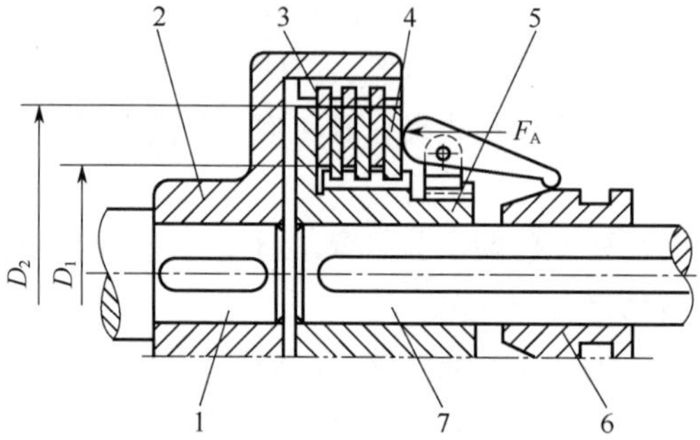

图 3-94　多圆盘式摩擦离合器

1—主动轴；2—主动轴套筒；3—外摩擦圆盘；4—内摩擦圆盘；5—从动轴套筒；6—杠杆；7—滑套环

单圆盘式摩擦离合器中，摩擦盘 3 用平键安装在主动轴上，摩擦盘 4 用导向平键安装在从动轴上，通过操纵机构将从动摩擦盘 4 推向主动摩擦盘 3，并且施加轴向力 F_A，使两个摩擦盘压紧，依靠彼此的摩擦力实现两轴的接合；撤掉轴向力 F_A，则两轴分离。单圆盘式摩擦离合器的承载能力小，用于轻型机械中。

多圆盘式摩擦离合器中，主动轴套筒 2 固定在主动轴上，套筒 5 固定在从动轴上，外摩擦圆盘 3 的外圆上有凸牙，与主动轴套筒 2 孔内的凹槽形成类似于花键的连接。内摩擦圆盘 4 的内孔中也有凸牙，与从动轴套筒 5 外圆上的凹槽形成类似于花键的连接。安装时，将内、外摩擦盘间隔布置。当操纵装置向左推动滑套环 7 时，通过杠杆 6 给摩擦盘施加轴向力 F_A，使内外摩擦盘各结合面都产生正压力，从而实现两轴的接合；当撤掉轴向力 F_A 时，两轴分离。

相比于牙嵌离合器，摩擦离合器可以在任何转速下实现两轴的接合和分离；过载时，会发生打滑，可以防止其他零件的损坏；接合平稳，冲击振动较小；但是两摩擦面相对滑动不可避免，产生摩擦，导致温度升高，引起摩擦片的磨损。

（3）超越离合器

超越离合器利用主、从动轴的相对转动方向，实现两轴的接合和分离。图 3-95 所示是滚柱式超越离合器。它由星轮 1、外圈 2、滚柱 3 和弹簧顶杆 4 等组成。当其星轮 1 顺时针转动时，滚柱 3 受到摩擦力的作用被楔紧在槽内，带动外圈 2 一起转动，此时为接合状态；当其星轮 1 逆时针转动时，滚柱 3 被推向楔形槽的宽敞部分，不再楔紧在槽内，此时为分离状态，因此只能传递单向的转矩。这种离合器工作时没有噪声，应用在一些高速的场景，但是制造精度要求较高。

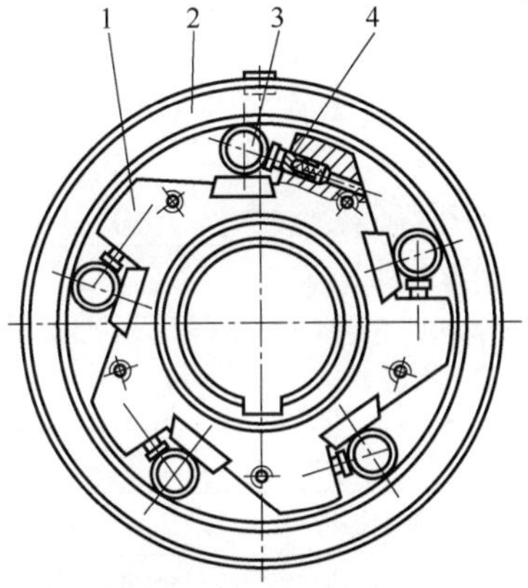

图 3-95　滚柱式超越离合器

【项目实践】

已知单级圆柱齿轮减速器输出轴的功率 P=2.86kW，转速 n=120r/min，减速器输出轴的最小直径为 40mm。试选择减速器输出轴与输送机之间的联轴器。

分析：根据题意，首先根据应用范围、性能要求选择联轴器的类型，然后通过计算转矩选择联轴器的型号，再校核轴孔直径和转速，判断所选型号是否合适，如不合适，则需重新进行选择。

解：

（1）联轴器类型的选择

为了缓和冲击和减轻振动，选用弹性套柱销联轴器。

（2）求计算转矩

① 计算联轴器传递的名义转矩 T：

$$T = \frac{9550P}{n} = \frac{9550 \times 2.86}{120} \approx 227.6(\text{N} \cdot \text{m})$$

② 查表 3-37，工作机为转矩变化较小的运输机，原动机为电动机，对应的工作情况系数 K_A=1.5。

③ 计算联轴器计算转矩 T_C：

$$T_C = K_A T \approx 1.5 \times 227.6 = 341.4(\text{N} \cdot \text{m})$$

（3）确定型号

从标准手册中选取弹性套柱销联轴器的型号为 TL7。

它的公称转矩为 500N·m，联轴器材料为钢时，许用转速为[n]=2800r/min，允许的轴孔直径在 40～48mm 之间。故所选的联轴器型号合适。

小结

联轴器的功能	• 实现轴与轴之间的连接 • 传递运动和转矩
凸缘联轴器	• 对中性要求较高 • 传递转矩较大
套筒联轴器	• 径向尺寸小 • 传递转矩较小 • 无轴肩的光轴连接
十字滑块联轴器	• 两轴有较大的径向位移 • 工作平稳 • 传递转矩较大而速度不高的场合
齿式联轴器	• 重载高速
万向联轴器	• 具有较大综合位移
弹性套柱销联轴器	• 经常正反转，启动频繁，安装底座刚度好 • 冲击载荷不大的中、小功率传动中
弹性柱销联轴器	• 传递转矩的能力更大 • 结构更简单，耐用性好
联轴器尺寸的选择	• 确定联轴器的计算转矩 • 确定联轴器的型号

思考题

1．刚性联轴器常用类型及应用。

2．挠性联轴器常用类型及应用。

3．常用联轴器类型的选择原则。

4．常用联轴器尺寸的选择依据。

习题

判断题（正确的打√，错误的打×）：

1．联轴器常用于两轴需要经常换向的地方。 (　　)

2．用联轴器连接的轴可在工作中使它们分离。 (　　)

3．刚性联轴器可用于两轴线偏差较小的轴连接。 (　　)

单项选择题：

1．联轴器的主要作用是（　　）。

A．缓和冲击和振动　　B．补偿两轴的同轴度误差或热膨胀

C．连接两轴，传递转矩　　D．防止机器发生过载

2．牙嵌离合器一般用在（　　）的场合。

A．传递转矩很大，接合速度很低　　B．传递转矩很小，接合速度很低

C．传递转矩很大，接合速度很高　　D．传递转矩很小，接合速度很高

3．要求被连接轴的轴线严格对中的联轴器是（　　）。

A．凸缘联轴器　B．齿式联轴器　C．滑块联轴器　D．弹性套柱销联轴器

4．只能在低速下使用的联轴器是（　　）。

A．凸缘联轴器　B．齿式联轴器　C．十字滑块联轴器　D．万向联轴器

5．（　　）工作中允许被连接轴之间有较大相对位移。

A．凸缘联轴器　B．齿式联轴器　C．滑块联轴器　D．万向联轴器

6．下列联轴器中，传递载荷较大的是（　　）。

A．套筒联轴器　B．齿式联轴器　C．滑块联轴器　D．万向联轴器

7．有过载保护作用的机械部件是（　　）。

A．弹性套柱销联轴器　　B．万向联轴器

C．牙嵌离合器　　D．摩擦离合器

8．a.计算联轴器的计算转矩；b.确定联轴器的型号；c.选择联轴器的类型。选用联轴器的基本步骤是（　　）。

A．a→b→c　B．a→c→b　C．b→a→c　D．c→a→b

9．下列联轴器中，能补偿两轴的相对位移并可缓冲、吸振的是（　　）。

A．凸缘联轴器　B．齿式联轴器　C．万向联轴器　D．弹性套柱销联轴器

10．对于工作中载荷平稳、不发生相对位移、转速稳定且对中性好的两轴，宜选用（　　）联轴器。

A．凸缘　B．十字滑块　C．弹性套柱销　D．齿式

11．能传递很大转矩，并允许有较大的偏移量，安装精度要求不高的两轴，宜选用（　　）联轴器。

A．凸缘　B．十字滑块　C．弹性套柱销　D．齿式

12．一般电机与减速器的高速级的连接常采用（　　）联轴器。

A．弹性柱销　B．十字滑块　C．凸缘　D．套筒

13．（　　）能在不停车的情况下，使两轴结合或分离。

A．离合器　B．联轴器　C．减速器　D．弹性柱销

填空题：

1．（　　）是在机器运转过程中，可使两轴随时接合或分离的一种装置。

2．根据对各种相对位移有无补偿能力，联轴器可分为（　　）联轴器和（　　）联轴器两大类。

3．离合器通常可分为（　　）和（　　）两大类。

4．不能补偿两轴间相对位移的联轴器称为（　　）。

5．能补偿两轴间相对位移的联轴器称为（　　）。

项目 7 单级圆柱齿轮减速器中滚动轴承设计

本书配套资源

思维导图

- 滚动轴承
  - 构造 — 内圈、外圈、滚动体、保持架
  - 类型
    - 按滚动体形状
      - 球轴承
      - 滚子轴承
    - 按是否可调心
      - 调心轴承
      - 非调心轴承/刚性轴承
    - 按载荷方向或公称接触角
      - 向心轴承（主要承受径向载荷）
        - 径向接触轴承
        - 角接触向心轴承
      - 推力轴承（主要承受轴向载荷）
        - 轴向接触轴承
        - 角接触推力轴承
    - 类型选择
      - ①载荷方向
      - ②载荷性质和大小
      - ③转速高低
      - ④调心要求
      - ⑤经济性
  - 代号
    - 前置代号
    - 基本代号（核心）
      - 类型代号（数字或字母）
      - 尺寸系列代号
        - 宽(高)度系列代号
        - 直径系列代号
      - 内径代号
    - 后置代号（字母(或加数字)）
      - 内部结构代号
      - 公差等级代号
      - 游隙代号
      - 配置代号
        - 面对面安装/正装
        - 背对背安装/反装
        - 串联安装
  - 失效形式及计算准则
    - 疲劳点蚀 — 寿命校核计算
    - 塑性变形 — 静强度计算
    - 胶合磨损 — 寿命校核计算+极限转速校核计算

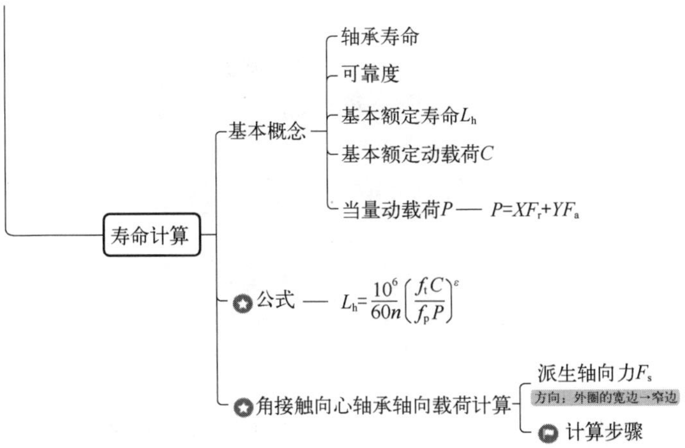

学习目标

1. 了解滚动轴承的功用和类型；
2. 掌握滚动轴承的代号及类型选择；
3. 熟悉滚动轴承的失效形式及设计准则；
4. 掌握滚动轴承的寿命计算。

任务目标

1. 能够描述滚动轴承的功用及分类，能合理选择滚动轴承的类型并确定滚动轴承的代号；
2. 能够分析、描述滚动轴承的失效形式并确立设计准则；
3. 能应用滚动轴承的寿命计算原理和方法完成项目实践。

案例引入

减速器是一种由封闭在刚性壳体内的齿轮传动、蜗杆传动、齿轮-蜗杆传动所组成的独立部件。减速器是原动机和工作机之间的独立的闭式传动装置，在原动机和工作机或执行机构之间起匹配转速和传递转矩的作用，在现代机械中应用极为广泛，如图 3-96 所示。

在减速器中，高速轴和低速轴起到传递运动和转矩的作用。两根轴并不是直接安装在箱座上，而是通过轴承支承。轴承的作用是支承轴和轴上零件，保证轴的旋转精度；同时可以减轻轴与支承之间的摩擦和磨损。

图 3-96 单级圆柱齿轮减速器

根据工作时摩擦性质的不同，轴承可分为滚动摩擦轴承(简称滚动轴承)和滑动摩擦轴承(简称滑动轴承)，如图 3-97 所示。滚动轴承的特点是旋转精度高、启动力矩小、易于互换、选用方便；滑动轴承的特点是承载能力高、结构简单、装拆方便，但维护复杂，润滑条件要求高。本项目只介绍滚动轴承。

(a) 滚动摩擦轴承　　(b) 滑动摩擦轴承

图 3-97 轴承

滚动轴承大多已标准化。通过本项目的学习，读者可以根据具体工作条件正确选择滚动轴承类型，确定滚动轴承所需尺寸。

【项目提出】

设计单级直齿圆柱齿轮减速器中输入轴上的滚动轴承。已知：输入轴传递的转矩 T=57890N·mm，转速 n=480r/min，轴颈直径 d=45mm，直齿圆柱齿轮的分度圆直径 d_1=58mm；运输机单向运转，载荷平稳，在常温条件下工作，工作寿命为 8 年，两班制；预期使用寿命 20000h。

任务 1　滚动轴承类型的选择

滚动轴承大多已标准化。不同类型的滚动轴承，其特点以及适用范围皆有所不同。设计时，按照使用要求选择合适的滚动轴承的类型，确定滚动轴承所需尺寸。

1．滚动轴承的构造和材料

如图 3-98 所示，滚动轴承主要由四部分组成，分别为：内圈、外圈、滚动体和保持架。内圈装在轴颈上，外圈装在轴承座孔内。通常，内圈随轴一起转动，外圈不转；但也有外圈回转而内圈不转，或内、外圈分别按各自的转速回转的情况。滚动体的形状、数量和大小对轴承的承载能力有很大的影响。轴承工作时，滚动体沿内、外圈滚道滚动。保持架的作用是把滚动体均匀地隔开，以防运转时滚动体彼此碰撞。

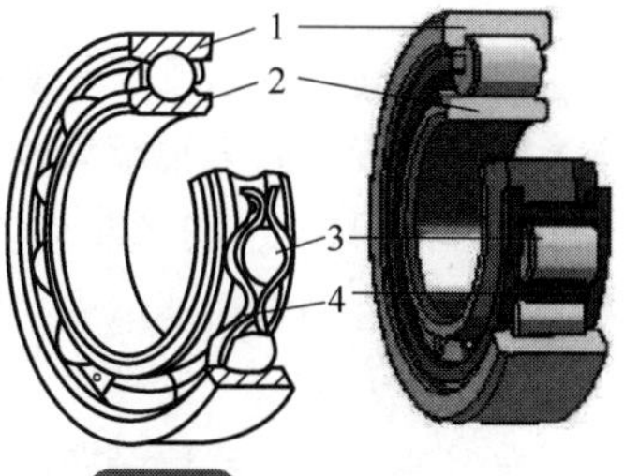

图 3-98　滚动轴承的构造

1—外圈；2—内圈；3—滚动体；4—保持架

滚动轴承的内、外圈及滚动体材料应具有高的硬度和接触疲劳强度、良好的耐磨性和冲击韧性。其一般采用含铬轴承钢制造，工作表面经磨削和抛光处理，洛氏硬度不低于 60～65HRC。保持架一般用低碳钢板冲压制成，高速轴承的保持架多采用有色金属或塑料。

2．滚动轴承的类型

（1）按滚动体的形状分类

按照滚动体形状的不同，滚动轴承可分为球轴承和滚子轴承。滚子轴承的滚动体分为圆柱滚子、圆锥滚子、球面滚子和滚针等，如图 3-99 所示。

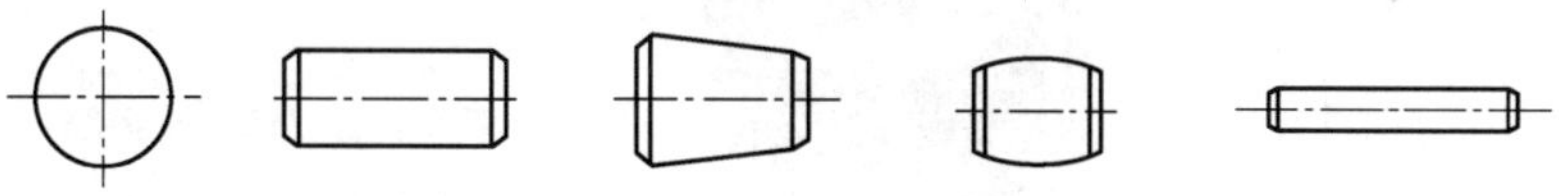

(a) 球　(b) 圆柱滚子　(c) 圆锥滚子　(d) 鼓形滚子（球面滚子）　(e) 滚针

图 3-99　常用滚动体的形状

球轴承中球与滚道之间为点接触，而滚子轴承中滚子与滚道之间为线接触。在相同尺寸条件下，球轴承制造方便、价格低、摩擦因数小、运转灵活、极限转速高，但抗冲击能力和承载能力不如滚子轴承。

（2）按是否具有调心功能分类

滚动轴承可分为调心轴承和非调心轴承（又称为刚性轴承）。调心轴承的滚道是球面，能适应内、外圈轴心线间的角偏差及角运动；而非调心轴承能阻抗内、外圈轴心线间的角偏移。

（3）按承受载荷的方向或公称接触角分类

滚动轴承可分为向心轴承和推力轴承。如图 3-100 所示，滚动轴承的公称接触角是指轴承的径向平面与滚动体和滚道接触点的公法线间的夹角，用 α 表示。公称接触角 α 越大，滚动轴承承受轴向载荷的能力越强。

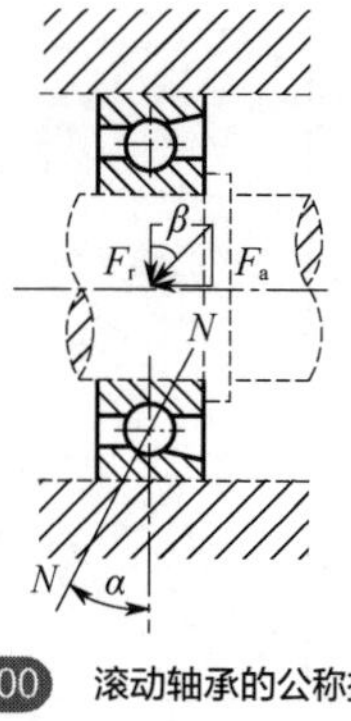

图 3-100　滚动轴承的公称接触角

（a）向心轴承

向心轴承的公称接触角的范围为 $0° \leqslant \alpha \leqslant 45°$，主要用于承受径向载荷。

向心轴承又可分为径向接触轴承（$\alpha=0°$）和角接触向心轴承（$0°<\alpha\leqslant45°$）。

径向接触轴承主要承受径向载荷，也可以承受较小的轴向载荷，如深沟球轴承、调心轴承等。

角接触向心轴承既能承受径向载荷，又能承受轴向载荷，如角接触球轴承、圆锥滚子轴承等。单个角接触向心轴承只能承受单向的轴向载荷，限制轴单方向的移动。通常，角接触向心轴承成对使用，反向安装。

有的向心轴承只能承受径向载荷，不能承受轴向载荷，如圆柱滚子轴承、滚针轴承等。

（b）推力轴承

推力轴承的公称接触角的范围为$45°<\alpha\leqslant90°$，主要用于承受轴向载荷。

推力轴承又可分为轴向接触轴承（$\alpha=90°$）和角接触推力轴承（$45°<\alpha<90°$）。

轴向接触轴承只能承受轴向载荷，如推力球轴承、推力滚子轴承等。

角接触推力轴承主要承受轴向载荷，也可以承受较小的径向载荷，如推力调心球面滚子轴承等。

常用的滚动轴承的类型及主要性能见表 3-38。

表 3-38　常用的滚动轴承的类型及主要性能

代号	类型	轴承实物图、承载方向及结构简图	主要性能及应用
1	调心球轴承	 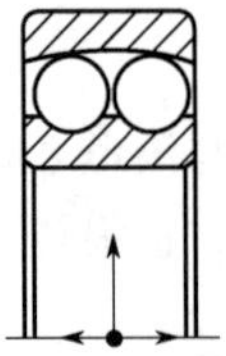	主要承受径向载荷，能承受较小的轴向载荷，不宜承受纯轴向载荷。其结构特点为双列球，外圈滚道是以轴承中心为中心的球面。故能自动调心，适用于多支点和弯曲刚度不足的轴
2	调心滚子轴承	 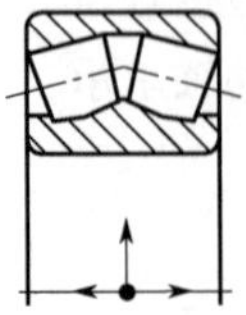	主要承受很大的径向载荷和少量的轴向载荷。其结构特点是滚动体为双列鼓形滚子，外圈滚道是以轴承中心为中心的球面。故能自动调心，抗振动、冲击。常用在长轴或受载后轴有较大的弯曲变形及多支点的轴上

续表

代号	类型	轴承实物图、承载方向及结构简图	主要性能及应用
3	圆锥滚子轴承	 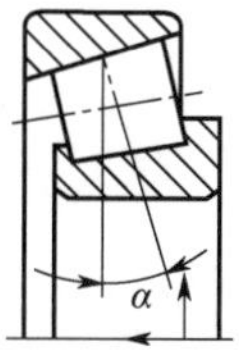	能同时承受较大的径向载荷和轴向载荷。公称接触角有 α=10°～18°和 α=27°～30°两种。外圈可分离，游隙可调，装拆方便。适用于刚性较大的轴，一般成对使用，对称安装
5	推力球轴承	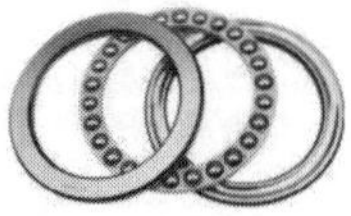 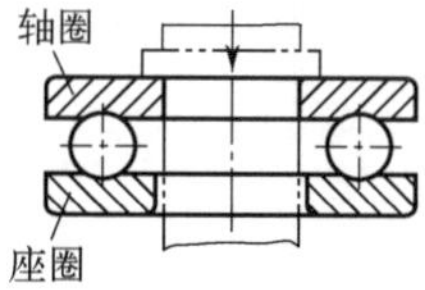 单列 51000  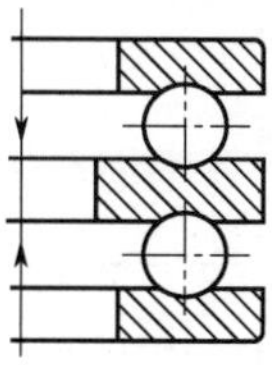 双列 52000	图中孔径较小的套圈紧配在轴颈上，称为轴圈；孔径较大的套圈安放在机座上，称为座圈。 只能承受轴向载荷，且载荷作用线必须与轴线重合。 单列球轴承仅承受单向轴向载荷；双列球轴承可承受双向轴向载荷。 因滚动体离心力大，滚动体与保持架摩擦发热严重，故用于轴向载荷大但转速不高的场合
6	深沟球轴承		主要承受径向载荷，也可承受一定的双向轴向载荷。当转速很高而轴向载荷不太大时，可代替推力球轴承承受纯轴向载荷。与其他轴承相比，应用最普遍，价格最低

续表

代号	类型	轴承实物图、承载方向及结构简图	主要性能及应用
6	深沟球轴承	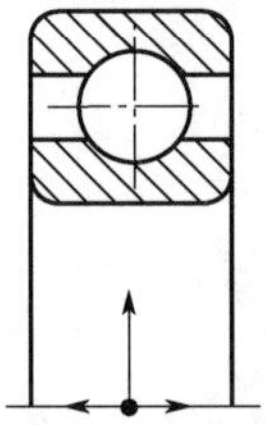	
7	角接触球轴承	 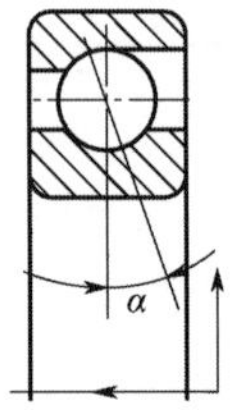 70000C 型（α=15°） 70000AC 型（α=25°） 70000B 型（α=40°）	能同时承受径向和轴向载荷，公称接触角越大，轴向承载能力也越强。通常成对使用，对称安装
N	圆柱滚子轴承	 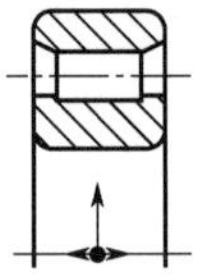	能承受较大的径向载荷，不能承受轴向载荷。因系线接触，内、外圈只允许有极小的相对偏转。除图示外圈无挡边(N)结构外，还有内圈无挡边(NU)、外圈单挡边(NF)等结构形式
NA	滚针轴承	 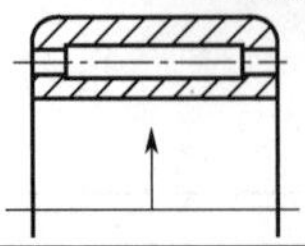	只能承受径向载荷，承载能力大。结构紧凑，在内径相同的条件下，与其他轴承比较，其外径最小。一般无保持架，因而滚针间有摩擦，轴承极限转速低。这类轴承不允许有角偏差。适用于径向尺寸受限制的部件中

3. 选择滚动轴承类型

不同类型的滚动轴承有不同的特性，因此选择滚动轴承类型时，必须根据轴承实际工作情况合理选择，一般考虑下列因素。

（1）载荷方向

纯径向载荷可以选用向心轴承：调心球轴承、调心滚子轴承、深沟球轴承、圆柱滚子轴承等。纯轴向载荷选用推力球轴承。联合载荷一般选用角接触球轴承或圆锥滚子轴承。若径向载荷较大而轴向载荷较小，可选用深沟球轴承。若轴向载荷较大而径向载荷较小，可选用角接触推力轴承，也可将向心轴承和推力轴承进行组合，分别承受径向和轴向载荷。

（2）载荷的性质和大小

在相同外廓尺寸条件下，滚子轴承一般比球轴承的承载能力和抗冲击能力强。故载荷大、有振动和冲击时应选用滚子轴承；载荷小、无振动和冲击时应选用球轴承。

（3）转速高低

通常球轴承的极限转速高于滚子轴承，高速时应优先选用。各种推力轴承的极限转速均低于向心轴承。每个型号的轴承在选用时应保证工作转速低于极限转速。

（4）调心要求

当轴的支点跨距大、刚性差，或由于加工、安装等原因造成轴承有较大不同心时，应选用能适应内、外圈轴线较大相对偏斜的调心轴承。在使用调心轴承的轴上，一般不宜使用其他类型轴承，以免受其影响而失去了调心作用。

（5）经济性

在满足使用要求的情况下，应优先选用价格低的滚动轴承。一般来说，球轴承的价格低于滚子轴承，因此，在满足使用要求的条件下，应优先选用球轴承。不同公差等级的轴承，价格相差悬殊，选用高精度轴承必须慎重。

任务2　确定滚动轴承的代号

滚动轴承应用广泛，种类繁多。为了便于设计、制造和选用，GB/T 272—2017 中规定了滚动轴承的代号。

滚动轴承代号是用字母加数字来表示滚动轴承的结构、尺寸、公差等级、技术性能等特征的产品符号，并把它打印在轴承的端面上。

滚动轴承代号由基本代号、前置代号和后置代号构成。基本代号表示轴承的基本类型和尺寸，是轴承代号的基础；前置代号和后置代号是轴承结构形式、尺寸、公差、技术要求有改变时，在基本代号左右添加的补充代号。表 3-39 所示为滚动轴承代号的构成。

表 3-39　滚动轴承代号的构成

前置代号	基本代号					后置代号（组）								
	1	2	3	4	5	1	2	3	4	5	6	7	8	9
成套轴承分部件	类型代号	尺寸系列代号		内径代号		内部结构	密封、防尘与外部形状	保持架及其材料	轴承零件材料	公差等级	游隙	配置	振动及噪声	其他
		宽(高)度系列代号	直径系列代号											

1. 前置代号

前置代号主要用来表示成套轴承的分部件，用字母表示，具体代号和含义见 GB/T 272—2017。

2. 基本代号

基本代号是轴承代号的核心。基本代号包括类型代号、尺寸系列代号和内径代号。

（1）类型代号

基本代号左起第 1 位为类型代号，用数字或字母表示，见表 3-38。

（2）尺寸系列代号

基本代号左起第 2、3 位为尺寸系列代号。其中，第 2 位为宽（高）度系列代号（即结构、内径和直径系列都相同的轴承，在宽度方面的变化系列。对于推力轴承，第 2 位是指高度系列）。宽度系列代号有 8、0、1、2、3、4、5 和 6，对应同一直径系列的轴承，其宽度依次递增，如图 3-101 所示。当宽度系列为 0 系列（正常系列）时，多数轴承在代号中不标出宽度系列代号，但对于调心滚子轴承（代号：2）和圆锥滚子轴承（代号：3），宽度系列代号 0 应标出。第 3 位为直径系列代号（即结构、内径相同的轴承，在外径和宽度方面的变化系列）。直径系列代号有 7、8、9、0、1、2、3、4 和 5，对应于相同内径的轴承，其外径依次递增，如图 3-101 所示。

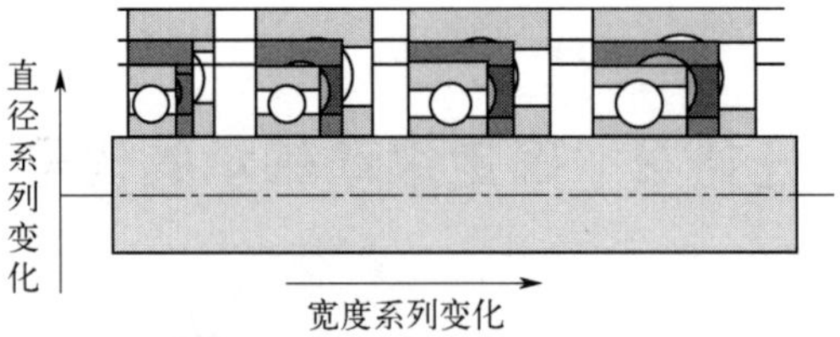

图 3-101　滚动轴承尺寸系列的对比

尺寸系列代号不同，则轴承的外廓尺寸不同，轴承的承载能力也不同。

（3）内径代号

基本代号左起第 4、5 位为内径代号。内径代号通常为两位数字，用来表示轴承内径的大小。轴承内径 $d \geqslant 10mm$ 的内径代号见表 3-40。

表 3-40　滚动轴承的内径与内径代号

内径代号	00	01	02	03	04～99
轴承内径/mm	10	12	15	17	代号数×5

3．后置代号

轴承的后置代号用字母(或加数字)表示，置于基本代号的右边并与基本代号空半个汉字距或用符号“_”“/”隔开。具有多组后置代号时，则按表 3-39 所列从左至右的顺序排列。下面介绍几种常用的后置代号。

（1）内部结构代号

内部结构代号用于表示轴承内部结构的变化，见表 3-41。

表 3-41　内部结构代号

代号	含义
C	角接触球轴承，公称接触角 α=15°
AC	角接触球轴承，公称接触角 α=25°
B	角接触球轴承，公称接触角 α=40°；或圆锥滚子轴承，接触角加大
E	加强型，即改进轴承内部结构设计，提高承载能力，如 NU207E

（2）公差等级代号

公差等级代号用于表示轴承的精度。滚动轴承规定了 6 个公差等级，见表 3-42。公差等级代号为 0 级时可省略。

表 3-42　公差等级代号

代号	/P0	/P6	/P6X	/P5	/P4	/P2
公差等级及其含义	普通级	6 级 高于普通级	6X 级 高于普通级 适用于圆锥滚子轴承	5 级 高于 6、6X 级	4 级 高于 5 级	2 级 高于 4 级

（3）游隙代号

游隙是指一个套圈固定时，另一个套圈沿径向或轴向移动的最大距离。游隙是滚动轴承的重要技术参数，它直接影响轴承的载荷分布、振动、噪声、使用寿命和机械的运转精度等。滚动轴承的径向游隙规定了 5 个组别，按游隙从小到大排列分别为 2 组、N 组、3 组、4 组、5 组，代号依次为/C2、/CN、/C3、/C4、/C5。其中 N 组为常用的基本游隙，可省略不标。

（4）配置代号

配置代号表示成对角接触向心轴承的安装方式。角接触向心轴承的安装方式有三种：

① 面对面安装　面对面安装指两轴承外圈的窄边对窄边的安装方式，也称为正装，用/DF 表示，如图 3-102（a）所示。

② 背对背安装　背对背安装指两轴承外圈的宽边对宽边的安装方式，也称为反装，用/DB 表示，如图 3-102（b）所示。

③ 串联安装　串联安装指两轴承同向排列安装在同一支点上的安装方式，用/DT 表示，如图 3-102（c）所示。

[例 3-2] 说明轴承代号 6308、30213 和 7218C/P5 的含义。

解：

6308：

6 代表深沟球轴承，0 代表宽度系列，3 代表直径系列，08 代表内径 d=40mm，公差等级为 0 级，游隙组别为 0 组。

30213：

3 代表圆锥滚子轴承，0 代表宽度系列（0 不可省略），2 代表直径系列，13 代表内径 d=65mm，公差等级为 0 级，游隙组别为 0 组。

7218C/P5：

7 代表角接触球轴承，0 代表宽度系列，2 代表直径系列，18 代表内径 d=90mm，C 代表公称接触角 α=15°，P5 代表公差等级为 5 级，游隙组别为 0 组。

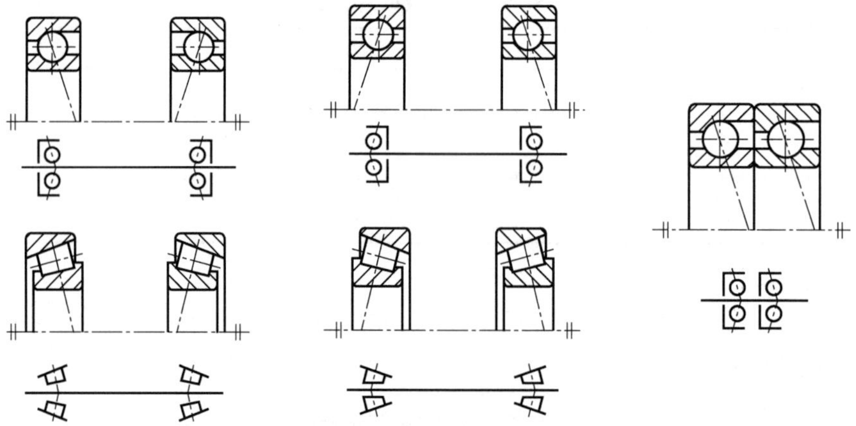

(a) 面对面安装　　(b) 背对背安装　　(c) 串联安装

图 3-102　角接触向心轴承安装方式

任务 3　熟悉滚动轴承的失效形式及计算准则

1．滚动轴承的载荷分布

如图 3-103 所示，以深沟球轴承为例，假定轴承内、外圈的几何形状保持不变，则当轴承承受径向载荷 F_R 时，各滚动体所受的载荷不相等。位于上半圈的滚动体不受载，位于下半圈的滚动体受载，其大小取决于滚动体与套圈接触变形量的大小。沿 F_R 作用线上的滚动体所受的载荷最大。滚动体所受最大载荷的近似计算式如下：

$$F_{max}=\frac{5}{Z}F_R \quad \text{（球轴承）} \tag{3-57}$$

$$F_{max}=\frac{4.6}{Z}F_R \quad \text{（滚子轴承）} \tag{3-58}$$

式中　F_R——轴承所受径向载荷，N；

　　Z——滚动体的个数。

2. 滚动轴承的失效形式及计算准则

了解滚动轴承的载荷分布情况后，能够根据其工作情况确定滚动轴承的失效形式和计算准则。

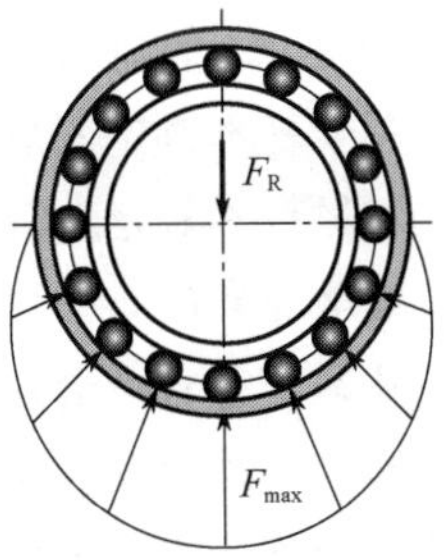

图3-103 滚动轴承径向载荷分布图

各滚动体从开始受载到受载终止所滚过的区域称为承载区，其他区域称为非承载区。轴承工作时，因为滚动体受变载荷，所以轴承内、外圈滚道与滚动体接触表面接触点受到的都是脉动循环变化的接触应力。滚动轴承的主要失效形式有以下三种：

① 疲劳点蚀　正常安装和仔细维护的情况下，绝大多数轴承都是由于疲劳点蚀而失效。疲劳点蚀造成轴承工作时产生强烈的振动、噪声和发热现象，轴承的旋转精度逐渐下降，最终导致机器丧失正常的工作能力。

② 塑性变形　当载荷很大时，在滚动体与内、外圈接触处将产生过大的塑性变形，进而形成凹坑，从而影响轴承平稳运转，出现振动和噪声。这种失效多发生在低速重载或做往复摆动的轴承中。

③ 磨损　当密封不当或润滑剂不纯净时，将引起严重的磨粒磨损，导致轴承内、外圈与滚动体之间间隙增大、振动加剧及旋转精度降低。由于轴承中存在滑动摩擦，如果润滑不充分，也可能导致轴承产生胶合磨损失效。

针对上述三种失效形式，制定了以下计算准则：

① 对于一般转速（$n>10$/min）的轴承，主要的失效形式是疲劳点蚀，轴承应进行寿命校核计算；

② 对于静止或极慢转速（$n\leqslant 10$r/min）的轴承，轴承的承载能力取决于所允许的塑性变形，应进行静强度计算；

③ 对于高速轴承，为防止因发热引起胶合，除进行寿命计算外，还应进行极限转速校核计算。

任务4　滚动轴承的寿命计算

1. 基本概念

（1）轴承寿命

轴承寿命是指在循环变应力作用下，轴承中任何一个滚动体或套圈出现疲劳点蚀前，两套圈之间的相对总转数或在一定转速下的工作小时数。

（2）可靠度

可靠度是指一组在相同条件下运转、近于相同的滚动轴承期望达到或超过规定寿命的百分率，用 R 表示。对单个滚动轴承，是指该轴承达到某个寿命而不失效的概率。

（3）基本额定寿命

基本额定寿命是指一批型号相同的轴承，在相同的条件下运转，有10%的轴承产生疲劳点蚀，90%的轴承尚未产生疲劳点蚀时的寿命，用 L_h 表示，单位为 10^6r。

对于基本额定寿命而言的可靠度 R=90%。

（4）基本额定动载荷

轴承的寿命与所受载荷的大小有关，工作载荷越大，轴承的寿命越短。基本额定动载荷是指当基本额定寿命恰好等于 10^6r 时，轴承所能承受的最大载荷，用 C 表示。不同型号的轴承有不同的基本额定动载荷，它表征了不同型号轴承承受载荷能力的大小，每个型号轴承的基本额定动载荷可从滚动轴承样本数据或手册中查取。基本额定动载荷 C 值越大，轴承的抗点蚀能力越强，承载能力越强。

（5）当量动载荷

滚动轴承的基本额定动载荷是在规定的载荷条件下确定的。实际上，轴承在大多数应用场合中，常常同时承受径向载荷和轴向载荷。因此，在进行轴承寿命计算时，应把实际载荷转换成与额定动载荷的载荷条件相一致的当量动载荷 P。转换的条件是在当量动载荷作用下滚动轴承具有与实际载荷条件下相同的寿命，因此当量动载荷是将实际载荷等效地转化为与基本额定动载荷 C 性质相同的假想载荷。

2．轴承寿命计算

大量试验表明，滚动轴承的基本额定寿命与基本额定动载荷、当量动载荷以及滚动体类型有关，而实际计算时，用小时数表示寿命比较方便，再考虑实际工作过程中温度和冲击振动对轴承寿命的影响，其寿命计算公式为

$$L_h = \frac{10^6}{60n}\left(\frac{f_t C}{f_p P}\right)^{\varepsilon} \tag{3-59}$$

式中 L_h——基本额定寿命，h；

n——轴承的转速，r/min；

C——基本额定动载荷，N；

f_t——温度系数，计入温度对基本额定动载荷值的影响，见表 3-43；

f_p——载荷系数，计入冲击、振动对载荷的影响，见表 3-44；

P——当量动载荷，N；

ε——寿命指数，球轴承 ε=3，滚子轴承 ε=10/3。

表 3-43 温度系数 f_t

轴承工作温度/℃	＜120	125	150	175	200	225	250	300	350
f_t	1.0	0.95	0.9	0.85	0.8	0.75	0.7	0.6	0.5

表 3-44 载荷系数 f_p

载荷性质	机械举例	f_p
平稳运转或轻微冲击	电动机、空调机、水泵等	1.0～1.2
中等冲击	机床、起重机、传动装置、风机、造纸机等	1.2～1.8
严重冲击	破碎机、轧钢机、振动筛、工程机械等	1.8～3.0

在机械设计中常以设备的中修或大修年限作为轴承的设计寿命。表 3-45 给出了各种类型机器中滚动轴承预期寿命的推荐值，可供设计时参考。

表 3-45 荐用的轴承预期寿命

机器种类		预期寿命/h
不经常使用的仪器及设备		500
航空发动机		500～2000
间断使用的机器	中断使用不致引起严重后果的手动机械、农业机械等	4000～8000
	中断使用会引起严重后果，如升降机、输送机、起重机等	8000～12000
每天工作 8h 的机器	利用率不高的齿轮传动、电动机等	12000～20000
	利用率较高的通风设备、机床等	20000～30000
连续工作 24h 的机器	一般可靠性的空气压缩机、电动机、水泵等	50000～60000
	高可靠性的电站设备、给排水装置等	＞100000

如先确定出轴承的预期寿命，可按式（3-60）计算满足预期寿命要求所需的基本额定动载荷 C。所选轴承的基本额定动载荷应大于或等于按式（3-60）计算的基本额定动载荷 C 值。

$$C=\frac{f_{\mathrm{p}}P}{f_{\mathrm{t}}}\sqrt[\varepsilon]{\frac{60nL_{\mathrm{h}}}{10^{6}}} \tag{3-60}$$

3．当量动载荷 P 的计算

对于同时承受径向和轴向载荷的轴承（如 1、2、3、6、7 类轴承），在进行寿命计算时，应将实际载荷换算成当量动载荷。当量动载荷的计算式为

$$P=XF_{\mathrm{r}}+YF_{\mathrm{a}} \tag{3-61}$$

式中 F_{r}——轴承的径向载荷，N；

F_{a}——轴承的轴向载荷，N；

X——径向动载荷系数，见表 3-46；

Y——轴向动载荷系数，见表 3-46。

表 3-46 径向动载荷系数 X 和轴向动载荷系数 Y

轴承类型	相对轴向载荷 F_a/C_{0r}[1]	e	单列轴承				双列轴承			
			$F_a/F_r\leq e$		$F_a/F_r>e$		$F_a/F_r\leq e$		$F_a/F_r>e$	
			X	Y	X	Y	X	Y	X	Y
调心球轴承（10000 型）	—	$1.5\tan\alpha$[2]	—	—	—	—	1	$0.42\cot\alpha$[2]	0.65	$0.65\cot\alpha$[2]
调心滚子轴承（20000 型）	—	$1.5\tan\alpha$[2]	—	—	—	—	1	$0.45\cot\alpha$[2]	0.67	$0.67\cot\alpha$[2]
圆锥滚子轴承（30000 型）	—	$1.5\tan\alpha$[2]	1	0	0.4	$0.4\cot\alpha$[2]	1	$0.45\cot\alpha$[2]	0.67	$0.67\cot\alpha$[2]

续表

轴承类型		相对轴向载荷 F_a/C_{0r}①	e	单列轴承				双列轴承			
				$F_a/F_r \leqslant e$		$F_a/F_r > e$		$F_a/F_r \leqslant e$		$F_a/F_r > e$	
				X	Y	X	Y	X	Y	X	Y
深沟球轴承（60000 型）		0.014	0.19	1	0	0.56	2.30	1	0	0.56	2.30
		0.028	0.22				1.99				1.99
		0.056	0.26				1.71				1.71
		0.084	0.28				1.55				1.55
		0.11	0.30				1.45				1.45
		0.17	0.34				1.31				1.31
		0.28	0.38				1.15				1.15
		0.42	0.42				1.04				1.04
		0.56	0.44				1.00				1.00
角接触球轴承	α=15°（70000C 型）	0.015	0.38	1	0	0.44	1.47	1	1.65	0.72	2.39
		0.029	0.40				1.40		1.57		2.28
		0.058	0.43				1.30		1.46		2.11
		0.087	0.46				1.23		1.38		2.00
		0.12	0.47				1.19		1.34		1.93
		0.17	0.50				1.12		1.26		1.82
		0.29	0.55				1.02		1.14		1.66
		0.44	0.56				1.00		1.12		1.63
		0.58	0.56				1.00		1.12		1.63
	α=25°（70000AC 型）	—	0.68	1	0	0.41	0.87	1	0.92	0.67	1.41
	α=40°（70000B 型）	—	1.14	1	0	0.35	0.57	1	0.55	0.57	0.93

①C_{0r} 为轴承的径向基本额定静载荷，根据轴承型号由手册查取。

②由公称接触角 α 确定的 e、Y 值，根据轴承型号由手册查取。

对于只承受径向载荷的轴承（如 1、2、6、N、NA 类轴承），当量动载荷的计算式为

$$P=F_r \tag{3-62}$$

对于只承受轴向载荷的轴承（如 5 和 8 类轴承），当量动载荷的计算式为

$$P=F_a \tag{3-63}$$

表 3-46 中的 e 为判断因子，用以判断计算当量动载荷时是否计入轴向载荷 F_a 的影响，其值由实验确定。当 $F_a/F_r \leqslant e$ 时，说明轴向载荷 F_a 相对较小，可忽略其影响，故 $Y=0$；当 $F_a/F_r > e$ 时，说明轴向载荷 F_a 相对较大，应计入其影响，故 $Y \neq 0$。

4．角接触向心轴承的轴向载荷计算

（1）派生轴向力

对于角接触球轴承和圆锥滚子轴承，公称接触角 $\alpha > 0°$。当轴承内圈承受径向力 F_R 作用时，承载区内各滚动体将受到外圈法向反力 F_n 的作用，如图 3-104 所示。F_n 的径向分力 F_r 都指向轴承的中心，它们的合力与 F_R 相平衡；轴向分力 F_{si} 都与轴承的轴线相平行，合力记为 F_s，称

为轴承的派生轴向力（也叫内部轴向力或附加轴向力）。

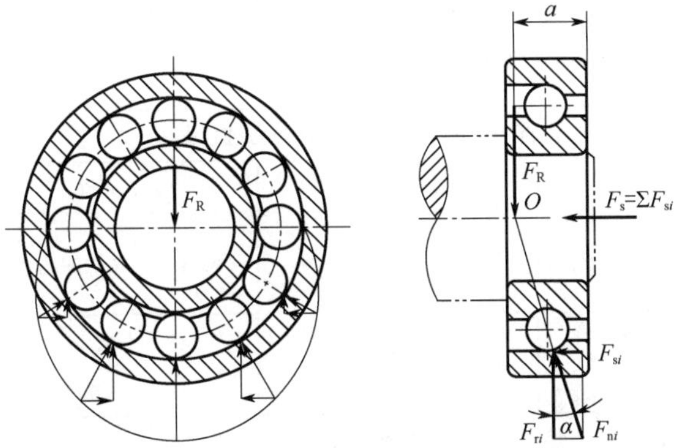

图 3-104　角接触向心轴承的载荷作用中心和派生轴向力

派生轴向力有使轴承的内圈与外圈分离的趋势，为了使轴承的派生轴向力得到平衡，以免轴窜动，通常此类轴承都成对使用。派生轴向力的大小由其轴承内部结构和承受的径向载荷所决定，与轴向外载荷无关，其大小可以通过计算公式求得，见表 3-47，其方向由外圈的宽边指向窄边。

表 3-47　角接触向心轴承的派生轴向力 F_s

轴承类型	角接触球轴承			圆锥滚子轴承
	70000C(α=15°)	70000AC(α=25°)	70000B(α=40°)	30000
派生轴向力 F_s	eF_r	$0.68F_r$	$1.14F_r$	$F_r/2Y$

注：e 值可通过查表 3-46 确定，初算时可取 $e\approx0.4$；Y 值为表 3-46 中 $F_a/F_r>e$ 时的数值。

（2）支反力的作用点

计算轴的支反力时，需首先确定支反力的位置。对于角接触球轴承和圆锥滚子轴承，应以各滚动体的合力作用线与轴线的交点 O 作为支反力的作用点（图 3-104）。该点到轴承外圈宽边的距离 a 可从轴承手册中查出。

（3）轴向载荷计算

计算轴承所受的轴向载荷 F_a 时，要同时考虑轴承的派生轴向力 F_{s1}、F_{s2}，以及所有作用在轴上的外部轴向载荷 F_A。若把轴和轴承内圈视为一体，并以其为分离体考虑轴系的轴向平衡，就可以确定各轴承所受的轴向载荷 F_{a1}、F_{a2}。

下面以角接触球轴承为例，说明轴向载荷的计算方法，见表 3-48。

表 3-48　轴向载荷计算方法

计算步骤	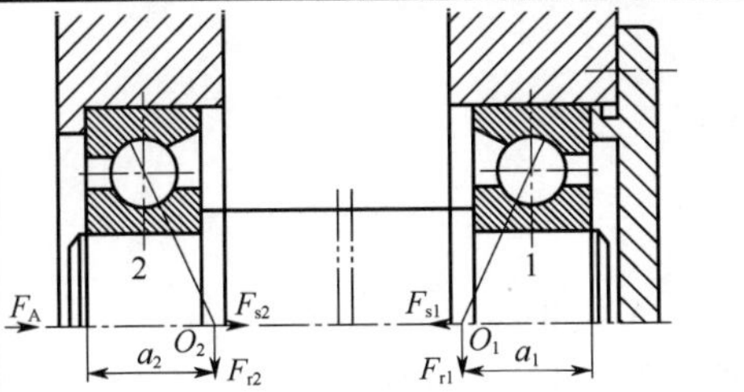	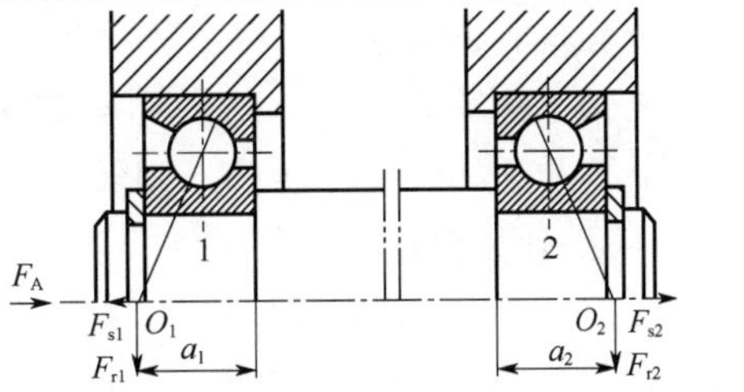

续表

①判断轴承安装方式、派生轴向力方向	正装		反装	
	派生轴向力方向由外圈的宽边指向窄边，在图中标出			
②分析轴向受力	将方向相同的两个轴向力的合力与另一个方向的轴向力进行比较			
	$F_A+F_{s2}>F_{s1}$	$F_A+F_{s2}<F_{s1}$	$F_A+F_{s2}>F_{s1}$	$F_A+F_{s2}<F_{s1}$
③分析轴移动趋势	轴有向右移动的趋势	轴有向左移动的趋势	轴有向右移动的趋势	轴有向左移动的趋势
④分析轴承状态	轴承 1 被压紧 轴承 2 被放松	轴承 1 被放松 轴承 2 被压紧	轴承 1 被压紧 轴承 2 被放松	轴承 1 被放松 轴承 2 被压紧
⑤计算轴承的轴向载荷	“放松”端轴承的轴向力等于本身的派生轴向力。 “压紧”端轴承的轴向力等于除本身派生轴向力外，轴上其他所有轴向力代数和			
	轴承 1 被压紧：$F_{a1}=F_{s2}+F_A$ 轴承 2 被放松：$F_{a2}=F_{s2}$	轴承 1 被放松：$F_{a1}=F_{s1}$ 轴承 2 被压紧：$F_{a2}=F_{s1}-F_A$	轴承 1 被压紧：$F_{a1}=F_{s2}+F_A$ 轴承 2 被放松：$F_{a2}=F_{s2}$	轴承 1 被放松：$F_{a1}=F_{s1}$ 轴承 2 被压紧：$F_{a2}=F_{s1}-F_A$

[例 3-3]某轴用一对 7307AC 轴承支承，如图 3-105 所示。已知该轴转速 $n=1500\,\text{r/min}$，外加轴向力 $F_A=1800\text{N}$，轴承径向载荷 $F_{r1}=2500\text{N}$，$F_{r2}=2200\text{N}$，$F_s=0.68F_r$。工作在常温条件下，载荷平稳。试计算该轴承的寿命。

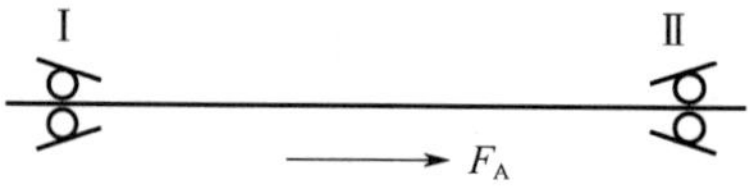

轴承型号	C/N	e	$F_a/F_r\leq e$		$F_a/F_r>e$	
			X	Y	X	Y
7307AC	33400	0.68	1	0	0.41	0.87

图 3-105　例 3-3 图

解：由图可知，该对角接触球轴承为反装。

（1）计算轴承的派生轴向力 F_s

$$F_{s1}=0.68F_{r1}=0.68\times2500=1700(\text{N})，方向向左$$

$$F_{s2}=0.68F_{r2}=0.68\times2200=1496(\text{N})，方向向右$$

（2）求轴承的轴向力 F_{a1}、F_{a2}

因为 $F_{s2}+F_A=1496\text{N}+1800\text{N}=3296\text{N}>F_{s1}=1700\text{N}$，所以轴有向右移动的趋势，此时轴承Ⅰ被压紧，轴承Ⅱ被放松。

两轴承的轴向力为：

轴承Ⅰ被压紧：$F_{a1}=F_{s2}+F_A=3296\text{N}$；

轴承Ⅱ被放松：$F_{a2}=F_{s2}=1496\text{N}$。

（3）计算当量动载荷

因为 $F_{a1}/F_{r1}=3296/2500\approx1.32>e$，所以 $X_1=0.41$，$Y_1=0.87$。

因为 $F_{a2}/F_{r2}=1496/2200=0.68=e$，所以 $X_2=1$，$Y_2=0$。

两轴承的当量动载荷为

$$P_1 = X_1F_{r1} + Y_1F_{a1} = 0.41\times2500+0.87\times3296=3892.52(\text{N})$$

$$P_2 = X_2F_{r2} + Y_2F_{a2} = 1\times2200+0\times1496=2200(\text{N})$$

因为 $P_1 > P_2$，所以取 $P = P_1 = 3892.52\text{N}$ 。

工作在常温条件下，查表3-43可知温度系数 f_t=1.0。

载荷平稳，查表3-44取载荷系数 f_p=1.0。

（4）计算轴承的寿命

$$L_h = \frac{10^6}{60n}\left(\frac{f_tC}{f_pP}\right)^{\varepsilon} = \frac{10^6}{60\times1500}\times\left(\frac{1.0\times33400}{1.0\times3892.52}\right)^3 \approx 7019.47(\text{h})$$

【项目实践】

设计单级直齿圆柱齿轮减速器中输入轴上的滚动轴承。已知：输入轴传递的转矩 T=58690N·mm，转速 n=480r/min，轴颈直径 d=45mm，直齿圆柱齿轮的分度圆直径 d_1=58mm；运输机单向运转，载荷平稳，在常温条件下工作，工作寿命为8年，两班制；预期使用寿命20000h。

（1）确定滚动轴承的类型

由于单级圆柱齿轮减速器选用的是直齿圆柱齿轮，不受轴向力，承受的载荷不大，因此可以选择深沟球轴承。

（2）确定滚动轴承的型号

根据轴颈直径 $d = 45\text{mm}$，确定滚动轴承的型号为6209。

（3）滚动轴承的寿命校核

① 确定滚动轴承所受的各力。由图3-106可得

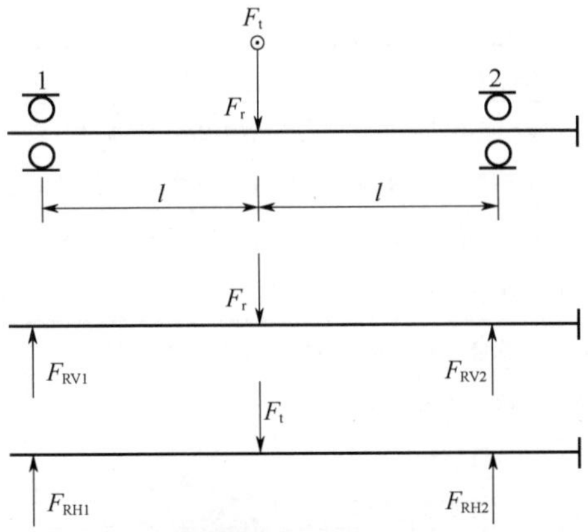

图3-106 项目实践图

$$F_t = \frac{2T}{d_1} = \frac{2\times58690}{58} \approx 2023.8(\text{N})$$

$$F_r = F_t\tan\alpha \approx 2023.8\times\tan20^\circ \approx 736.6(\text{N})$$

铅垂面支反力 F_{RV1}、F_{RV2}：

$$F_{RV1} = F_{RV2} = \frac{F_r}{2} \approx \frac{736.6}{2} = 368.3(\text{N})$$

水平面支反力 F_{RH1}、F_{RH2}：

$$F_{RH1}=F_{RH2}=\frac{F_t}{2}\approx\frac{2023.8}{2}=1011.9(N)$$

轴承所受总支反力 F_{r1}、F_{r2}：

$$F_{r1}=F_{r2}=\sqrt{F_{RV}^2+F_{RH}^2}\approx\sqrt{368.3^2+1011.9^2}\approx1076.8(N)$$

② 确定当量动载荷：

选取载荷性质系数 $f_p=1.2$。

由于直齿圆柱齿轮不存在轴向力，则

$$P=F_r=1076.8N$$

③ 校核滚动轴承的寿命：

查《机械设计手册》可得，6209 型号的额定动载荷 $C=24500N$。

$$L_h=\frac{10^6}{60n}\left(\frac{f_tC}{f_pP}\right)^{\varepsilon}\approx\frac{10^6}{60\times480}\times\left(\frac{1.0\times24500}{1.2\times1076.8}\right)^3\approx236677.45h>20000h$$

型号为 6209 的深沟球轴承满足预期使用寿命要求。

因为裕度太大，改用型号为 6009 的滚动轴承，其额定动载荷 $C=20900N$。

$$L_h=\frac{10^6}{60n}\left(\frac{f_tC}{f_pP}\right)^{\varepsilon}\approx\frac{10^6}{60\times480}\times\left(\frac{1.0\times20900}{1.2\times1076.8}\right)^3\approx146925.61h>20000h$$

型号为 6009 的深沟球轴承满足预期使用寿命要求。

小结

滚动轴承构造	• 内圈、外圈、滚动体、保持架
滚动轴承分类	• 按滚动体形状分类：滚子轴承、球轴承 • 按是否具有调心功能分类：调心轴承、非调心轴承 • 按载荷方向或公称接触角分类：向心轴承（主要承受径向载荷）、推力轴承（主要承受轴向载荷）
滚动轴承类型选择	①载荷方向 ②载荷性质和大小 ③转速高低 ④调心要求 ⑤经济性
滚动轴承代号	• 前置代号 • 基本代号（核心）： ①类型代号：数字或字母 ②尺寸系列代号：宽（高）度系列代号、直径系列代号 ③内径代号：代号为 04～99，轴承内径 d=代号×5

续表

滚动轴承代号	● 后置代号： ①内部结构代号 ②公差等级代号 ③游隙代号 ④配置代号：正装、反装、串联安装
滚动轴承失效形式及计算准则	● 疲劳点蚀——寿命校核计算 ● 塑性变形——静强度计算 ● 胶合磨损——寿命校核计算+极限转速校核计算
滚动轴承寿命校核计算	● 基本概念：轴承寿命、可靠度、基本额定寿命、基本额定动载荷、当量动载荷 计算公式：$L_h=\frac{10^6}{60n}\left(\frac{f_tC}{f_pP}\right)^{\varepsilon}$ ①f_t：温度系数，查表确定 ②C：基本额定动载荷，查表确定 ③ε：寿命指数，球轴承 $\varepsilon=3$，滚子轴承 $\varepsilon=10/3$ ④f_p：载荷系数，查表确定 ⑤P：当量动载荷，$P=XF_r+YF_a$，X、Y 查表确定 ● 角接触向心轴承轴向载荷计算： 派生轴向力 F_s： ①大小：查表确定 ②方向：外圈的宽边指向窄边 计算步骤： ①判断轴承安装方式、派生轴向力方向 ②分析轴向受力 ③分析轴移动趋势 ④分析轴承状态 ⑤计算轴承的轴向载荷

思考题

1．试比较球轴承和滚子轴承的优缺点。
2．滚动轴承的主要失效形式是什么？针对这些失效形式应采用哪些计算准则？
3．说明下列轴承代号的主要含义：6210、7312 AC/P6、N209/P6、30209/P5。
4．轴承的功用是什么？
5．比较承载能力，滚子轴承和球轴承哪一种承载能力大？
6．代号为23224的轴承，其内径是多少？
7．滚动轴承类型代号用什么表示？
8．为什么角接触向心轴承应成对使用？

9．滚动轴承基本额定寿命是指一个轴承还是一批轴承？

10．滚动轴承基本额定寿命用 L_h 表示，其单位是什么？

11．滚动轴承寿命计算用工作小时数表示，其公式是什么？

习题

填空题：

1．滚动轴承的（　　）用来和轴颈装配，外圈用来和轴承座孔装配。

2．滚动轴承的正常失效形式是内外圈滚道或滚动体上的（　　）。

3．在滚动轴承代号中，（　　）是代号的核心，用以表述轴承的类型和尺寸。

4．轴承主要用于支承（　　）零件，减轻转动副的摩擦和磨损，保证轴的旋转精度。

5．角接触向心轴承的接触角 α 越大，则轴承的轴向承载能力（　　）。

判断题（正确的打√，错误的打×）：

1．按轴承承受的外载荷不同，可将滚动轴承分为向心轴承和推力轴承两大类。（　　）

2．滚动轴承的基本代号用来表明轴承的内径、直径系列、宽度系列和类型。（　　）

3．推力滚动轴承能够同时承受径向载荷和轴向载荷。（　　）

单项选择题：

1．滚动轴承的额定寿命是指一批同规格的轴承在规定的实验条件下运转，其中（　　）轴承发生破坏时所达到的寿命。

A．5%　　B．15%

C．10%　　D．1%

2．在基本额定动载荷 C 的作用下，滚动轴承的基本额定寿命为 100 万转时，其可靠度为（　　）。

A．10%　　B．80%　　C．90%　　D．99%

3．在下列四种型号的滚动轴承中，只能承受径向载荷的是（　　）。

A．6208　　B．N208

C．30208　　D．51208

4．一根转轴采用一对滚动轴承支承，所承受的载荷为径向力和较大的轴向力，并且冲击、振动较大，因此宜选择（　　）。

A．深沟球轴承　　B．角接触球轴承

C．圆锥滚子轴承　　D．圆柱滚子轴承

5．从经济性考虑，在同时满足使用要求时，应优先选用（　　）。

A．深沟球轴承　　B．角接触球轴承

C．圆锥滚子轴承　　D．圆柱滚子轴承

6．（　　）只能承受轴向工作载荷。

A．圆锥滚子轴承　　B．推力球轴承

C．滚针轴承　　D．调心球轴承

7．（　　）不宜用来同时承受径向载荷和轴向载荷。

A．圆锥滚子轴承　　B．角接触球轴承

C．深沟球轴承　　D．圆柱滚子轴承

8．角接触轴承承受轴向载荷的能力随接触角的增大而（　　）。

A．增大　　B．减小　　C．不变　　D．不固定

9．滚动轴承的代号由前置代号、基本代号和后置代号组成。其中，基本代号表示（　　）。

A．轴承的类型、结构和尺寸　　B．轴承组件

C．轴承内部结构变化和轴承公差等级　　D．轴承游隙和配置

10．滚动轴承的类型代号由（　　）表示。

A．数字　　B．数字或字母　　C．字母　　D．数字加字母

11．代号为 N1024 的轴承，其内径应是（　　）mm。

A．20　　B．24　　C．40　　D．120

12．在下列滚动轴承代号中，（　　）是角接触球轴承。

A．N2208　　B．30308　　C．6208　　D．7208AC

13．深沟球轴承，内径 100mm，宽度系列为 0，直径系列为 2，公差等级为 0 级，游隙为 0 组，其代号为（　　）。

A．60220　　B．6220/P0　　C．60220/P0　　D．6220

设计计算题：

1．如图 3-107 所示，安装有两个斜齿圆柱齿轮的转轴由一对代号为 7210AC 的轴承支承。其内部轴向力 $F_S=0.68F_r$，已知两齿轮上的轴向分力分别为 F_{A1}=3000N，F_{A2}=5000N，方向如图所示。轴承承受径向载荷 F_{r1}=8600N，F_{r2}=12500N。试计算两轴承的轴向力 F_{a1}、F_{a2}。

2．如图 3-108 所示，某转轴由一对代号为 30312 的圆锥滚子轴承支承，轴上斜齿轮的轴向分力 F_A=5000N，方向如图所示。已知两轴承处的径向支反力 F_{r1}=13600N，F_{r2}=22100N，其内部轴向力 $F_s=\frac{F_r}{2Y}$，Y=1.7。判断安装形式并计算两轴承所受的轴向力 F_a。

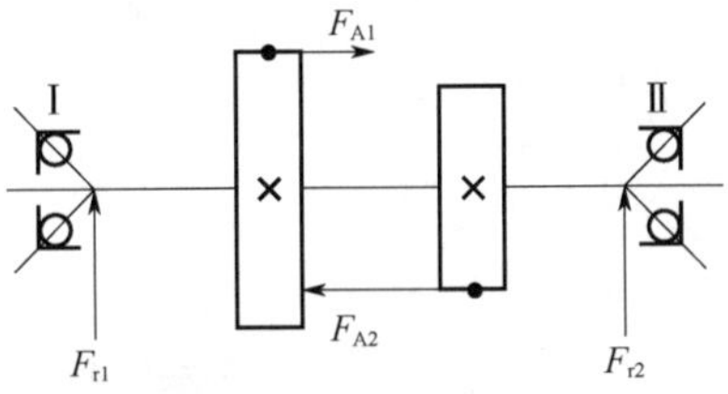

图3-107　设计计算题1图

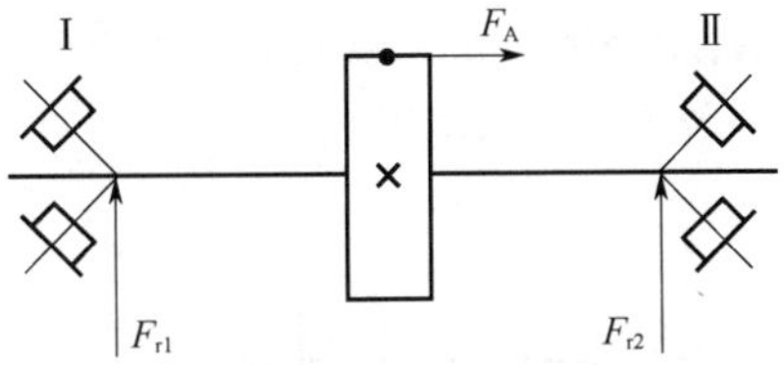

图3-108　设计计算题2图

3．如图 3-109 所示，一轴用一对代号为 7211AC 的轴承支承。已知该轴所受轴向力为 $F_A=900$N，方向如图所示。轴承所受径向载荷分别为 $F_{r1}=3300$N，$F_{r2}=1000$N，$F_s=0.68F_r$。试判断安装形式并计算两轴承的轴向力 F_{a1}、F_{a2}。

4．如图 3-110 所示，齿轮轴用一对代号为 7206AC 的轴承支承。已知齿轮上的轴向分力为 $F_A=2200$N，方向如图所示。轴承所受径向载荷分别为 $F_{r1}=5200$N，$F_{r2}=3800$N，$F_s=0.68F_r$。试判断安装形式并计算两轴承的轴向力 F_{a1}、F_{a2}。

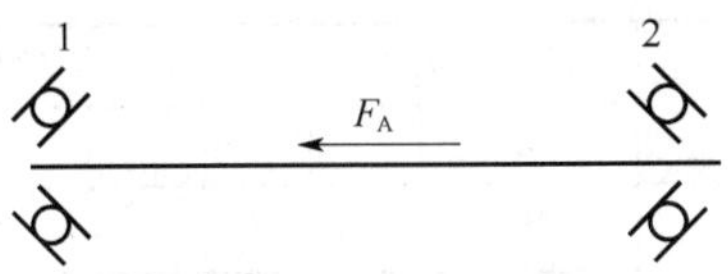

图3-109　设计计算题3图

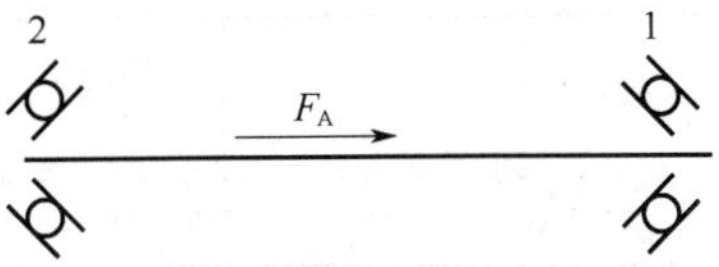

图3-110　设计计算题4图

5．如图 3-111 所示一对轴承，初选 7208AC，外圈宽边相对安装。已知两轴承所承受的径向载荷分别为 $F_{r\mathrm{I}}$=6000N，$F_{r\mathrm{II}}$=4000N，$F_s=0.68F_r$，外加轴向载荷 F_A=1800N，方向如图所示。试判断安装形式并计算两轴承的轴向力 $F_{a\mathrm{I}}$、$F_{a\mathrm{II}}$。

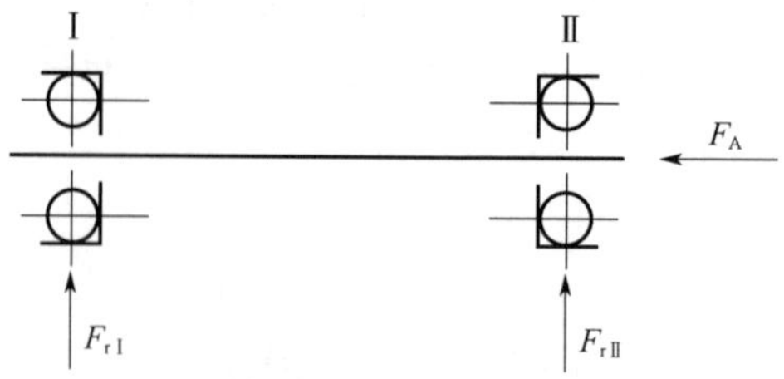

图 3-111 设计计算题 5 图

6．如表 3-49、图 3-112 所示，安装有两个斜齿圆柱齿轮的转轴由一对代号为 7210AC 的轴承支承。轴承承受的轴向载荷 $F_{a1}=1050\text{N}$，$F_{a2}=850\text{N}$，方向如图所示。轴承承受径向载荷 $F_{r1}=860\text{N}$，$F_{r2}=1250\text{N}$。n=400r/min，载荷系数 f_p=1，在常温条件下工作。

（1）判断滚动轴承类型；

（2）计算轴承寿命 L_h。

表 3-49　设计计算题 6 表

轴承型号	C/N	e	$F_a/F_r \le e$		$F_a/F_r > e$	
			X	Y	X	Y
7210AC	31500	0.68	1	0	0.41	0.87

7．如图 3-113、表 3-50 所示，一轴用一对代号为 7211AC 的轴承支承。已知两轴承的轴向力为 $F_{a1}=2244\text{N}$，$F_{a2}=1344\text{N}$，方向如图所示。轴承所受径向载荷分别为 $F_{r1}=3300\text{N}$，$F_{r2}=1000\text{N}$，n=500r/min，载荷系数 f_p=1，在常温条件下工作。

（1）判断滚动轴承类型；

（2）试计算轴承寿命 L_h。

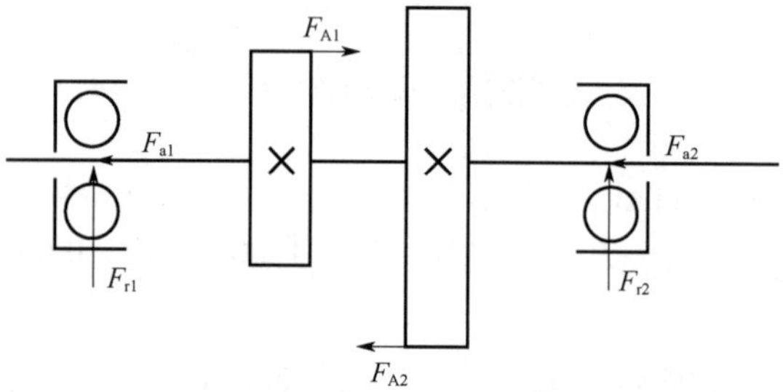

图 3-112 设计计算题 6 图

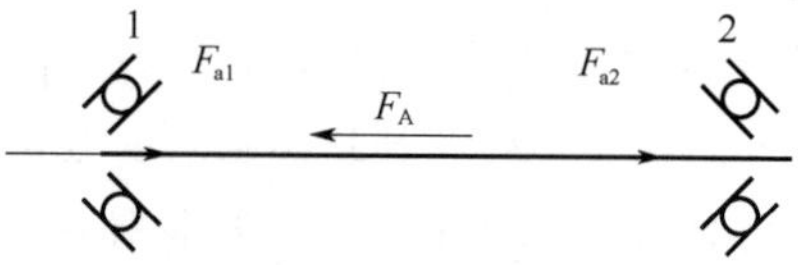

图 3-113 设计计算题 7 图

表 3-50　设计计算题 7 表

轴承型号	C/N	e	$F_a/F_r \le e$		$F_a/F_r > e$	
			X	Y	X	Y
7211AC	38300	0.68	1	0	0.41	0.87

8．如图 3-114、表 3-51 所示，一轴用一对代号为 7208AC 的轴承支承。已知两轴承的轴向力为 $F_{a1}=2040\text{N}$，$F_{a2}=2940\text{N}$，方向如图所示。轴承所受径向载荷分别为 $F_{r1}=3000\text{N}$，$F_{r2}=2000\text{N}$，n=120r/min，载荷系数 f_p=1，在常温条件件下工作。

表 3-51 设计计算题 8 表

轴承型号	C/N	e	$F_a/F_r \le e$		$F_a/F_r > e$	
			X	Y	X	Y
7208AC	24500	0.68	1	0	0.41	0.87

（1）判断滚动轴承类型；

（2）试计算轴承寿命 L_h。

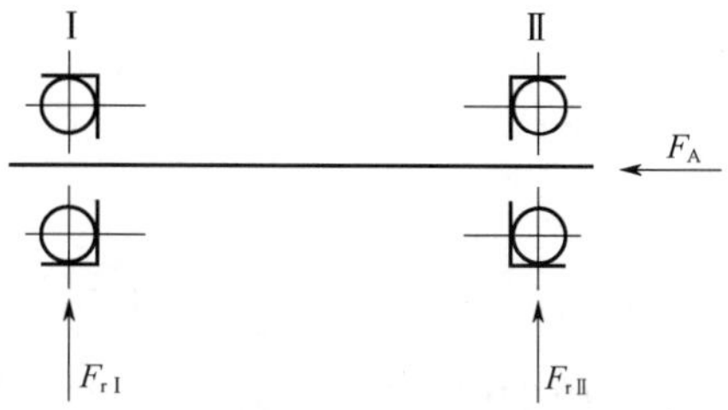

图 3-114 设计计算题 8 图

项目 8 带式输送机中轴的设计

思维导图

本书配套资源

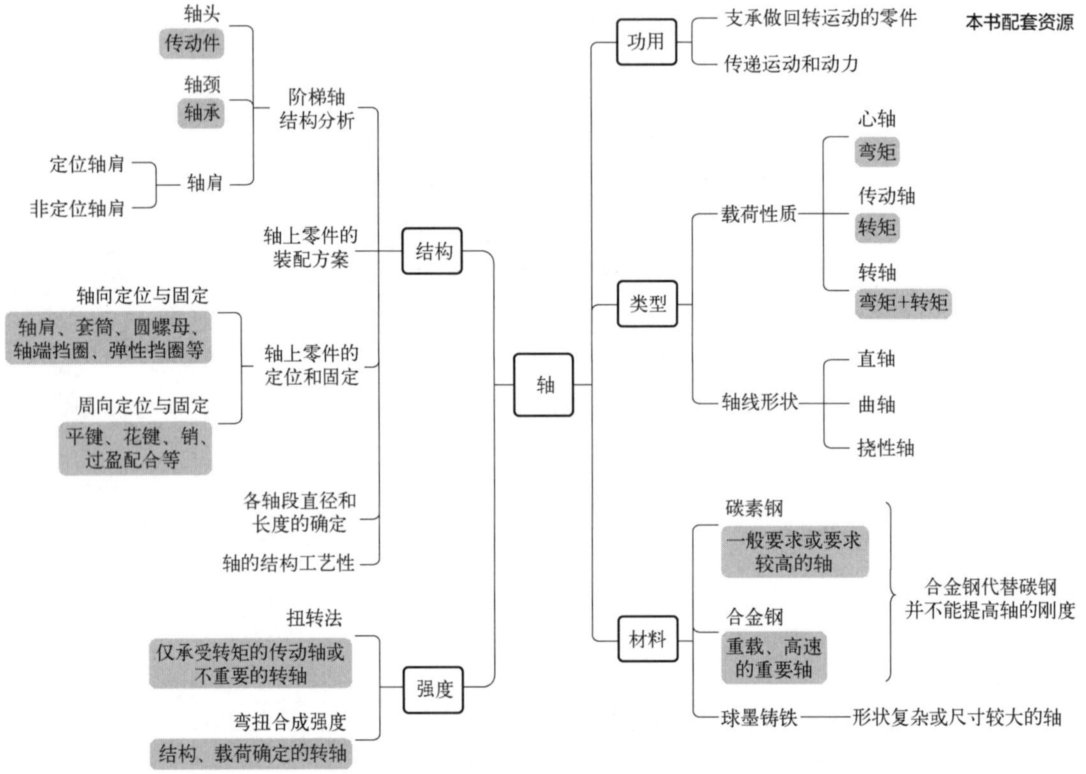

学习目标

1. 了解轴的功用及分类；
2. 熟悉轴的材料选择；
3. 重点掌握轴的结构设计；
4. 掌握轴的强度计算方法。

任务目标

1. 能够描述轴的功用及分类，能合理选择轴的材料；
2. 能分析轴系组件组成，能结合实际进行轴的结构设计和强度校核，完成项目实践。

案例引入

1. 单级圆柱齿轮减速器的工作原理

单级圆柱齿轮减速器是通过装在箱体内的一对齿轮（传动比>1）的啮合传动实现减速运动的。动力由电动机通过带轮传递到齿轮轴，然后通过小齿轮带动大齿轮传递到输出轴，从而实现减速之目的。

2. 单级圆柱齿轮减速器输出轴的轴系结构

图 3-115 所示为减速器的输出轴的轴系结构，轴的中间安装有大齿轮，轴的右侧安装有联轴器。在该结构中，大齿轮通过与输入轴上的小齿轮啮合带动输出轴转动，并通过联轴器将运动和动力传递给工作机。为了满足轴的工作需要，轴应具有一定的强度、刚度和振动稳定性，同时在轴工作的过程中，轴上零件不能发生相对运动，又要求具有一定的定位精度和加工工艺性的结构和尺寸。

轴设计的主要内容是根据轴的工作要求、制造工艺以及轴上零件的安装、调整等要求，选用合适的材料，进行结构设计和强度计算，合理地设计出轴的结构和全部外形尺寸，必要时还要验算轴的刚度、振动稳定性等。

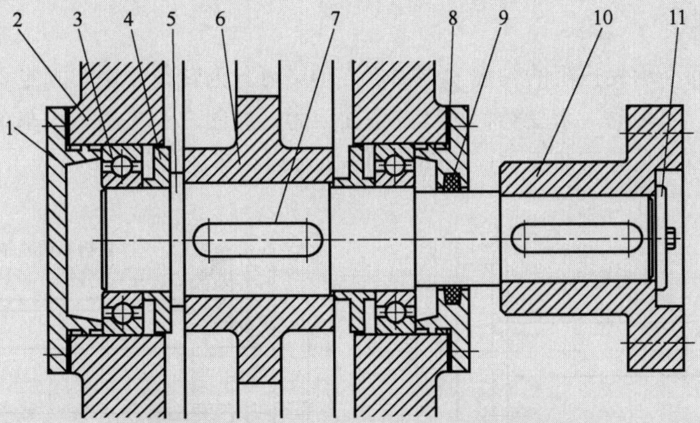

图 3-115　单级圆柱齿轮减速器输出轴的轴系结构

1—轴承端盖；2—箱体；3—滚动轴承；4—挡油盘；5—轴；6—大齿轮；
7—键；8—调整垫片；9—密封毡圈；10—联轴器；11—轴端挡圈

【项目提出】

设计带式输送机中单级圆柱齿轮减速器的输出轴。已知：传递的功率 P=2.83kW，从动轮

的转速 n=137.93r/min，从动齿轮分度圆直径 d=230mm，齿轮轮毂长度 L_1=70mm，联轴器孔深 L_2=84mm。取齿轮端面至减速器内壁距离 c=8mm，轴承端面至减速器内壁距离为 12mm（轴承选用脂润滑），单向运转。

【项目分解】

轴是组成机械的重要零件之一，它的主要功用是：支承做回转运动的零件，使其具有确定的工作位置；同时传递运动和动力。要对减速器中的输出轴进行设计，就要先了解轴的功用及分类，进而对其进行设计，保证其具有足够的强度与刚度、合理的结构、良好的振动稳定性。轴设计的主要内容包括结构设计和工作能力计算两个部分。通常轴的设计过程如图 3-116 所示，首先选择轴的材料，然后根据传递的转矩粗略估算轴的最小直径，在此基础上进行结构设计，最后进行承载能力的计算校核，画出轴的零件工作图。

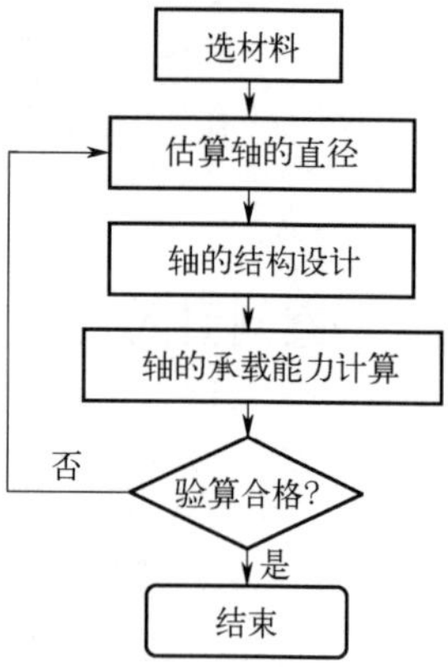

图 3-116 轴的设计过程

任务 1 轴的类型选择

轴的类型较多，一般多按轴承受的载荷性质和轴线形状对轴进行分类。

1. 按轴承受的载荷性质分类

（1）心轴

只承受弯矩而不承受扭矩的轴称为心轴，心轴又可分为转动心轴和固定心轴。转动心轴在工作时随传动件一起转动，承受对称循环的弯曲应力，如图 3-117 所示火车车轮轴。固定心轴在工作时不转动，承受静弯曲应力，如图 3-118 所示自行车的前轮轴。

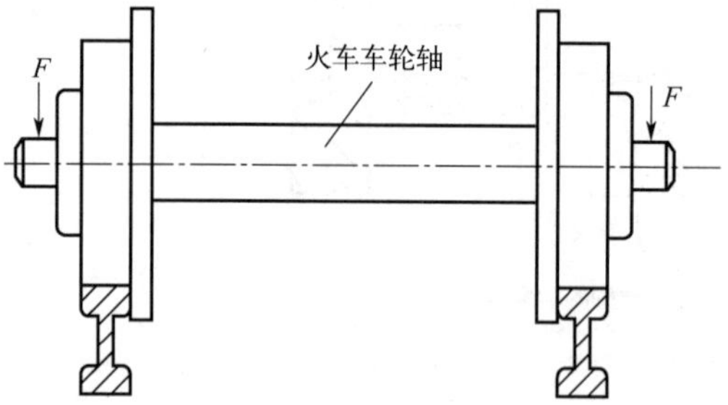

图 3-117 心轴（一）

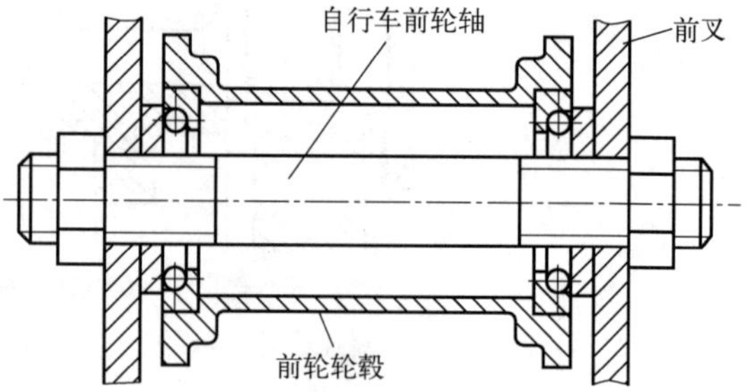

图 3-118 心轴（二）

（2）传动轴

只承受扭矩而不承受弯矩或承受较小弯矩的轴称为传动轴。如图 3-119 所示汽车发动机至后桥差速器的轴，也称为汽车的传动轴。

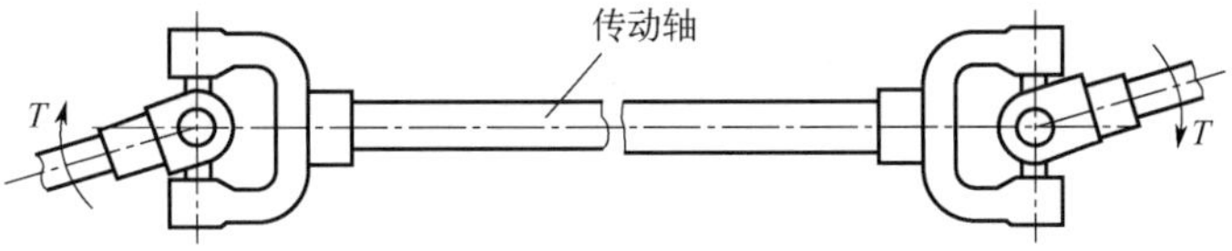

图 3-119　传动轴

（3）转轴

工作中既承受弯矩又承受扭矩的轴称为转轴。如图 3-120 所示减速器中的轴，在工作时承受对称循环的弯曲应力和脉动循环的扭转剪应力。

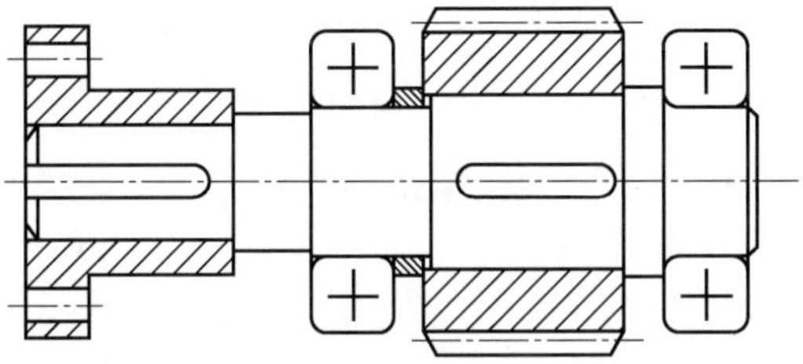

图 3-120　转轴

2. 按轴线形状不同分类

（1）直轴

直轴根据外形的不同分为光轴和阶梯轴两种：

光轴形状简单，加工容易，应力集中源少，但轴上零件不易装配和定位，主要用作传动轴。

阶梯轴各轴段直径不尽相同，通常设计成中间直径大、两端直径小的纺锤形，既便于轴上零件的装拆，又能使各轴段的强度相近，在工程中应用最为广泛，如图 3-115 所示减速器中的轴即为阶梯轴。

直轴一般都制成实心的，但是在对结构有要求如需要在轴中装设其他零件或减小轴的质量等特别重要作用的场合，则将轴制成空心的。比如，车床主轴需要放置加工零件，因而制成空心的；一些航空发动机主轴需要放置输油管路，因而也加工成空心的。

（2）曲轴

曲轴各轴端轴线不在同一直线上，常用作往复式机械中的专用零件。如图 3-121 所示内燃机中的曲轴，通过连杆可以将旋转运动变换为往复直线运动。

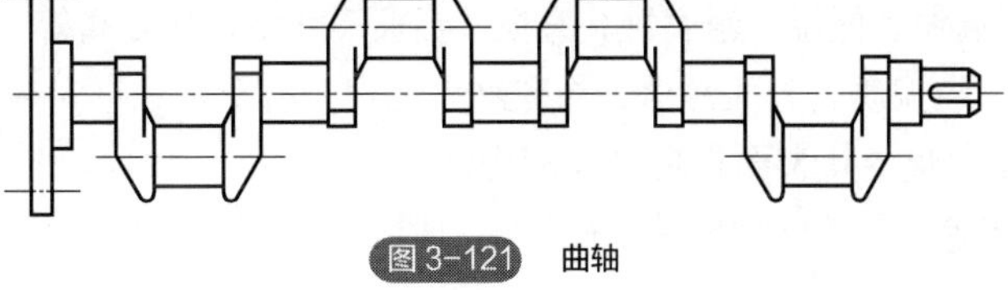

图 3-121　曲轴

（3）挠性轴

如图 3-122 所示，挠性轴可以随意弯曲，把回转运动灵活地传到任意空间位置，例如机动车里程表中和管道疏通机中所用的软轴。

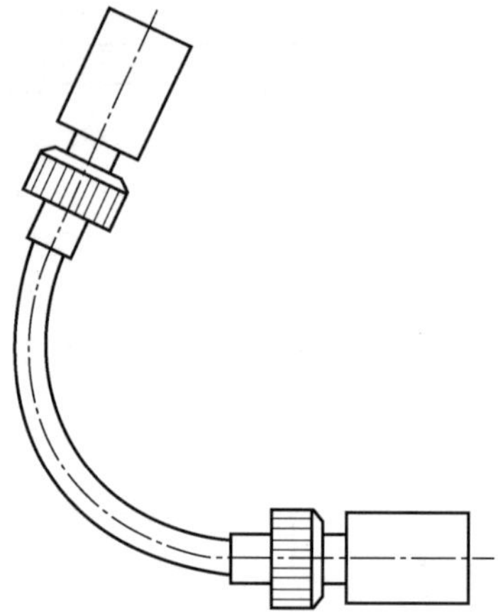

图 3-122 挠性轴

任务 2 轴的材料选择

轴的材料选择是轴设计中一个重要内容。轴大多受交变应力，主要失效形式为疲劳断裂，所以轴的材料首先要有足够的疲劳强度，同时还应满足工艺性和经济性要求，一般主要为碳素钢和合金钢，毛坯形式多用圆钢或锻件。

1. 碳素钢

常用的碳素钢有 35、45、50 等优质中碳钢，其中以 45 钢应用最广泛。这类材料的强度、塑性和韧性等综合力学性能较好，一般进行正火或调质处理，以改善材料的力学性能。材料来源方便，加工和经济性能较好，可用于一般要求或较高要求的轴。对于轻载或不重要的轴，也可用 Q235、Q255 等普通碳素钢，一般不需要进行热处理。与合金钢相比，碳素钢经济性好，综合力学性能较好，应用广泛。

2. 合金钢

合金钢比碳素钢有更好的力学性能，淬火性能好，通常用于重载、高速的重要轴或有特殊要求的轴，如要求耐高温、低温，耐腐蚀、磨损，要求尺寸小、强度高等。常用的材料有 40Cr、20Cr、20CrMnTi 等，经调质、表面淬火、渗碳淬火处理。由于合金钢对应力集中比较敏感，因此结构设计时应该注意减少其表面粗糙度和应力集中源。

常温下，合金钢和碳素钢的弹性模量相差很小，所以用合金钢代替碳素钢并不能提高轴的刚度。

3. 球墨铸铁

对于曲轴和凸轮轴等形状复杂或尺寸较大的轴，可采用球墨铸铁。球墨铸铁有成形容易、价格低、吸振耐磨、对应力敏感性小等优点，但是它们的冲击韧性低，铸造质量不易控制，可靠性较差。

选择材料时应当注意载荷条件、轴的形状与热处理的关系。一般地，硬度高时抗拉强度、屈服强度和疲劳强度都随之提高，但塑性降低，脆性破坏倾向和应力集中敏感性增加。因而，光滑简单的轴受载荷均匀时，可选较大的硬度；轴上有应力集中源（如键槽、截面变化大），或受载不均匀时，则硬度不宜过高。

轴的常用材料及其热处理后的主要力学性能见表3-52。

表3-52 轴的常用材料及其热处理后的主要力学性能

材料牌号	热处理	毛坯直径/mm	硬度 HBW	抗拉强度 σ_B/MPa	屈服极限 σ_S/MPa	许用弯曲应力[σ_{-1}]/MPa	用途
Q235				375	235	40	不重要或载荷不大的轴
Q275				490	275	42	
35	正火	≤100	143～187	510	265	44	可做一般转轴、曲轴等
45	正火	≤100	170～217	588	294	55	应用最广泛
	调质	≤200	217～255	640	353	60	
40Cr	调质	≤100	241～266	736	539	69	载荷较大、尺寸较大的重要轴
QT400-15			156～197	400	300	25	结构形状复杂的轴
QT600-3			197～269	600	420	37	

任务3 轴的结构设计

轴的结构设计就是要合理地确定轴的具体结构形状和全部结构尺寸。设计时应使轴满足工作精度、强度和刚度等功能要求，还要综合考虑轴在机器中的安装位置和形式、轴上零件的布置和固定形式、轴的受力情况等。因此，轴的结构没有标准形式，设计时必须根据具体设计要求进行综合考虑。轴的结构设计应满足以下要求：

① 轴上零件应便于装拆和调整；

② 轴上零件定位准确、固定可靠；

③ 轴应具有良好的加工和装配工艺性；

④ 轴的受力合理，减小应力集中，利于提高轴的强度和刚度。

1. 阶梯轴结构分析

如图3-123所示，阶梯轴通常由轴头、轴颈、轴肩、轴环、轴端等部分组成。轴与轴承配合的轴段称为轴颈；轴上安装传动零件的轴段称为轴头；连接轴头和轴颈部分的轴段称为轴身；轴环是轴上径向尺寸最大、轴向尺寸最小的轴段；轴肩可分为定位轴肩和非定位轴肩，用于确定轴上零件位置的称为定位轴肩，为了便于安装零件而设计的轴肩称为非定位轴肩。如图3-123

所示，齿轮左端靠轴环定位，此为定位轴肩；齿轮右端靠套筒定位，而轴肩仅起到便于齿轮安装的目的，所以右侧轴肩为非定位轴肩。

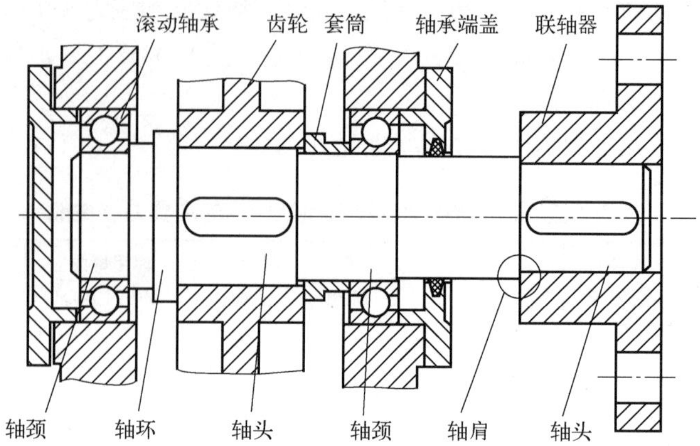

图 3-123 阶梯轴结构

2．拟定轴上零件的装配方案

拟定轴上零件的装配方案，就是预定出轴上主要零件的装配方向、顺序和相互关系。拟定轴上零件的装配方案是进行轴的结构设计的前提，它决定着轴的基本形式。如图 3-123 中的装配方案是：齿轮、套筒、右端轴承、轴承端盖、半联轴器依次从轴的右端向左安装，左端只装轴承及其端盖。这样就对各轴段的粗细顺序做了初步安排。轴上零件的装配方案不同，则轴的结构形状也不相同。拟定装配方案时，一般应考虑几个方案，进行分析比较与选择。

3．轴上零件的定位和固定

为保证轴上零件能正常工作，零件在轴上必须有准确的工作位置。为了防止轴上零件受力时发生沿轴向或周向的相对运动，轴上零件除了有游动或空转要求者外，都必须进行轴向和周向定位，以保证能传递所要求的运动和动力。

（1）轴向定位与固定

选择轴上零件的轴向定位与固定方法时，主要应考虑轴向力的大小、轴的加工、轴上零件装拆的难易程度、对轴强度的影响以及工作可靠性等因素的影响。常用的轴向定位和固定的方法有轴肩、套筒、圆螺母、圆锥形轴头、轴端挡圈、弹性挡圈以及紧定螺钉等，其特点见表 3-53。

表 3-53 轴上零件轴向定位与固定

方法	形式	特点
轴肩与轴环	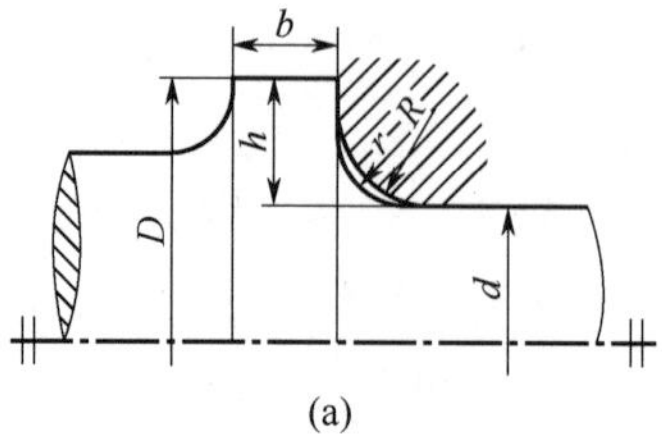 (a)	轴肩与轴环由定位面和过渡圆角组成。 优点：结构简单，定位可靠，可用于轴向力较大场合。 缺点：加大轴径，截面变化处产生应力集中。 注意：①过渡圆角半径 r 必须小于与之相配轴上零件孔端的圆角半径 R，或倒角 C 小于轴肩定位高度 h。 ②用轴肩定位轴承时，定位高度应小于轴承内圈厚度，否则轴承无法拆卸

续表

方法	形式	特点
轴肩与轴环	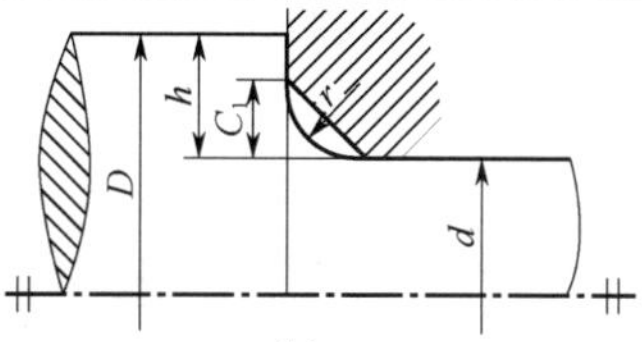 (b) 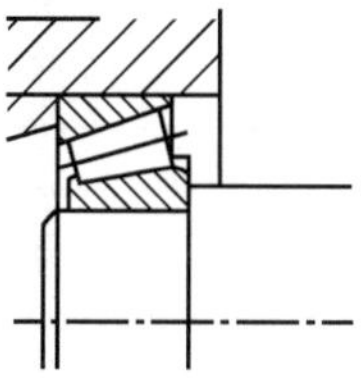 (c)	
套筒	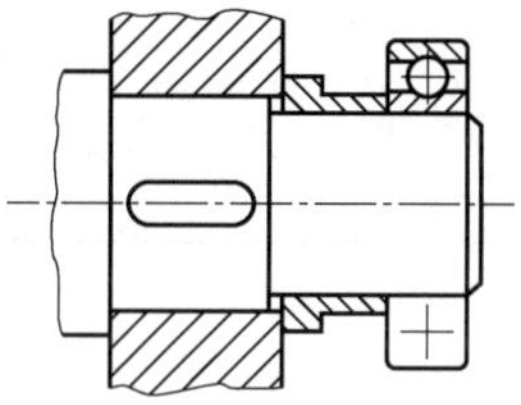	用于轴上两个零件之间的定位与固定。 优点：结构简单，定位可靠，减小应力集中源。 缺点：套筒的两个端面为工作面，平行度和垂直度要求较高。 注意：①配合较松，不宜用于高转速的轴上。 ②为避免增加轴系质量和材料，不宜用于距离较远的两个零件之间
圆螺母	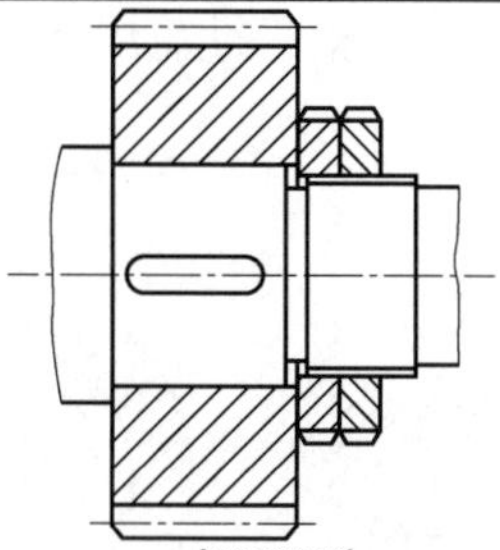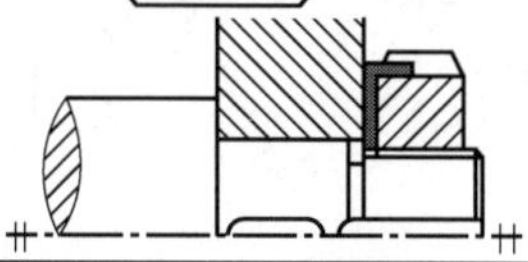	用于轴端零件的固定或轴上相距较远的两相邻零件。 优点：装拆方便，可承受较大的轴向载荷。 缺点：轴上螺纹处存在较大的应力集中。 注意：①为了减小应力集中，一般用细牙螺纹。 ②通常采用双圆螺母或圆螺母+止动垫圈进行防松
圆锥形轴头	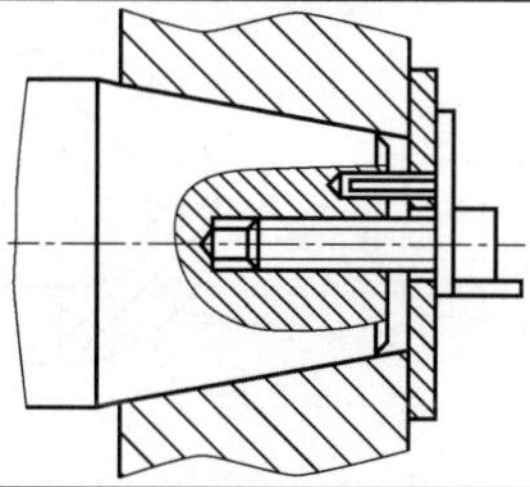	用于轴端零件的定位，可用于承受冲击载荷和同心度要求较高的轴端零件
轴端挡圈	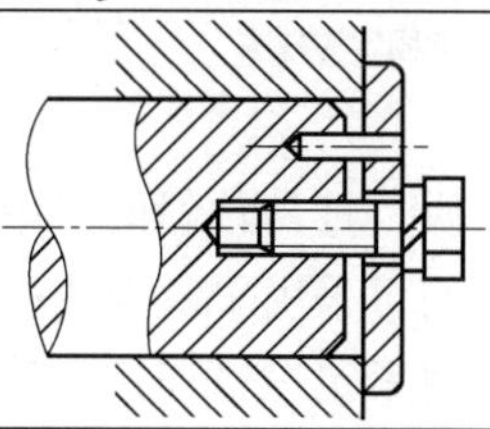	用于轴端零件的固定，可承受较大的轴向载荷，简单可靠，装拆方便

续表

方法	形式	特点
弹性挡圈	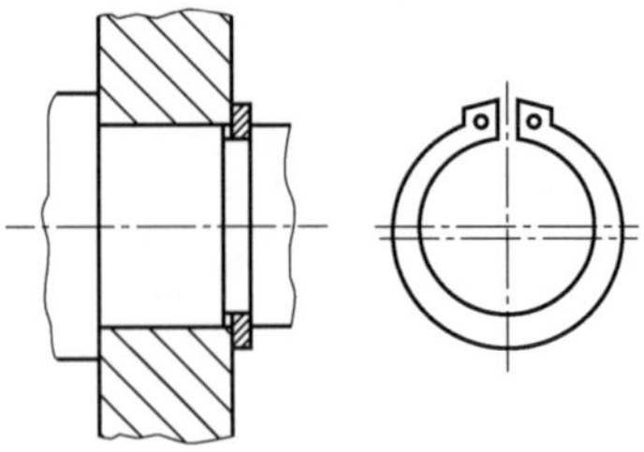	常用于光轴上零件的固定，承受的轴向载荷较小
紧定螺钉	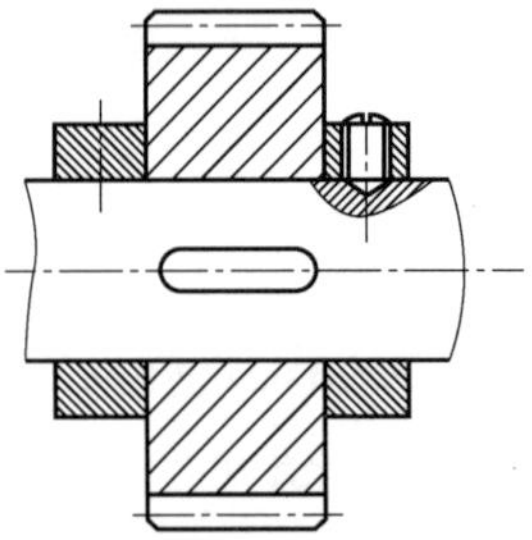	可单独使用，也可与锁紧挡圈配合使用，能同时起到轴向和周向固定的作用，仅适用于轴向载荷小的场合

（2）周向定位与固定

轴上零件要实现运动和动力的正确传递，就必须实现可靠的周向定位与固定，以限制轴上零件与轴之间的相对转动。常用的周向固定方法有键、销、过盈配合和型面连接等，图 3-124 所示为几种常用的轴上零件周向固定的方法。

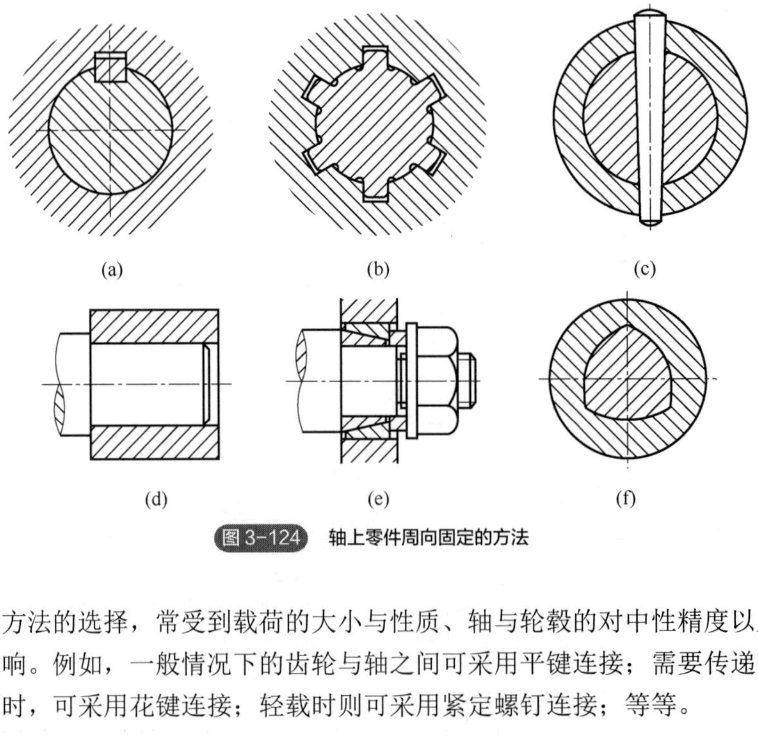

图 3-124 轴上零件周向固定的方法

周向固定方法的选择，常受到载荷的大小与性质、轴与轮毂的对中性精度以及加工难易程度等因素的影响。例如，一般情况下的齿轮与轴之间可采用平键连接；需要传递的载荷较大且对中要求较高时，可采用花键连接；轻载时则可采用紧定螺钉连接；等等。

4．各轴段直径和长度的确定

当零件在轴上的装配方案以及定位与固定方式确定后，轴的结构形状也就基本确定了，接下来便是确定轴的几何尺寸，即各轴段的直径与长度。

（1）直径的确定

① 估算最小直径　开始设计轴时，通常还不知道轴上零件的位置及支点情况，无法确定轴的受力情况，只有待轴的结构设计基本完成后，才能对轴进行受力分析及强度计算。因此，一般在进行轴的结构设计前先按纯扭转受力情况对轴的直径进行估算，将初步求出的直径作为承受扭矩的轴段的最小直径 $d_{\min}$，然后再按轴上零件的装配方案和定位要求，从 $d_{\min}$ 处起逐一确定各轴段的直径。

根据材料力学知识，实心式圆轴的扭转强度条件为

$$\tau_{\mathrm{T}}=\frac{T}{W_{\mathrm{T}}}\approx\frac{9550\times10^{3}\dfrac{p}{n}}{0.2d^{3}}\leqslant[\tau_{\mathrm{T}}] \tag{3-64}$$

式中 T——作用在轴上的扭矩，N·mm；

W_{T}——轴危险截面的抗扭截面系数，mm^3；

P——皱缩传递的功率，kW；

n——轴的转速，r/min；

d——轴的直径，mm；

$[\tau_{\mathrm{T}}]$——材料的需用扭转剪应力，MPa。

因此，按照扭转强度估算轴的最小直径的公式为

$$d_{\min}\geqslant\sqrt[3]{\frac{9550\times10^{3}P}{0.2[\tau_{\mathrm{T}}]n}}=C\sqrt[3]{\frac{P}{n}} \tag{3-65}$$

式中，C 为与轴的材料和承载情况有关的计算系数，见表3-54；其他参数的意义与式（3-64）相同。

按式（3-65）计算出的轴径 d，还要考虑键槽对轴强度的削弱影响，有1个键槽时将 d 增大3%～5%，有2个键槽时将 d 增大7%～10%。

表3-54　轴常用几种材料的$[\tau_{\mathrm{T}}]$及 C 值

轴的材料	Q235，20	Q275，35	45	40Cr
许用剪应力$[\tau_{\mathrm{T}}]$/MPa	12～20	20～30	30～40	40～52
计算系数 C	160～135	135～118	118～107	107～98

注：1．当弯矩相对于扭矩很小或仅受扭矩时，C 取小值；反之，C 取大值。
2．用Q235、Q275时，$[\tau_{\mathrm{T}}]$取小值，C 取大值。

② 与标准零件相配合轴段　与标准件有配合要求的轴段，应按照标准直径来确定该轴段直径的大小。例如，安装滚动轴承处的轴段直径必须与所选滚动轴承的内孔直径相同；装配联轴器的轴段尺寸应符合联轴器的尺寸系列。

③ 与非标准零件相配合轴段　与非标准零件配合部分直径应与配合零件孔径一致，并取标准尺寸。

④ 定位高度　定位轴肩的高度（半径差）$h\approx(0.07\sim0.1)d$。为便于零件的装拆而设计的非定位轴肩高度（半径差）$h\approx1\sim2$mm。为便于滚动轴承的拆卸，滚动轴承的定位轴肩高度应小于轴承内圈的厚度。

（2）长度的确定

① 轴段长度应与其上相配合零件宽度相对应；

② 转动零件与静止零件之间必须有一定的间隙；

③ 轴头长度比相应零件轮毂宽度小 2～3mm，以保证零件的轴向定位可靠。如图 3-123 与齿轮配合的轴段长度应比齿轮轮毂宽度小 2～3mm，以确保套筒定位齿轮可靠。

5. 轴的结构工艺性

轴段结构工艺性通常是指其加工和装配工艺性。也就是说，轴在进行结构设计时，除了考虑轴上零件的定位与固定外，还要保证轴有良好的加工和装配工艺性，以达到提高生产率、降低成本等目的。轴结构设计时一般需要注意以下几点：

① 在满足要求的情况下，轴的结构应尽量简单、阶梯数尽可能少，以减少加工时间和应力集中。

② 不同轴段的键槽应设计在同一母线上（图 3-125）。

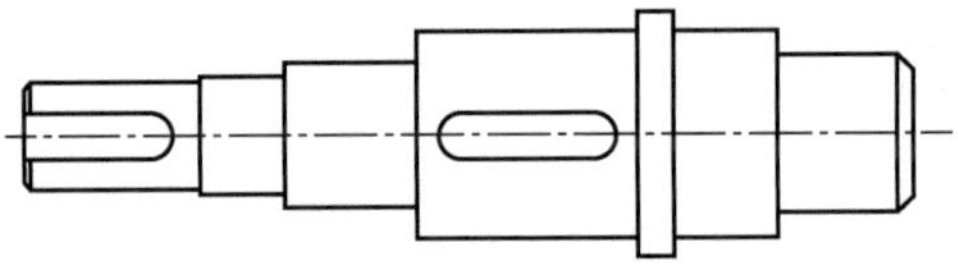

图 3-125　键槽的布置

③ 同一轴上过渡圆角、倒角、退刀槽、砂轮越程槽等尺寸尽量统一，减少换刀次数和时间，便于检验（图 3-126）。

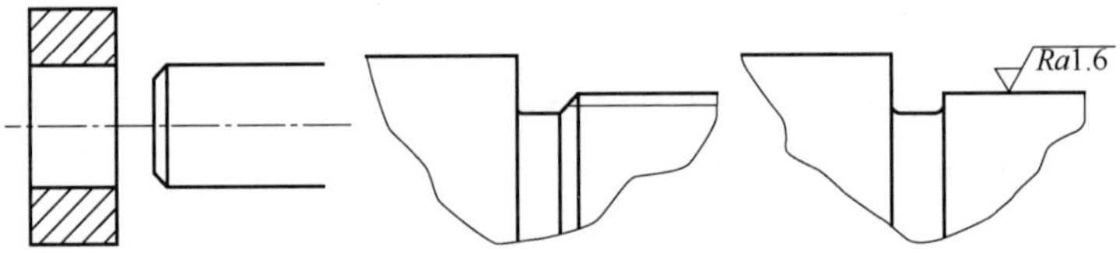

图 3-126　倒角、退刀槽和砂轮越程槽

④ 采用过盈配合时，若装入端过长，则可采用非定位轴肩结构，同一轴段不同部位选用不同尺寸公差或装入端加工导向圆锥角（图 3-127）。

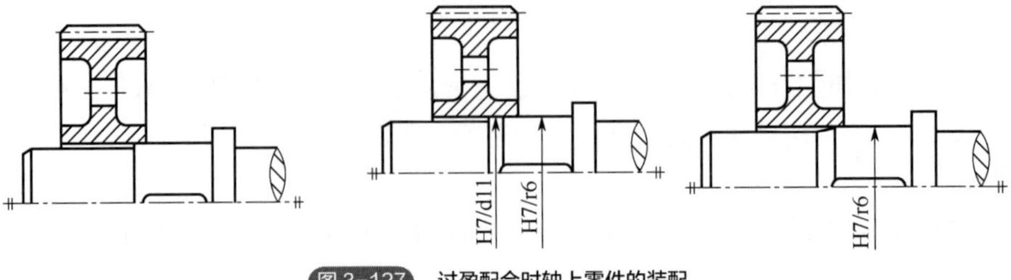

图 3-127　过盈配合时轴上零件的装配

任务 4 轴的强度计算

当完成轴的结构设计后，还应该对轴进行校核计算。校核内容主要有强度、刚度和振动稳定性等，通常视工作条件和重要性而定。对于一般用途的轴，只需校核强度即可。本项目主要讨论轴的强度校核计算。

扭转法适用于仅承受转矩的传动轴或不重要的转轴的强度计算，也常用于结构设计前估算轴的最小直径（见本项目任务 3）。

对于转轴，在初估直径、进行结构设计后，轴的主要结构尺寸、轴上零件的相对位置，以及外载荷和支反力的作用位置均已确定，轴上的载荷已可以求得，因而可按弯扭合成强度条件对轴进行强度校核，其计算步骤如下：

1. 建立力学模型

画出轴的受力计算简图，标出各作用力的大小、方向和作用点的位置。画简图时应注意以下几点：

① 将轴简化为一简支梁。

② 确定支反力的位置　支反力的作用点与轴承的类型和布置方式有关，可按图 3-128 来确定，图（b）中 a 值可查滚动轴承样本或手册确定，图（d）中的 e 值与滑动轴承的宽径比 l/d 有关。当 $l/d \leqslant 1$ 时，取 $e=0.5l$；当 $l/d>1$ 时，取 $e=0.5d$，但不小于（0.25～0.35）l；对于调心轴承，$e=0.5l$。

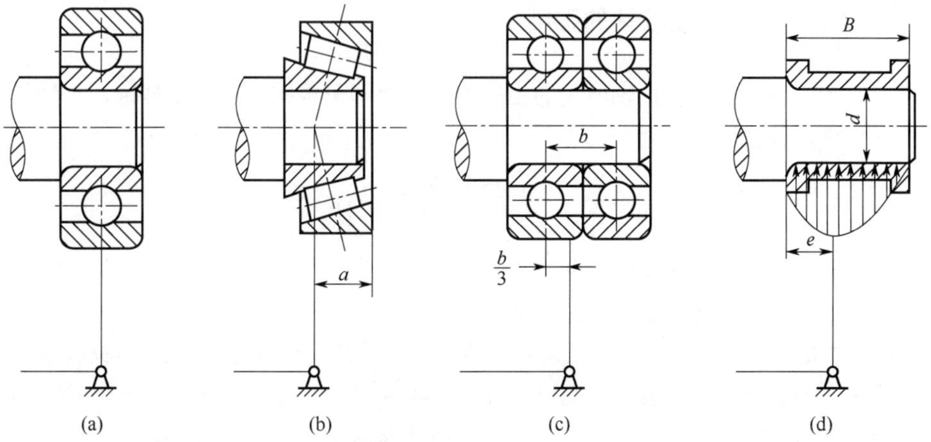

图 3-128 确定支反力的位置

③ 确定轴上零件所受力的大小、方向和作用点　通常将轴上传动零件作用在轴上的分布载荷简化为集中力，并作用在工作宽度的中点处；作用在轴上的转矩，可简化为从传动零件轮毂宽度中点算起的转矩。将轴上零件承受的外部载荷沿径向、切向以及轴向三个方向进行分解，计算三分力大小并转化到轴上。然后将其分解为水平分力和垂直分力，并求出水平支反力和垂直支反力。

2．计算弯矩，画出弯矩图

根据上述受力计算简图，分别计算出水平面和垂直面内产生的弯矩，并分别绘制出水平弯矩（M_H）图和垂直弯矩（M_V）图。然后，根据公式$M=\sqrt{M_H^2+M_V^2}$计算合成弯矩，并绘制合成弯矩图。

3．计算转矩（T），并画出转矩图

与步骤 2 类似，此处不再赘述。

4．计算当量弯矩

根据已作出的总弯矩图和扭矩图，求出当量弯矩 M_e，并作出当量弯矩图，当量弯矩 M_e 计算公式为

$$M_e=\sqrt{M^2+(\alpha T)^2}$$

式中，α 是考虑扭矩和弯矩的加载情况及产生应力的循环特性差异的修正系数，取值见表 3-55。因为通常由弯矩所产生的扭转切应力是对称循环的变应力，而扭矩所产生的扭转切应力则常常不是对称循环的变应力，所以在计算当量弯矩时，必须考虑这种循环特性差异的影响。

表 3-55　修正系数 α

扭切应力		
静应力	脉动循环变应力	对称循环变应力
$\alpha=0.3$	$\alpha=0.6$	$\alpha=1$

注：弯曲应力为对称循环应力。

5．确定危险截面，校核轴的强度

对于一般钢制轴，在计算出轴所受的当量弯矩后，即可根据第三强度理论，对轴的危险截面进行强度校核，其强度条件为

$$\sigma_e=\frac{M_e}{W}=\frac{\sqrt{M^2+(\alpha T)^2}}{W}\leqslant[\sigma_{-1}]$$

式中　W——轴的抗弯截面系数；

$[\sigma_{-1}]$——轴的许用弯曲应力，其值按表 3-52 可查。

[例 3-4] 某化工设备中的输送装置运转平稳，工作转矩变化很小，以圆锥-圆柱齿轮减速器作为减速装置，试设计该减速器的输出轴。如图 3-129 所示，输入轴与电动机相连，输出轴通过弹性柱销联轴器与工作机相连，输出轴为单向旋转（从装有半联轴器的一端看为顺时针方向）。已知电动机功率 P=10kW，转速 $n_1=1450\text{r/min}$，齿轮机构的参数列于表 3-56。

表 3-56　齿轮机构的参数

级　别	z_1	z_2	m_n/mm	m/mm	β	α_n	h_a^*	齿宽/mm
高速级	20	75	4	3.5	8°06′34″	20°	1	大锥齿轮轮毂长 L=50
低速级	23	95		4.0404				$B_1=85,B_2=80$

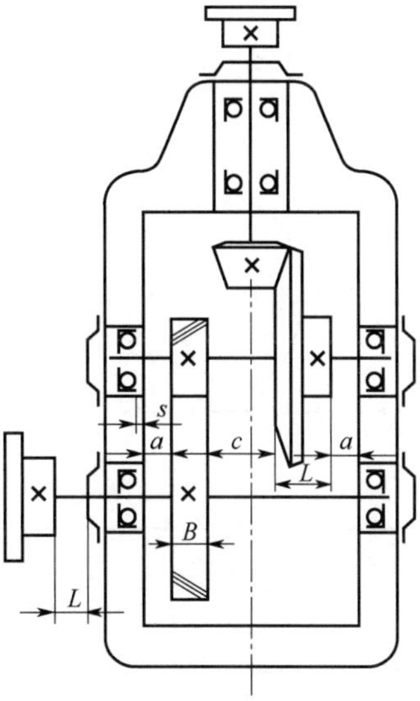

图 3-129 圆锥-圆柱齿轮减速器简图

解：（1）求输出轴上的功率 P_3、转速 n_3 和转矩 T_3

若取每级齿轮传动的效率(包括轴承效率在内) $\eta = 0.97$，则可得

$$P_3 = P\eta^2 = 10 \times 0.97^2 \approx 9.41(\text{kW})$$

又由于

$$n_3 = n_1 \frac{1}{i} = 1450 \times \frac{20}{75} \times \frac{23}{95} \approx 93.61(\text{r/min})$$

于是得

$$T_3 = 9550000 \times \frac{P_3}{n_3} \approx 9550000 \times \frac{9.41}{93.61} \approx 960000(\text{N} \cdot \text{mm})$$

（2）求作用在齿轮上的力

因已知低速及大齿轮的分度圆直径为

$$d_2 = m_t z_2 = 4.0404 \times 95 \approx 383.84(\text{mm})$$

可得

$$F_t = \frac{2T_3}{d_2} \approx \frac{2 \times 960000}{383.84} \approx 5002(\text{N})$$

$$F_r = F_t \frac{\tan \alpha_n}{\cos \beta} \approx 5002 \times \frac{\tan 20^\circ}{\cos 8^\circ 06'34''} = 1839(\text{N})$$

$$F_x = F_t \tan \beta \approx 5002 \times \tan 8^\circ 06'34'' = 713(\text{N})$$

圆周力 F_t、径向力 F_r 及轴向力 F_x 的方向如图 3-130 所示。

（3）选择轴的材料

该轴没有特殊的要求，因而选用调质处理的 45 钢，可以查表 3-52，其强度极限 $\sigma_B =$ 640MPa。

（4）初步确定轴的最小直径

先按式（3-65）初步估算轴的最小直径。根据表 3-54，取 C=112，于是得

$$d_{\min} = C\sqrt[3]{\frac{P_3}{n_3}} \approx 112\times\sqrt[3]{\frac{9.41}{93.61}} \approx 52.1(\text{mm})$$

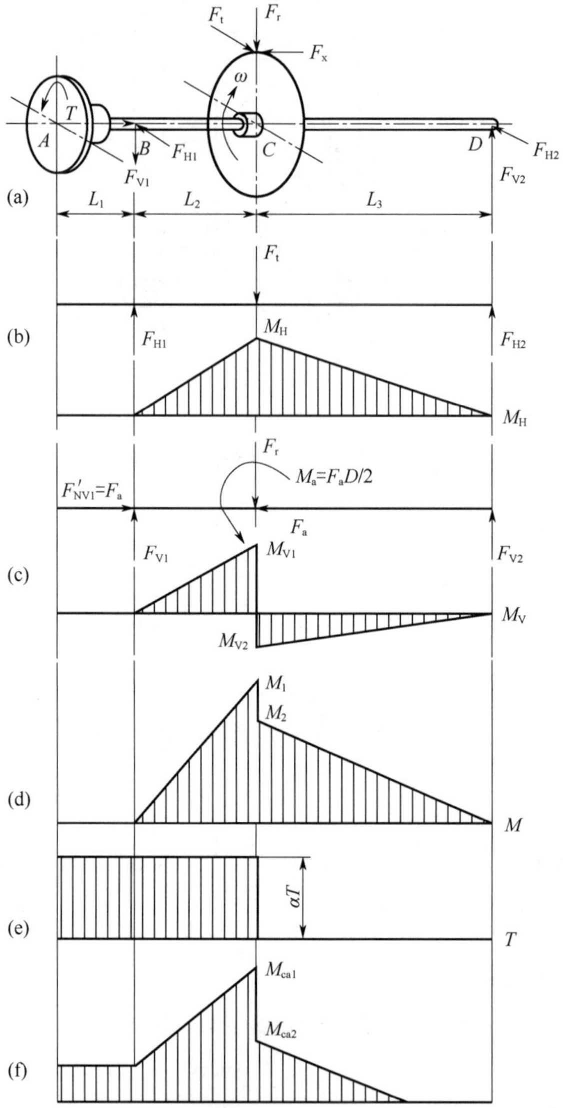

图 3-130 轴的载荷分析图

由图 3-131 可知，输出轴的最小直径是安装联轴器处轴的直径 $d_{\text{I-II}}$。为了使所选的轴直径 $d_{\text{I-II}}$ 与联轴器的孔径相适应，需同时选取联轴器型号。

联轴器的计算转矩 $T_C = K_A T_3$，查项目 6 的表 3-37，考虑到转矩变化很小，取 $K_A = 1.3$，则有

$$T_C = K_A T_3 = 1.3\times 960000 = 1248000(\text{N}\cdot\text{mm})$$

按照计算转矩 T_C 应小于联轴器公称转矩的条件，查标准 GB/T 5014 或《机械设计手册》，选用 HL4 型弹性柱销联轴器，其公称转矩为 1250000N·mm。半联轴器 I 的孔径 $d_1 = 55\text{mm}$，故取 $d_{\text{I-II}} = 55\text{mm}$；半联轴器长度 L=112mm，半联轴器与轴配合的毂孔长度 L_1=84mm。

（5）轴的结构设计

① 拟定轴上零件的装配方案。

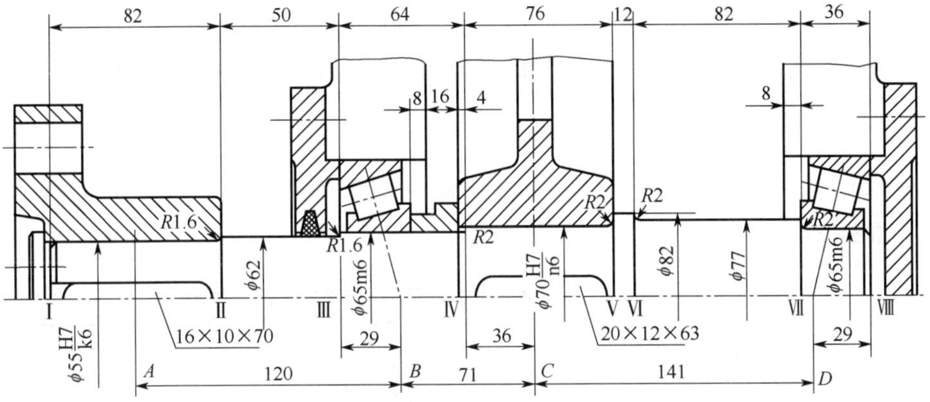

图 3-131 轴的结构与装配

如图 3-131 所示，拟定输出轴装配方案为：齿轮、套筒、轴承、轴承端盖和联轴器依次从左端向右装入，轴承和轴承端盖依次从右端向左装入。

② 根据轴向定位的要求确定轴的各段直径和长度。

为了满足半联轴器的轴向定位要求，Ⅰ-Ⅱ轴段右端需制出一轴肩，故取Ⅱ-Ⅲ段的轴径 $d_{Ⅱ-Ⅲ}$=62mm；左端用轴端挡圈定位，按轴端直径取挡圈直径 D=65mm。半联轴器与轴配合的毂孔长度 L_1=84mm，为了保证轴端挡圈只压在半联轴器上而不压在轴的端面上，故Ⅰ-Ⅱ轴段的长度应比 L_1 略短一些，取 $l_{Ⅰ-Ⅱ}$=82mm。

初步选择滚动轴承。因轴承同时承受径向力和轴向力的作用，故选用单列圆锥滚子轴承。参照工作要求并根据 $d_{Ⅱ-Ⅲ}$=62mm，初步选取 0 基本游隙组、标准精度级的单列圆锥滚子轴承 30313，其尺寸为 $d \times D \times T$=65mm×140mm×36mm，故 $d_{Ⅶ-Ⅷ}$=65mm；而 $l_{Ⅶ-Ⅷ}$=36mm。

右端滚动轴承采用轴肩进行轴向定位。查得 30313 型轴承的定位轴肩高度 h=6mm，因此，取 $d_{Ⅵ-Ⅶ}$=77mm。

取安装齿轮处的轴段Ⅳ-Ⅴ的直径 $d_{Ⅳ-Ⅴ}$=70mm；齿轮的左端与左轴承之间采用套筒定位。已知齿轮轮毂的宽度为 80mm，为了使套筒端面可靠地压紧齿轮，此轴段应略短于轮毂宽度，故取 $l_{Ⅳ-Ⅴ}$=76mm。齿轮的右端采用轴肩定位，轴肩高度 $h>0.07d$，取 h=6mm，则轴环处的直径 $d_{Ⅴ-Ⅵ}$=82mm。轴环宽度 $b \geq 1.4h$，取 $l_{Ⅴ-Ⅵ}$=12mm。

轴承端盖的总宽度为 20mm（由减速器及轴承端盖的结构设计而定）。根据轴承端盖的装拆及便于对轴承添加润滑脂的要求，取端盖的外端面与半联轴器右端面间的距离 l=30mm（见图 3-129），故取 $l_{Ⅱ-Ⅲ}$=50mm。

取齿轮至箱体内壁之距离 a=16mm，圆锥齿轮与圆柱齿轮之间的距离 c=20mm（见图 3-129）。考虑到箱体的铸造误差，在确定滚动轴承位置时，应距箱体内壁一段距离 s，取 s=8mm（见图 3-129），已知滚动轴承宽度 T=36mm，大圆锥齿轮轮毂长 L=50mm，则

$$l_{Ⅲ-Ⅳ}=T+s+a+(80-76)=36+8+16+4=64(\text{mm})$$

$$l_{Ⅵ-Ⅶ}=L+c+a+s-l_{Ⅴ-Ⅵ}=50+20+16+8-12=82(\text{mm})$$

至此，已初步确定了轴的各段直径和长度。

③ 轴上零件的周向定位。

齿轮、半联轴器与轴的周向定位均采用平键连接。按 $d_{Ⅳ-Ⅴ}$ 由《机械设计手册》查得平键截面 $b \times h$=20mm×12mm（GB/T 1195），键槽用键槽铣刀加工，长为 63mm（标准键长见 GB/T 1196）。

同时为了保证齿轮与轴配合有良好的对中性，故选择齿轮轮毂与轴的配合为 H7/n6。同样，半联轴器与轴的连接选用平键为 16mm×11mm×70mm，半联轴器与轴的配合为 H7/k6。滚动轴承与轴的周向定位是借过渡配合来保证的，此处选轴的直径尺寸公差为 m6。

④ 确定轴上圆角和倒角尺寸。

参照表 3-57 所示零件倒角 C 与圆角半径 R 的推荐值，取轴端倒角为 $2\times45°$，轴肩处的圆角半径见图 3-131。

表 3-57　零件倒角 C 与圆角半径 R 的推荐值　　单位：mm

直径 d	>6～10		>10～18	>18～30	>30～50		>50～80	>80～120	>120～180
C 或 R	0.5	0.6	0.8	1.0	1.2	1.6	2.0	2.5	3.0

（6）求轴上的载荷

首先，根据轴的结构图（图 3-131）作出轴的计算简图（见图 3-130）。在确定轴承的支点位置时，应从《机械设计手册》中查取 a 值（见图 3-128）。对于 30313 型圆锥滚子轴承，查得 $a=29\text{mm}$。因此，作为简支梁的轴的支承跨距 $L_2+L_3=71+141=212(\text{mm})$。根据轴的计算简图作出轴的弯矩图、扭矩图和计算弯矩图（见图 3-130）。

从轴的结构图和计算弯矩图中可以看出截面 C 处的计算弯矩最大，是轴的危险截面。现将计算出的截面 C 处的 M_H、M_V、M_a 的值（见图 3-130）列于表 3-58 中。

表 3-58　相关参数

载荷	水平面 H	垂直面 V
支反力 F	$F_{H1}=3327\text{N}$ $F_{H2}=1675\text{N}$	$F_{v1}=1869\text{N}$ $F_{v2}=-30\text{N}$
弯矩 M	$M_H=236217\text{N}\cdot\text{mm}$	$M_{v1}=132699\text{N}\cdot\text{mm}$ $M_{v2}=-4140\text{N}\cdot\text{mm}$
总弯矩	$M_1=\sqrt{236217^2+132699^2}\approx270938(\text{N}\cdot\text{mm})$ $M_2=\sqrt{236217^2+4140^2}\approx236253(\text{N}\cdot\text{mm})$	
扭矩 T	$T_3=960000\text{N}\cdot\text{mm}$	

计算弯矩 M_{ca} 的值为

$$M_{ca1}=\sqrt{270938^2+(0.6\times960000)^2}\approx636540(\text{N}\cdot\text{mm})$$

式中，0.6 为所取的 α 值。

$$M_{ca2}=M_2=236253\text{N}\cdot\text{mm}$$

（7）按弯扭合成应力校核轴的强度

进行校核时，通常只校核轴上承受最大计算弯矩截面（即危险截面 C）的强度。轴上危险截面 C 的抗弯截面系数为

$$W=\frac{\pi d^3}{32}\approx0.1d^3$$

则计算弯矩的强度为

$$\sigma_{ca}=\frac{M_{cal}}{W}\approx\frac{636540}{0.1\times70^3}\approx18.6(\text{MPa})$$

由表 3-52 查得 $[\sigma_{-1}]=60\text{MPa}$。因此 $\sigma_{ca}<[\sigma_{-1}]$，故安全。

（8）绘制轴的工作图（见图 3-132）

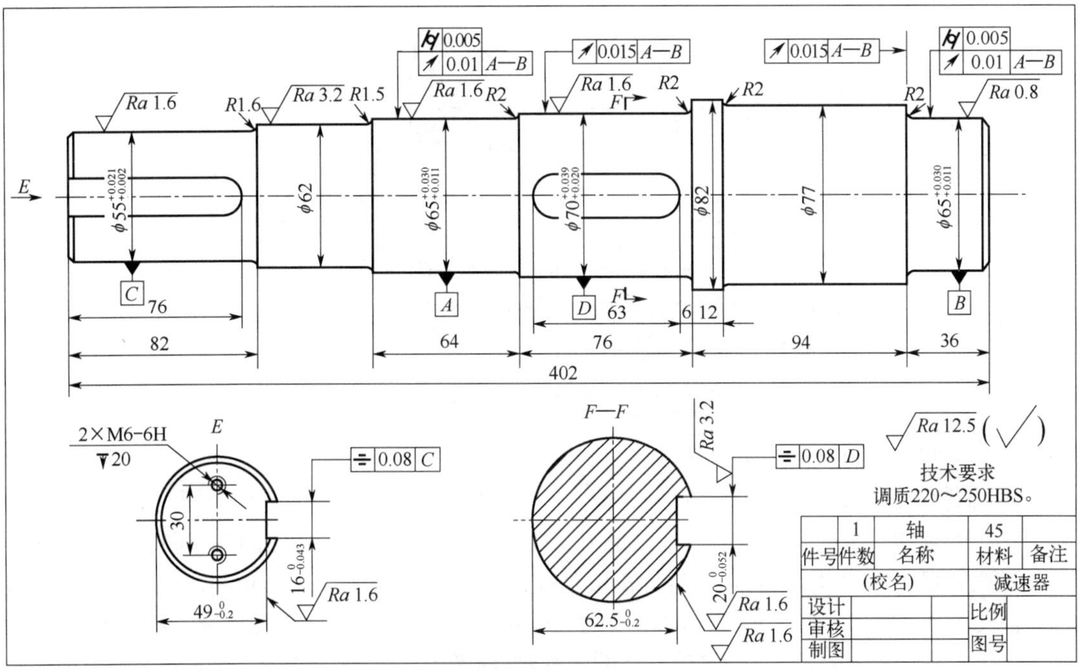

图 3-132　轴的工作图

【项目实践】

设计带式输送机中单级圆柱齿轮减速器的输出轴。已知：传递的功率 P=2.83kW，从动轮的转速 n=137.93r/min，从动齿轮分度圆直径 d=230mm，齿轮轮毂长度 L_1=70mm，联轴器孔深 L_2=84mm。取齿轮端面至减速器内壁距离 c=8mm，轴承端面至减速器内壁距离为 12mm（轴承选用脂润滑），单向运转。

解：

（1）选择轴的材料，确定许用应力

减速器传递的功率为小功率，对材料无特殊要求，故选 45 钢调质处理。

由表 3-52 查得，许用弯曲应力 $[\sigma_{-1}]=-60\text{MPa}$。

（2）估算轴的最小直径

$$d\geqslant C\sqrt[3]{\frac{P}{n}}=120\times\sqrt[3]{\frac{2.83}{137.93}}\approx32.85(\text{mm})$$

考虑到最小轴径处安装联轴器，该轴段开有键槽，应增大轴径 3%～5%，即

$$d>32.85+32.85(0.03\sim0.05)\approx33.83\sim34.5(\text{mm})$$

考虑到输入轴 $d_1=40\text{mm}$，根据联轴器的轴孔直径范围，取标准值 $d_1=45\text{mm}$。

（3）轴的结构设计

首先，确定轴上零件的位置和固定方式，确定装配简图。齿轮从轴的右端装入，左端用轴环定位，右端用挡油盘定位；齿轮的周向固定采用平键连接；轴承一端内圈用挡油盘（轴肩）定位，另一端外圈用轴承端盖固定，周向固定采用过盈配合；联轴器采用轴肩和轴端挡圈进行轴向固定，周向固定采用平键连接。减速器输出轴的结构装配简图如图 3-133 所示。

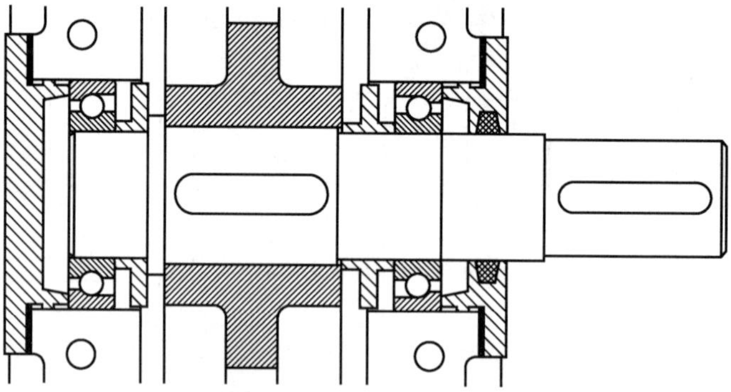

图 3-133　减速器输出轴的结构装配简图

接着，确定各轴段直径和长度。

① 轴段 1 的设计　轴段 1 上安装联轴器，此段设计与联轴器的选择设计相关。为补偿联轴器所连接两轴的安装误差、隔离振动，采用弹性柱销联轴器。根据传递的功率和转速，选择弹性柱销联轴器中 TL7 型联轴器，结合伸出段直径，取联轴器毂孔直径为 45mm，轴孔长度 84mm，L 型轴孔，A 型键，相应的轴段 1 的直径 $d_1=45\text{mm}$，其长度略小于毂孔宽度，取 $L_1=82\text{mm}$。

② 轴段 2 轴径设计　在确定轴段 2 的轴径时，应考虑联轴器的轴向固定及密封圈的尺寸两个方面问题。联轴器用轴肩定位，轴段 2 的轴径最终由密封圈确定。该处轴的圆周速度小于 3m/s，可选用毡圈油封，选用毡圈 50JB/ZQ 4606—1997，则 d_2=50mm。

③ 轴段 3 和轴段 6 轴径设计　轴段 3 及轴段 6 上安装轴承，考虑齿轮没有轴向力存在，因此选用深沟球轴承。轴段 3 和轴段 6 直径应既便于轴承安装，又符合轴承内径系列。现暂取轴承为 6211 型，轴承内径 $d=55\text{mm}$，外径 $D=100\text{mm}$，宽度 $B=21\text{mm}$，内圈定位轴肩直径 $d_a=64\text{mm}$，故选 $d_3=55\text{mm}$。通常一根轴上的两个轴承取相同的型号，则 $d_3=d_6=55\text{mm}$。

④ 轴段 4 的设计　轴段 4 上安装齿轮，为便于齿轮的安装，d_4 必须略大于 d_3，可初定 $d_4=60\text{mm}$，齿轮 2 轮毂的宽度等于齿轮宽度，其左端采用轴肩定位，右端采用套筒固定。为使套筒端面能够顶到齿轮端面，轴段④长度应比轮毂略短，由于 $b_2=70\text{mm}$，故取 $L_4=68\text{mm}$。

⑤ 轴段 2 的长度设计　轴段 2 的长度除与轴上的零件有关外，还与轴承座宽度及轴承端盖等零件有关。轴承座宽度 L、轴承端盖厚 e、轴承端盖连接螺栓、轴承靠近箱体内壁的端面至箱体内壁距离 $\varDelta$、端盖与轴承座间的调整垫片厚度 $\varDelta_t$ 均同高速轴，为避免联轴器轮毂外径与端盖螺栓的拆装发生干涉，联轴器轮毂端面与端盖外端面的距离取 $K=15\text{mm}$，则有

$$L_2=L+\varDelta_t+e+K-\varDelta_3-B=50+2+10+15-12-21=44(\text{mm})$$

⑥ 轴段 5 的设计　该轴段为齿轮提供定位作用，选用轴环，则 $d_5=70\text{mm}$，轴段 5 的长度为 $L_5=8\text{mm}$。

⑦ 轴段 3 和轴段 6 的长度设计　即

轴段 6 的长度：$L_6=B+12+(2.5+8-8)=21+12+2.5=35.5(\text{mm})$

轴段 3 的长度：$L_3 = B + \Delta_2 + \Delta_3 + 2 = 21 + 8 + (12 + 2.5) + 2 = 45.5(\text{mm})$

（4）按弯扭合成强度校核轴径（具体运算过程略）

① 画出轴的受力图；

② 计算齿轮所受的圆周力 $F_t = \dfrac{2T}{d}$；

③ 计算齿轮所受的径向力 $F_r = \dfrac{F_t \tan\alpha}{\cos\beta}$；

④ 计算齿轮所受的轴向力 $F_a = F_t \cos\beta$；

⑤ 作水平面的弯矩图和垂直面的弯矩图；

⑥ 作合成弯矩图 $M = \sqrt{M_H^2 + M_V^2}$；

⑦ 作扭矩图；

⑧ 求当量弯矩 $M_e = \sqrt{M^2 + (\alpha T)^2}$；

⑨ 确定危险截面及校核强度 $\sigma_e = \dfrac{M_e}{W} < [\sigma_{-1}]$。

小结

轴的功用	● 支承做回转运动的零件 ● 传递运动和动力
轴的类型	● 按载荷性质可分为：心轴、传动轴、转轴 ● 按轴线形状可分为：直轴、曲轴、挠性轴
轴的材料	● 碳素钢用于一般要求或较高要求的轴 ● 合金钢用于重载、高速的重要轴 ● 球墨铸铁用于形状复杂或尺寸较大的轴 ● 合金钢代替碳素钢并不能提高轴的刚度
阶梯轴结构	● 轴头：安装传动零件的轴段 ● 轴颈：轴与轴承配合的轴段 ● 轴肩：分为定位轴肩和非定位轴肩
轴上零件的定位和固定	● 轴向定位与固定：轴肩、套筒、圆螺母、圆锥形轴头、轴端挡圈、弹簧挡圈以及紧定螺钉等 ● 周向定位与固定：键、花键、销、过盈配合和型面连接等
各轴段直径和长度的确定	● 直径的确定： ①根据扭转强度估算最小直径 ②与标准件有配合要求的轴段，应按照标准直径来确定该轴段直径的大小 ③与非标准零件配合部分直径应与配合零件孔径一致，并取标准尺寸 ④定位轴肩的高度（半径差）$h \approx (0.07 \sim 0.1)d$ ⑤非定位轴肩高度（半径差）$h \approx 1 \sim 2\text{mm}$ ● 长度的确定： ①轴段长度应与其上相配合零件宽度相对应 ②转动零件与静止零件之间必须有一定的间隙 ③轴头长度比相应零件轮毂宽度小 2～3mm

续表

轴的结构工艺性	● 在满足要求的情况下，轴的结构应尽量简单、阶梯数尽可能少，以减少加工时间和应力集中 ● 不同轴段的键槽应设计在同一母线上 ● 同一轴上过渡圆角、倒角、退刀槽、砂轮越程槽等尺寸尽量统一，减少换刀次数和时间，便于检验 ● 采用过盈配合时，若装入端过长，则可采用非定位轴肩结构，同一轴段不同部位选用不同尺寸公差或装入端加工导向圆锥角
强度计算	● 扭转强度法：用于最小轴径的计算 ● 弯扭合成强度：结构、载荷确定的转轴进行强度校核

思考题

1．轴的功用是什么？

2．轴按其承受的载荷性质可分为哪几类？试各举一例。

3．轴的常用材料有哪些？各有什么特点？应用在什么场合？

4．轴的结构设计应满足哪些要求？

5．一般情况下，轴的工作能力取决于什么？

6．为提高轴的刚度，用合金钢代替碳素钢有意义吗？

7．在设计上，轴最小直径用什么强度条件进行计算？

习题

判断题（正确的打√，错误的打×）：

1．工作中转动的轴称为转轴。（　　）

2．阶梯轴便于安装和拆卸轴上零件。（　　）

3．采用恰当的热处理方法提高轴的硬度有助于提高轴的刚度。（　　）

4．合金钢的力学性能比碳素钢高，所以轴改用合金钢制造，可提高轴的刚度和强度。（　　）

5．为了保证轮毂在轴上的轴向固定可靠，轴头的长度必须大于轮毂的长度。（　　）

6．轴身的直径尺寸必须符合轴承内孔的直径标准系列。（　　）

7．在设计轴的结构时，通常按扭转强度条件初步估算轴的最小直径。（　　）

8．轴上零件在轴上的安装只需做轴向固定而不用进行周向固定。（　　）

9．轴肩的作用是实现轴上零件的轴向定位。（　　）

10．在轴肩处采用圆角或凹切圆角过渡是为了减小应力集中。（　　）

单项选择题：

1．由发动机、变速器通过万向联轴器带动后桥差速器的轴是（　　）。

A．固定心轴　　B．转动心轴

C．转轴　　D．传动轴

2．一般二级减速器的中间轴是（　　）。

A．固定心轴　　B．转动心轴

C．传动轴　　D．转轴

3．最常用来制造轴的材料是（　　）。

A．20 钢　　B．45 钢

C．40Cr 钢　　D．Q235 钢

4．减速器中，齿轮轴的承载能力主要受到（　　）的限制。

A．短期过载下的静力强度　　B．疲劳强度

C．脆性破坏　　D．刚度

5．在轴的初步计算中，轴的直径是按照（　　）初步确定的。

A．弯曲强度　　B．扭转强度

C．复合强度　　D．轴段上零件的孔径

填空题：

1．轴的主要功用是（　　　　）及传递运动和动力。

2．工作时只受弯矩，不传递扭矩的轴称为（　　　　）。

3．轴的设计包括（　　　　）和工作能力计算两方面的内容。

4．在阶梯轴上，与轴承配合的部分称为（　　　　）。

5．在阶梯轴上，与传动件轮毂相配合的部分称为（　　　　）。

6．轴上需要磨削加工的轴段，应设计（　　　　），以免因砂轮磨不到轴肩根部而使整个轴段精度不一致。

7．轴上需要切制螺纹的部分，应设计（　　　　），以便在切削螺纹时退刀。

8．为使轴上零件易于装拆，轴端、轴头和轴颈的端部应加工（　　　　），以免装配时擦伤轴上零件的孔壁。

9．轴上零件安装时，要保证有准确的轴向位置称为（　　　　）。

10．保证零件工作时位置不变，消除轴上零件与轴之间的相对运动，称为（　　　　）。

参考文献

[1] 杨可桢，李仲生，钱瑞明. 机械设计基础[M]. 7 版. 北京：高等教育出版社，2020.
[2] 孔凌嘉，王晓力，王文中. 机械设计[M]. 3 版. 北京：北京理工大学出版社，2018.
[3] 史新逸，李敏，徐剑锋. 机械设计基础（项目化教程）[M]. 北京：化学工业出版社，2012.
[4] 周瑞强，吴洁，朱颜. 机械设计基础[M]. 沈阳：东北大学出版社，2018.
[5] 成大先. 机械设计手册[M]. 6 版. 北京：化学工业出版社，2016.